飞行器动力工程专业系列教材

航空发动机结构强度
与振动测试技术

Strength and Vibration Testing Technology of Aero Engine Structure

陈茉莉　编著

科学出版社

北　京

内 容 简 介

本书主要介绍了航空发动机结构强度与振动测试方法及信号分析方法。内容主要包括信号调理与分析、强度测试技术、振动测试技术、结构的强度与振动测试技术、实验范例等。书中罗列了目前较为常用的强度振动信号调理及分析方法，涵盖了大量强度振动测试传感器及仪器设备，并附有大量插图作为阅读辅助。

本书可作为高等院校飞行器动力工程、机械工程、工程力学、车辆工程及相关专业的高年级本科生和研究生教材，也可供上述专业的工程技术人员参考。

图书在版编目(CIP)数据

航空发动机结构强度与振动测试技术/陈茉莉编著. —北京：科学出版社，2022.3

飞行器动力工程专业系列教材

ISBN 978-7-03-071922-5

Ⅰ.①航⋯ Ⅱ.①陈⋯ Ⅲ.①航空发动机-结构强度-教材 ②航空发动机-振动测量-教材 Ⅳ.①V231.91

中国版本图书馆 CIP 数据核字（2022）第 044651 号

责任编辑：李涪汁 高慧元 曾佳佳／责任校对：崔向琳
责任印制：张 伟／封面设计：许 瑞

科 学 出 版 社 出版
北京东黄城根北街 16 号
邮政编码：100717
http://www.sciencep.com

北京九州迅驰传媒文化有限公司印刷
科学出版社发行 各地新华书店经销
*
2022 年 3 月第 一 版 开本：787×1092 1/16
2024 年 7 月第二次印刷 印张：17
字数：400 000

定价：89.00 元
（如有印装质量问题，我社负责调换）

《飞行器动力工程专业系列教材》编委会

主　编：宣益民

副主编：宋迎东　张天宏　黄金泉　谭慧俊　崔海涛

编　委：（按姓氏笔画排序）

丛 书 序

　　作为飞行器的"心脏"，航空发动机是技术高度集成和高附加值的科技产品，集中体现了一个国家的工业技术水平，被誉为现代工业皇冠上的明珠。经过几代航空人艰苦卓绝的奋斗，我国航空发动机工业取得了一系列令人瞩目的成就，为我国国防事业发展和国民经济建设做出了重要的贡献。2015 年，李克强总理在《政府工作报告》中明确提出了要实施航空发动机和燃气轮机国家重大专项，自主研制和发展高水平的航空发动机已成为国家战略。2016 年，《国民经济和社会发展第十三个五年规划纲要》中也明确指出：中国计划实施 100 个重大工程及项目，其中"航空发动机及燃气轮机"位列首位。可以预计，未来相当长的一段时间内，航空发动机技术领域高素质创新人才的培养将是服务国家重大战略需求和国防建设的核心工作之一。

　　南京航空航天大学是我国航空发动机高层次人才培养和科学研究的重要基地，为国家培养了近万名航空发动机专门人才。在江苏高校品牌专业一期建设工程的资助下，南京航空航天大学于 2016 年启动了飞行器动力工程专业系列教材的建设工作，旨在使教材内容能够更好地反映当前科学技术水平和适应现代教育教学理念。教材内容涉及航空发动机的学科基础、部件/系统工作原理与设计、整机工作原理与设计、航空发动机工程研制与测试等方面，汇聚了高等院校和航空发动机厂所的理论基础及研发经验，注重设计方法和体系介绍，突出工程应用及能力培养。

　　希望本系列教材的出版能够起到服务国家重大需求、服务国防、服务行业的积极作用，为我国航空发动机领域的创新性人才培养和技术进步贡献力量。

南京航空航天大学

2017 年 5 月

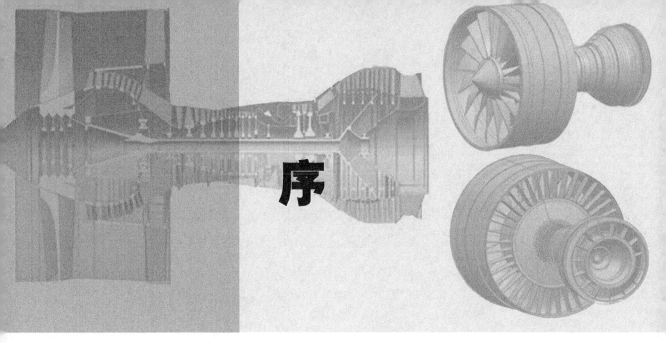

序

    航空发动机被赞誉为"工业皇冠上的明珠"，系统设计精细且复杂，是衡量一个国家综合工业能力的重要指标，世界上仅有美国、英国、法国、俄罗斯、中国等为数不多的国家拥有航空发动机的研制能力。航空发动机研制对试验依赖性很强，业内一直有"航空发动机是试出来的"这一说法，其研制遵循研究—设计—试验的反复过程，研制周期长，程序复杂，即便设计出来以后，一般也需要约 50 万小时的零部件试验和 1 万小时的整机试验。当航空发动机出现故障时，故障复现及故障归零也需要通过试验验证与考核。

    测试技术作为试验的奠基石，对航空发动机零部件试验至关重要。试验的方案制定、硬件搭建、信号采集及数据处理都需要用到测试理论。高等院校作为航空发动机专业人才培养的摇篮，需要为学生编写或选择合适的专业教材，本书是为了适应航空发动机结构强度振动测试基本需求而编写的，也为工程技术人员测试技术知识的更新迭代提供支持。本书作为"飞行器动力工程"专业系列教材之一，将为航空发动机强度振动测试人才的培养起到积极的促进作用。

前　言

　　航空发动机设计、研制、维修过程中，需要对新型结构或关键零部件开展强度振动测试，通过了解新结构的力学性能，检测零部件的设计、加工及安装是否达到规定的质量要求。因此，无论研发人员还是测试人员，都应掌握一定的测试技术。为此，南京航空航天大学一直为飞行器动力工程专业的高年级本科生及研究生开设"航空发动机强度振动测试技术"课程。

　　"十三五"期间，为适应学科发展及教学改革需要，同时为更新教学大纲内容，将新型的测试技术知识纳入教学内容，能源与动力学院强度与振动工程系提出了《航空发动机结构强度与振动测试技术》教材的编写计划。本书是在作者多年测试理论和实验教学、十五年 MTS 高温拉扭复合疲劳试验机操作经验、多款强度振动数据分析软件开发经验的基础上撰写的。撰写过程中，力求数据分析方法实用，经典测试技术简明扼要，新型测试技术有工程应用背景，前沿测试技术资料完善。本书还吸收了近期国内外热点领域的研究成果，旨在反映测试技术的新发展。

　　本书共分 5 章。第 1 章是信号调理与分析，涉及测试设备的硬件调理及采集理论，同时对采集得到的测试信号分析方法做了介绍，为后面章节提供信号分析理论基础。第 2 章是强度测试技术，介绍了强度测试常用传感器，介绍了材料试验机常用的引伸计内容，同时介绍了试验机工作原理、高温测试技术等。第 3 章是振动测试技术，介绍了振动测试常用传感器、激振设备等的工作原理，在章节末尾介绍了航空发动机常用振动参数的测试技术。第 4 章是结构的强度与振动测试技术，本章以航空发动机结构为教学对象，介绍了航空发动机轮盘、主轴等零部件的强度测试方法、转子等零部件的振动测试方法以及整机的声测方法等。第 5 章是实验范例，基于前述章节内容整理出 10 个教学实验，通过实验串联前 4 章的部分知识点，对这些知识点进行了综合运用。本书可作为 40 学时课程的教材，也可针对不同侧重点的学生，选择其中的部分章节授课。

　　由于作者水平有限及撰写时间仓促，书中难免会有疏漏之处，欢迎读者批评指正，也希望读者能提出宝贵建议及意见 (E-mail：chenmoli160@nuaa.edu.cn)。

目 录

绪 论

航空发动机结构设计复杂细致，一台航空发动机涉及的材料种类达上百种，使用的零件达 2 万 ~ 3 万个或更多。发动机研制工作需要充分论证众多零部件组装后的结构完整性，各类零部件及整机的试验考核是结构完整性必须完成的项目。根据美国《结构完整性大纲》(ENSIP MIL-HDBK-1783B) 要求，新型航空发动机的研制需要开展 50 万小时的试验。我国航空发动机的结构设计受人力、物力限制，新型航空发动机一般需要开展 4 万小时的材料试验，10 万小时的部件试验以及 1 万小时的整机试车试验。现代化的测试技术是保证这些试验顺利完成的前提。

1. 测试工作的必要性

航空发动机测试工作的必要性主要体现在以下几个方面。

(1) 仿真分析不可能获得的数据。例如，发动机压气机叶片叶根倒圆处的应力，叶片丢失后发动机转子的动力学响应，机动飞行时转子支承的支反力，以及转子和带碰摩涂层的机匣碰摩后的振动特征、主轴承保持架的振动频率、挤压油膜阻尼器随转速变化的减振特性等。

(2) 加工装配手段、运行工况等对发动机主要部件的特性影响。例如，机匣上电子束焊接方式对局部开孔应力的影响，榫头和榫槽连接方式对叶片寿命的影响，凸肩对叶片减振性能的影响，螺栓连接方式对复合材料部件的强度影响，螺栓连接方式对旋转件振动频率的影响，海浪、鱼雷等引起的基础激励对舰载机发动机转子动力学特性的影响等。

(3) 修正及验证仿真模型及算法。发动机是"试"出来的，发动机结构设计是无数次分析—试验—分析反复迭代的过程，通过试验可以不断修正理论算法，获得仿真分析的各项参数，完善仿真模型，最终使仿真模型及算法能准确模拟发动机的真实工况，降低发动机研制及维修成本。

(4) 新材料、新结构的力学性能考核。复合材料在提高航空发动机推重比、涡轮前温度等方面效果显著，发展轻质、耐高温、低耗油率的发动机离不开对新型复合材料的研制，国外的树脂基复合材料减重效率在 25% 以上，陶瓷基复合材料涡轮转子叶片能够实现叶片减重 2/3，耐温提高 20%，对耗油率改善的贡献率达 30%。这些新材料的运用必须要有准确可靠的力学性能数据作为支撑，而数据的来源依赖于测试技术。此外，为提高航空发动机的结构完整性及可维修性，降低装配及维修时间成本，减少零件个数，结构一体化设计是航空发动机发展的必然趋势，整体叶盘、整体叶环等新结构的性能需通过试验考核验证。

强度与振动作为航空发动机结构测试的重要组成部分，两者之间具有很强的关联性，如机匣包容测试既测试机匣对不同外物冲击力的包容强度，也测试冲击后叶片的瞬态动力响应；叶片的振动疲劳测试考核叶片弯曲振动发生后的高频疲劳特性。不过，航空发动机结构测试通常被划分为强度测试与振动测试两类。强度是材料或部件抵抗破坏的能力，振动是物体在其平衡位置附近的循环往复运动，这两种测试多数情况下差异巨大，测试内容及测试目的完全不同。

2. 强度测试内容及目的

根据美国军用规范，航空发动机强度测试主要包括整机结构寿命、关键部件的高周及低周疲劳强度、机匣或其他压力容器强度 (多点协调加载静强度及疲劳强度试验)、盘破裂转速 (所有关键的轮盘开展地坑旋转试验)、高温环境下结构蠕变 (持久和低循环疲劳试验)、机匣包容性能 (全尺寸发动机或地坑旋转试验) 等。这些强度测试的目的主要是考核发动机使用的材料、部件及整机的疲劳寿命以及对冲击载荷等外来作用力的抵抗能力，验证发动机的安全性及可靠性。

上述各项强度测试工作的开展是在结构设计基本定型后，而在结构设计之初，还需要大量的基础测试工作，如对结构设计中选择的新材料，需要开展材料的静强度、疲劳强度、损伤后的剩余寿命、蠕变性能测试等，对新设计的部件 (如轴系)，需要开展轴的三点弯曲、拉扭动静强度测试等。

强度测试工作按材料可分为金属材料、高分子材料 (碳纤维、橡胶等)、复合材料 (两种及两种以上材料组成的，如陶瓷和碳纤维组成的陶瓷基复合材料)；按测试对象可分为标准试样、模拟部件、真实部件测试；按测试对象的复杂程度可分为单一试件和两个及以上零件组成的构件 (如榫头和榫槽)；按测试类型可分为静强度、疲劳强度、蠕变等。

静强度测试的目的主要是获得材料的力学参数及本构关系，确定零部件模拟或真实工况下承受的应力。材料的力学参数包括弹性模量、屈服强度、抗拉压强度、最大工程应力和工程应变、最大真应力和真应变、泊松比等。零部件的静强度测试包括附件传动轴的应力，鸟撞时机匣上承受的应力等。

疲劳强度测试的目的主要是了解材料或结构在不同应力水平或损伤下的疲劳性能参数，确定它们的疲劳寿命及翻修时间。材料的疲劳性能参数包括 S-N 曲线、失效循环数、材料硬化系数、材料硬化指数、裂纹扩展速率、材料损伤后的剩余寿命、应力集中因子等。零部件的疲劳强度测试包括叶片的疲劳寿命，叶片榫头与榫槽的微动疲劳，主轴的扭转疲劳，主轴承在模拟支反力 (轴向及径向力) 作用下的疲劳寿命，发动机附件齿轮传动系统的疲劳寿命，机匣的多点协调加载疲劳寿命等。

3. 振动测试内容及目的

航空发动机振动测试主要包括转子结构完整性验证 (超转和超温试验)、转子临界转速、叶片的振动频率、飞机机动飞行 (平飞、俯仰、滚转、螺旋等) 下转子支承所承受的动载荷、

发动机陀螺试验 (在 1.4rad/s 的角速度和最大负荷下，寿命无限) 等。这些振动测试的目的主要是考核发动机整机或旋转件在运行工况下的动力特性，防止出现共振、自激振荡等现象。

与强度测试类似，在结构设计定型之前，基础性的振动测试工作不可缺少。例如，对新设计的复合材料叶片，需开展非旋转工况以及旋转工况下的自振频率测试；对新设计的转子结构，需开展临界转速测试、不平衡响应测试、支点布局考核等。此外，振动测试在发动机的排故工作中有着重要作用，故障复现及故障归零很大程度上是对结构振动问题的认知及解决。

振动测试按零部件旋转与否可分为非旋转及旋转工况；按测试对象可分为部件及整机；按振动参量可分为应变、位移、速度、加速度等。

非旋转工况下振动测试的目的主要是获得零部件的自振频率、固有振型、阻尼比、频响函数、结构振动参数、结构参数敏感度等。如叶片静频测试，部件频响函数测试，整体叶盘的模态测试，高温环境下复合材料的振动测试，挤压油膜阻尼器的减振性能随转速、滑油黏度、滑油温度等的变化，鼠笼弹支的刚度测试，不同拧紧力矩下螺栓连接的构件系统频率测试等。

旋转工况下振动测试的目的主要是测量零部件在实际工况下的动态响应，绘制零部件在航空发动机起动、慢车、巡航、加力、最大连续推力状态等工况下应力随转速变化的曲线。如叶片动态应变测试测量沿叶高分布的振动应变，特别是各特征点的振动应变，绘制叶片振动应力分布曲线，从而确定叶片最大振动应力截面和最大振动应力点及其方向，获得最大应力点对应的工作状态参数 (如转速和频率)。叶片丢失测试是为了获得叶片丢失时转子在突加不平衡下的瞬态响应，同时考核结构的稳定性等。转子-支承-机匣整机系统测试是为了模拟转子与机匣之间的传力关系，了解机匣振动对转子振动及支反力性能的影响。

4. 强度与振动测试技术发展趋势

早期的强度测试多采用应变片电测，这种测试方法灵活性强，对结构形状要求低，至今仍广泛应用。在 20 世纪八九十年代，为解决非接触测量问题，伴随激光测试技术及 CCD 成像技术的发展，光弹法等光学测量方法常用于结构表面应变测试，这种光测法需要制备半透光的试件模型，测试适用范围较窄。从 21 世纪初开始，引伸计电测法在金属及复合材料的静强度、疲劳强度、蠕变强度测试中的应用性逐渐增强，这种传感器基本工作原理与应变片相同，但它在结构上做了改进，利用力臂或红外线等传递标距内的位移变化，而后将位移变化信号采集并换算为应变信号，其测试精度高、稳定性好、疲劳耐久好，可测试试件的拉伸、扭转应变，有机械接触式及红外非接触型，也有常温及高温型，在利用材料试验机开展的应变测试中几乎是不二选择。

在强度测试试验机方面，控制技术及测试技术不断提高。早期的试验机测试频率受电子硬件限制，试验频率很低，尤其是多点协调加载试验机，最高测试频率在 10Hz 以下，而目前性能良好的液压伺服试验机的测试频率可以达到 70Hz，电子材料试验机的测试频率可达到 200Hz。早期的试验机多为单轴拉压测试，近年来航空发动机强度测试对拉扭双轴、垂直拉压的双轴以及不同平面内多方向拉压的多点协调加载需求增加，这推动了多轴试验机的发展。在测试温度方面，早期的材料或结构强度测试主要在常温下进行，高温环境下的测试较少，近年来高温静拉、高温疲劳、热机械疲劳测试，热蠕变以及低温材料强度性能的测试需求明显加大，不同温控范围的环境箱被引入各大科研院所，温控系统的控制精度也随着电子技术的发展越来越高，科研人员对材料或结构随温度变化的性能认识也逐步提高。在断口分析方面，显微镜已经不能满足测试要求，X 射线透视、CT 透视也经常用于材料或部件的内部损伤分析。

振动测试技术近年来也有了长足的发展。压电加速度计安装方便，对结构适应性好，测量频率范围广，有单向及三向测量方式，在航空发动机接触式振动测试领域一直占据最主要的位置。早期的压电加速度计以电荷输出为主，近年来则以 ICP 电压输出为主，这使得压电加速度计后续仪表无须电荷放大器即可轻松兼容，新型的压电加速度计还具有耐高温、无线遥测、可调曲面基座等特性。电涡流位移传感器在非接触振动位移测量方面应用广泛，其测量距离较小，而激光位移传感器的兴起弥补了这一缺陷，在 1~200mm 范围内，激光位移传感器均可满足测试要求，且随着光学技术的发展，激光类传感器的价格越来越便宜。激光除用于位移传感器外，先进的激光测振仪还用于振动速度测试、零部件的振动模态测试以及低速旋转件的工作模态测试等。除位移、速度、加速度传感器外，航空发动机旋转件的振动测试经常需要转速参数，转速传感器的测试性能也有所提高，高性能的光电转速传感器可以测量的最高转速达 200000r/min。在鸟撞等模拟试验时，超高速应变仪已不再是首选设备，取而代之的是高速摄像机，目前实验室常见的高速摄像机可以以 2000 帧每秒的速率拍摄机匣等零部件被外物撞击后的响应，其慢镜头的播放效果较曲线等形式的响应表现更为直观，且更便于研究人员对鸟撞过程的理论研究。得益于电子元器件的发展，与传感器配套的振动采集仪在采样频率方面有了很大的提升，在 21 世纪初，常规振动采集仪采样频率往往达不到 10000Hz，而今基本可以达到 200000Hz，国际上高性能的扭振采集仪采样频率甚至可以达到 10GHz。

在振动测试试验器开发方面，简单的叶片振动台、单轴振动台以及双轴振动台已无法满足科研要求，各类低转速及高转速试验器随航空发动机结构研制的需要应运而生。例如，通过缩比理论建立的双转子试验器可以模拟真实航空发动机双转子的临界转速下的运行工况；大型的离心机试验器可以模拟航空发动机转子在飞机机动飞行时的多轴运行工况。针对复合材料旋转部件的动力学试验器也逐渐涌现，高温振动试验器的研制也在进一步发展。结合控制技术的发展，各类试验器的控制转速或激励载荷谱已由早期的线性转速或简谐激励发展为随机转速 (包括正反转) 及随机载荷谱。

强度振动测试信号的分析手段也日新月异。简单的最小二乘法拟合及 FFT 分析已成为各类信号分析的基本操作，而诸如统计分析、雨流分析、功率谱分析、趋势分析、三维瀑布分析也早已常态化。对于非稳态信号，时频分析手段如短时 Fourier 分析、EMD 法、小波包分析等方法应用广泛。早期运用于结构优化的人工神经网络再一次成为科研人员的关注热点，基于人工神经网络理论的机器学习方法，如卷积神经网络等常被用于结构的振动故障分类。多传感器共同检测故障的信息融合技术进一步发展，需要处理的传感器信号数目也不断增加，这是因为航空发动机上振动传感器的布置方式也逐渐从机匣上仅有几个测点发展到根据实际需要多测点布置。一维信号分析技术已不能满足工程要求，二维及三维图像信号的处理方法也得到进一步的提高及完善。

5. 本书的内容体系

第 1 章从信号调理电路逐步过渡到信号分析，这是强度振动测试用的传感器工作原理基础，也是传感器及其后续仪器搭接的基础。传感器及采集设备是测试中最常见的测试工具，传感器采集到的信号是机械强度或振动信号，其转变为电信号后如何传输到采集仪，中间是否必须借助二次仪表，需要具备信号调理、信号采集及信号分析知识。

第 2 章介绍了强度测试常用传感器、试验机、材料力学性能测试及高温环境下的强度测试技术。液压伺服及电子材料试验机广泛应用于航空发动机零部件或新材料的力学性能测试。该章从广泛应用的应变片入手，引入引伸计、新型的磁致伸缩位移传感器，对扭矩、力及温度的测试技术也进行了介绍。这些传感器实际上是各类材料试验机的标配。在介绍了传感器后，对多类试验机的工作原理进行了阐述，以材料力学性能测试作为前述强度测试技术的基本应用，最后深入到高温环境下的强度测试技术。

第 3 章详细讨论了多类振动测试传感器的工作原理，除对测量位移、速度、加速度、振动声压的传感器进行介绍外，考虑航空发动机转子的高速旋转，对光电、霍尔及编码器类型的转速传感器工作原理进行了阐述，同时对信号从旋转机械到静止仪器导出时所用的导电滑环做了介绍。接下来，对激振设备如力锤、激振器、振动台的工作原理进行了讨论，最后对航空发动机零部件在非旋转及旋转状态下的振动参量测试方法进行了阐述。

第 4 章是第 1~3 章内容的综合运用，以强度振动测试技术在航空发动机零部件及整机测试中的应用为内容，介绍了真实发动机轮盘、主轴、叶片、机匣的强度测试参数及测试方法，讨论了发动机风扇、主轴、螺旋桨、叶片及整机的振动测试参数及测试方法，在内容编排上既涵盖前述章节中典型传感器及测试技术的运用，又通过实际航空发动机部件测试串联起相关章节内容。

第 5 章根据前面章节内容整理出 10 个实验范例，从信号采样、信号调理及传感器标定这些基础性内容入手，过渡到典型的强度实验及振动实验，不仅囊括了高温强度实验，也有转子临界转速、动平衡、声测等方面的内容。

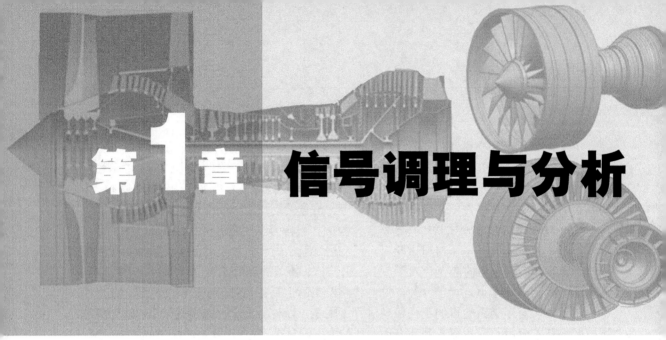

第1章 信号调理与分析

航空发动机结构强度与振动试验中，要搭建测试系统测量多种参数，如位移、力、扭角、扭矩、应变、温度、加速度、速度、转速、声压等，被测参数通过相应的传感器、信号调理器、信号采集器、信号分析系统及显示器等输出装置实现信号变换、调理、采集、分析、显示及记录。图 1.1 是以信号释放途径描述的测试系统框图。测试系统在硬件上通常包含传感器、信号调理器、信号采集器、计算机。目前，很多测试系统将信号调理器和信号采集器合二为一，统称为数据采集器。一套完整的测试系统还需要与硬件相匹配的软件，不同公司、不同型号的测试系统配套的软件往往不同，且互不兼容。

图 1.1　测试系统框图

1.1　信　号　调　理

在信号采集前，先要对测试信号进行放大、滤波等处理，使测试信号满足采集卡的输入要求。本节介绍信号放大、解调、滤波及采集理论。

1.1.1　信号调理概述

传感器的作用是感受机械量，并将机械信号转换为电信号、光信号等物理量，这些物理量往往不能达到传输、分析及显示要求，需要进行信号调理。如微小应变时，电阻应变片直接输出的电信号是电阻变化量 ΔR，大小在 $0.1\%\Omega$ 量级。从物理量上来讲，ΔR 的信号可传输性不强，兼容设备较少，并不适合作为传输信号；从大小上来讲，这样的小电阻很容易被淹没在电路噪声中。

测试系统中，完成传感器信号的变换、放大、滤波、解调等，使传感器信号达到某种水准的电路或设备，称为信号调理电路或信号调理器。图 1.2 是信号调理电路的组成，信号调理不一定是具体的测量电路，可以是专用测量模块，也可以是测量设备，如电桥电路可能是需要试验者搭建的信号调理电路，运算放大器是已经被模块化生产的测量模块，DH5920信号调理器是测量设备。

图 1.2　信号调理电路的组成

无论哪种形式的信号调理器，通常都包含以下几个组成部分：放大器、滤波器、调制和解调器。不同类型传感器的调理电路会有很大的不同，如电涡流位移传感器和压电加速度传感器的调理电路差异非常大。表 1.1 给出了几种典型的强度振动测试传感器的调理器及其作用。

表 1.1　几种典型传感器的调理器及其作用

传感器	调理器名称	调理器作用
应变片	静、动态应变仪	提供电桥电源、放大、相敏检波、滤波
压电传感器	电荷、电压放大器	阻抗变换、放大、滤波
光电传感器	光电放大器	放大、整形、输出脉冲
热电偶	直流放大器	电压、功率放大

1.1.2　信号放大

传感器的主要作用是将机械信号转换为电信号或光信号，输出的信号往往很微弱，需要进行电荷、电压或功率放大，以兼容接口设备，因此须采用放大器。

不同工作原理的传感器所需的放大器类型不同，应根据传感器的工作原理选择合适的放大器。如压电式电荷输出的加速度传感器应选择电荷放大器，压电式电压输出的加速度(ICP) 传感器应选择电压放大器，应变片应选择调制放大器，热电偶应选择直流放大器或功率放大器。

1. 运算放大器

运算放大器简称运放，是应用最广泛的一种模拟电子器件，也是模拟电路中的基本元件，它能组成放大、加法、减法、转换等各种电路。一般通用型运放的开环电压增益都在80dB 以上，也就是放大倍数为 10^4 (以 dB 为单位时，放大倍数就称为增益)。

分析运放电路，需了解两个概念：虚短和虚断。

运放的增益虽然很高，但输出电压却是有限的，一般在 10~14V，因此运放的差模输入电压不足 1mV。分析运放处于线性状态时，两输入端因差模较小，近似等电位，可视为虚假短路，称为虚短。

运放的差模输入电阻很大，一般在 1MΩ 以上，因此运放的输入电流往往不足 1μA，远小于输入端以外电路的电流，两个输入端近似为开路，且运放输入电阻越大，越接近开路。分析运放处于线性状态时，两输入端因输入电阻过大，近似开路，可视为虚假断路，称为虚断。

虚短并非真正的短路，虚断也并非真正的断路。

1) 反相放大器

反相放大器是最常见的一种由运放构成的放大电路，如图 1.3(a) 所示。

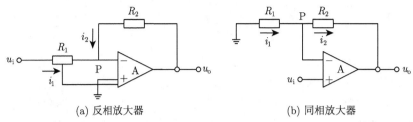

(a) 反相放大器 (b) 同相放大器

图 1.3　反相和同相放大器电路

根据基尔霍夫定律，输入电路中某节点的电流与输出节点的电流之和等于零，因此 P 点的电流为 0。当输入阻抗为 ∞ 时，运放虚断，因此有

$$i_1 = -i_2 \tag{1.1}$$

又根据运放虚短性质，得到 $i_1 = u_i/R_1$, $i_2 = u_o/R_2$, 故

$$u_o = -u_i R_2/R_1 \tag{1.2}$$

反相放大器实现了输入电压与输出电压的反相比例运算，且放大倍数仅与输入阻抗 R_1 和反馈阻抗 R_2 有关，与运放开环增益无关。

2) 同相放大器

运算放大器不仅可以实现负反馈，也可以实现正反馈。同相放大器如图 1.3(b) 所示。

与反相放大器类似，由运放虚断和虚短性质可得

$$i_1 = i_2 = u_o/(R_1 + R_2), \quad i_1 = u_i/R_1 \tag{1.3}$$

故

$$u_o = u_i(1 + R_2/R_1) \tag{1.4}$$

同相放大器的输入阻抗为运放的输入阻抗，接近 ∞，解决了反相放大器输入阻抗低的问题。

3) 可变增益放大器

很多放大器仪器面板或软件上都有增益调节模块，目的是改变放大器的放大倍数，使测控系统适应不同动态范围的输入信号，保证输出信号维持在一个相对小的动态范围中，以更好地兼容放大器接口电路。具有增益调节功能的放大器称为可变增益放大器。

同相可变增益放大器的电路如图 1.4(a) 所示。由式 (1.4) 可知，通过调节滑动电阻 R_w 的电阻值，可改变放大器的放大倍数。

可变增益放大器并非连续可变的增益调节，而是分段增益调节，如图 1.4(b) 所示，放大器接地端与反馈电阻 R_f 之间接入四挡可调电阻，就实现了四挡的增益可调放大器。

实测中，改变系统增益，使信号放大倍数提高，还能起到提高电路灵敏度和信噪比的作用。结合测试系统的软硬件，灵活运用增益，可得到更好的测试结果。

在振动测试中，若实测信号仅为满量程的 5%，将放大器的放大倍数提高 10 倍，则实测信号在硬件上的电信号被放大到满量程的 50%，硬件上的输出信号信噪比就会提高 10 倍。若要得到真实的测试结果，可在软件上调节软件增益值，使其放大倍数缩小为原来的 1/10，系统最终输出的将会是信噪比提高了 10 倍的真实值。

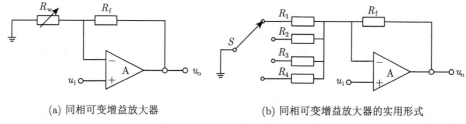

(a) 同相可变增益放大器　　　　　　　　(b) 同相可变增益放大器的实用形式

图 1.4　可变增益放大器电路

2. 仪用放大器

仪用放大器如图 1.5 所示，因其广泛应用于传感器信号放大、高速信号采集、高档音响设备等精密仪器电路和测控电路中而得名，它是一种特殊的精密差分电压放大器，三运放的结构形式使其具有高共模抑制比、高输入阻抗、低线性误差、低零漂、增益设置灵活、稳定性好等特点。

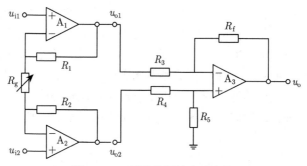

图 1.5　三运放仪用放大器电路

仪用放大器由两级差分放大器电路构成。运放 A_1、A_2 为同相差分输入，同相差分可大幅度提高输入阻抗，减小电路对微弱输入信号的衰减；差分电路仅跟随共模信号而放大差模信号，从而使送入后级的信号共模抑制比得到提高；运放 A_3 是整个电路的核心部件，采用差分输入信号，可明显降低电路对 R_3 和 R_4、R_5 和 R_f 的精度要求，使仪用放大器电路拥有更好的共模抑制能力；当 $R_1 = R_2$，$R_3 = R_4$，$R_5 = R_f$ 时，三运放仪用放大器的增益为 $k = (1 + 2R_1/R_g)R_f/R_3$，可见通过改变电阻 R_g，能实现放大器电路的增益调节。

1.1.3　信号解调

传感器采集到的信号或者传感器信号传输中使用的信号经常为调制信号。信号调制的作用是使微弱的静态 (直流电信号) 或动态 (频率不高的缓变电信号) 信号的采集、放大和传输效果更好，采用一个由缓变信号确定的高频信号来替代缓变信号进行信号放大和传输。

将调制信号称为缓变信号。对应于信号的三要素——幅值、频率和相位。根据载波的幅值、频率和相位随调制信号而变化的过程，调制可以分为调幅、调频和调相。其波形分别称为调幅波、调频波和调相波。调幅实际上是两个信号的幅值相乘。载波频率偏移量和调制信号电压成正比。调相与调频类似，载波相位偏移量和调制信号电压成正比。调频和调相比较容易实现数字化，特别是调频信号在传输过程中不易受到干扰，所以在测量、通信和电子技术的许多领域中得到了越来越广泛的应用。

常见的信号调制在硬件上采用乘法器完成。有的信号调制是由测试原理决定的，传感器采集到的信号已经是有效信号被调制后的信号，如旋转工况下发动机转子叶尖振动速度测试、旋转轴的扭振测试。

调制信号需要解调才可以恢复出原始信号。

信号解调是指将已调制信号恢复为原信号。滤波器和相敏检波器是信号解调过程中常用的元器件，本节对这两种解调元件进行阐述。

1. 滤波器

强度和振动信号中，总有些频带的信号是我们比较感兴趣的，而其他频带下的信号是不需要的成分，如仅对航空发动机低压转子的第一阶临界转速下的振动感兴趣，而认为高阶振动能量小，暂时不关注高频振动，在振动测试时，就希望保留低频成分，滤除高频成分，使信号分析等不受高频成分的干扰。

将信号中感兴趣的频带成分保留，将其他不需要的频带成分急剧衰减，称为滤波。具备滤波功能的电子电路或软件模块称为滤波器。从定义中可知，滤波是针对频率成分而设计的一种信号调理方式，滤波器的作用实质上是"选频"。

滤波器可分为四类，分别为：低通滤波器、高通滤波器、带通滤波器和带阻滤波器。低通滤波器是指低频信号能够通过而高频信号不能通过的滤波器；高通滤波器是高频信号能够通过而低频信号不能通过的滤波器；带通滤波器是指在指定的频带范围内能够通过而其他频带不能通过的滤波器；带阻滤波器是指指定频带范围不能通过而其他频带可以通过的滤波器。

1) 滤波器性能

如图 1.6 所示，假设需要滤波的信号为 $x(t)$，滤波器脉冲响应函数为 $h(t)$，模拟滤波器的输出为 $y(t)$，滤波器的时域数学模型表示为

$$y(t) = x(t) * h(t) = \int_{-\infty}^{+\infty} x(\tau)h(t-\tau)\mathrm{d}\tau \tag{1.5}$$

式中，"$*$"为卷积符号。

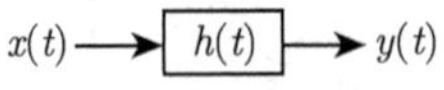

$$x(t) \longrightarrow \boxed{h(t)} \longrightarrow y(t)$$

图 1.6   滤波器框图

若 $x(t)$、$h(t)$ 存在傅里叶变换且分别为 $X(f)$、$H(f)$，根据 Parseval 定理，时域上的卷积等于频域上的乘积，因而

$$Y(f) = X(f)H(f) \tag{1.6}$$

式中，$Y(f)$ 为 $y(t)$ 的傅里叶变换。由式 (1.6) 可知，通过设计滤波器的频响函数 $H(f)$，就可以确定滤波器的滤波属性。

构造滤波器频响函数：

$$H(f) = \begin{cases} A_0 \mathrm{e}^{-\mathrm{j}2\pi f t_0}, & f_{c1} < f < f_{c2} \\ 0, & \text{其他} \end{cases} \tag{1.7}$$

式中，A_0、t_0 为常数；f_{c1}、f_{c2} 分别为截止频率下限及上限。$H(f)$ 的幅频及相频特性分别为

$$\begin{cases} |H(f)| = A_0 \\ \varphi(f) = -2\pi f t_0 \end{cases}, \quad f_{c1} < f < f_{c2} \tag{1.8}$$

图 1.7(a) 是理想滤波器的幅频曲线，这种滤波器会使 $x(t)$ 中 (f_{c1}, f_{c2}) 频段的频率成分传输且无失真，但存在相位差，将其他频率成分完全衰减掉。若 $f_{c1} \neq 0$，且 $f_{c2} \neq +\infty$，称式 (1.7) 描述的滤波器为理想带通滤波器。当 $f_{c1} = 0$ 时，低于 f_{c2} 的频率成分完全传输，而高于 f_{c2} 的频率成分完全衰减，为低通滤波器；当 $f_{c2} = +\infty$ 时，高于 f_{c1} 的频率成分完全传输，而低于 f_{c1} 的频率成分完全衰减，为高通滤波器。

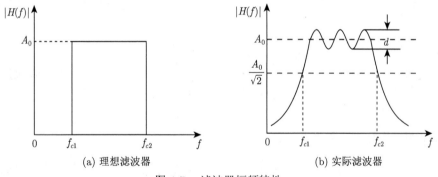

(a) 理想滤波器   (b) 实际滤波器

图 1.7   滤波器幅频特性

由于信号传输的时间延迟，理想滤波器在实际电路中不可能实现，实际滤波器的幅频特性不会是图 1.7(a) 的形态，而是图 1.7(b) 所示形态。描述实际滤波器的性能参数主要有上下截止频率、带宽、中心频率、品质因数、纹波幅度等。

(1) 截止频率 f_{c1} 和 f_{c2}。

将频响函数幅值等于 $A_0/\sqrt{2}$，即 $-3\mathrm{dB}$ 的两个频率 f_{c1}、f_{c2} 分别称为下截止频率和上截止频率。

(2) 带宽 B 和中心频率 f_c。

滤波器上下截止频率之间的频率范围称为带宽，用字母 "B" 表示。对恒定带宽的滤波器，$B = f_{c2} - f_{c1}$。

滤波器上下截止频率的均值称为中心频率，用字母 "f_c" 表示。对恒定带宽的滤波器，$f_c = (f_{c1} + f_{c2})/2$。

(3) 品质因数 Q。

滤波器中心频率与带宽的比值，称为品质因数，用字母"Q"表示，$Q = f_c/B$。

(4) 纹波幅度 d。

描述实际滤波器稳定幅值 A_0 波动的参数称为纹波幅度，用字母"d"表示。d 越小，实际滤波器越接近理想滤波器，性能越好，一般情况下，应使 $d < A_0/\sqrt{2}$，即 -3dB。

2) 模拟滤波器

在电路中，为满足滤波器的选频要求，常用 RC 电路实现模拟滤波器。这里介绍一阶 RC 低通滤波器、高通滤波器和带通滤波器。带阻滤波器应用较少，且相对于前三种滤波器电路复杂，不再叙述。

RC 低通滤波器的电路如图 1.8(a) 所示。设输入电压信号为 u_x，输出电压信号为 u_y，可得电路系统的微分方程为

$$\begin{cases} Ri + u_y = u_x \\ i = \dfrac{\mathrm{d}Q}{\mathrm{d}t} = \dfrac{C\mathrm{d}u_y}{\mathrm{d}t} \end{cases} \Rightarrow RC\frac{\mathrm{d}u_y}{\mathrm{d}t} + u_y = u_x \tag{1.9}$$

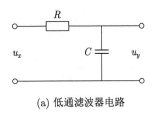
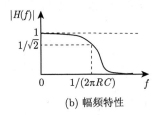
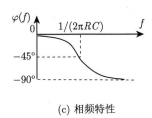

(a) 低通滤波器电路　　　　　(b) 幅频特性　　　　　(c) 相频特性

图 1.8　低通滤波器电路及频响特性

对式 (1.9) 两端进行拉氏变换，得到

$$(RCs + 1)U_y(s) = U_x(s) \tag{1.10}$$

系统的传递函数为

$$H(s) = \frac{U_y(s)}{U_x(s)} = \frac{1}{RCs + 1} \tag{1.11}$$

当传递函数变量 s 为纯虚数，即 $s = \mathrm{j}\omega$ 时，得到系统的频响函数为

$$H(\omega) = \frac{1}{\mathrm{j}RC\omega + 1} \tag{1.12}$$

式中，ω 为角频率 (也称圆频率)，单位为 rad/s。

根据角频率和频率的关系，有 $\omega = 2\pi f$，f 的单位为 Hz，得到

$$|H(f)| = \frac{1}{\sqrt{(2\pi RCf)^2 + 1}} \tag{1.13}$$

$$\varphi(f) = -\arctan(2\pi RCf) \tag{1.14}$$

低通滤波器的幅频和相频曲线如图 1.8(b) 和 (c) 所示，分析可得如下结论。

(1) 当 $f \ll 1/(2\pi RC)$ 时，$|H(f)| \approx 1$，此时 u_y 相对于 u_x 来说，幅值几乎不衰减，不同频率成分的相位延迟基本呈线性关系，可认为 RC 低通滤波器近似为不失真的信号传输系统。

(2) 当 $f = 1/(2\pi RC)$ 时，$|H(f)| = 1/\sqrt{2}$，此幅值处于滤波器的 -3dB 点，为滤波器的上截止频率。由此可知，改变系统的 RC 值，可改变系统的截止频率，设计不同截止频率的低通滤波器。

(3) 当 $f \gg 1/(2\pi RC)$ 时，从式 (1.9) 所示的微分方程可知

$$u_y \approx \frac{1}{RC} \int u_x \mathrm{d}t \tag{1.15}$$

此时 RC 低通滤波器相当于积分器。若要加大滤波器对高频成分的衰减，可同时串联多个一阶低通滤波器，提高滤波器的阶数。

RC 高通滤波器的电路如图 1.9(a) 所示。高通滤波器电路系统的微分方程为

$$\begin{cases} \dfrac{Q}{C} + u_y = u_x \\ Q = \int i\mathrm{d}t = \dfrac{1}{R} \int u_y \mathrm{d}t \end{cases} \Rightarrow \frac{1}{RC} \int u_y \mathrm{d}t + u_y = u_x \tag{1.16}$$

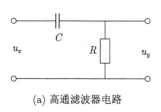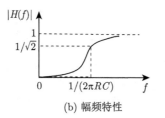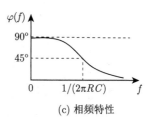

(a) 高通滤波器电路　　　　(b) 幅频特性　　　　(c) 相频特性

图 1.9　高通滤波器电路及频响特性

系统的传递函数为

$$H(s) = \frac{U_y(s)}{U_x(s)} = \frac{RCs}{RCs + 1} \tag{1.17}$$

系统的频响函数为

$$H(\omega) = \frac{\mathrm{j}RC\omega}{\mathrm{j}RC\omega + 1} \tag{1.18}$$

频响函数的模值和相位分别为

$$|H(f)| = \frac{2\pi RCf}{\sqrt{(2\pi RCf)^2 + 1}} \tag{1.19}$$

$$\varphi(f) = \arctan\left(\frac{1}{2\pi RCf}\right) \tag{1.20}$$

高通滤波器的幅频和相频曲线如图 1.9(b) 和 (c) 所示，分析可得以下结论。

(1) 当 $f \gg 1/(2\pi RC)$ 时，$|H(f)| \approx 1$，$\varphi(f) \approx 0$，此时 u_y 相对于 u_x 来说，幅值几乎不衰减，相位接近于零，可认为 RC 高通滤波器近似为不失真的信号传输系统。

(2) 当 $f = 1/(2\pi RC)$ 时，$|H(f)| = 1/\sqrt{2}$，此幅值处于滤波器的 $-3\mathrm{dB}$ 点，为滤波器的下截止频率。由此可知，改变系统的 RC 值，可改变系统的截止频率，设计不同截止频率的高通滤波器。

(3) 当 $f \ll 1/(2\pi RC)$ 时，从式 (1.16) 所示的微分方程可知

$$u_y \approx \frac{1}{RC}\frac{\mathrm{d}u_x}{\mathrm{d}t} \tag{1.21}$$

此时 RC 高通滤波器相当于微分器。若要加大滤波器对低频成分的衰减，可同时串联多个一阶高通滤波器，提高滤波器的阶数。

将高通滤波器和低通滤波器串联，可以得到 RC 带通滤波器，图 1.10 是带通滤波器的电路、传递函数框图及频响特性图。

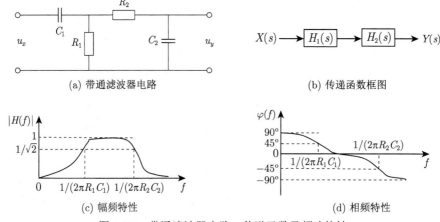

(a) 带通滤波器电路　　　　　　　　　　(b) 传递函数框图

(c) 幅频特性　　　　　　　　　　　　(d) 相频特性

图 1.10　带通滤波器电路、传递函数及频响特性

系统的传递函数为

$$H(s) = \frac{U_y(s)}{U_x(s)} = H_1(s)H_2(s) = \frac{R_1 C_1 s}{R_1 C_1 s + 1}\frac{1}{R_2 C_2 s + 1} \tag{1.22}$$

系统的频响函数为

$$H(\omega) = \frac{\mathrm{j}R_1 C_1 \omega}{\mathrm{j}R_1 C_1 \omega + 1}\frac{1}{\mathrm{j}R_2 C_2 \omega + 1} \tag{1.23}$$

频响函数的模值和相位分别为

$$|H(f)| = \frac{2\pi R_1 C_1 f}{\sqrt{(2\pi R_1 C_1 f)^2 + 1}}\frac{1}{\sqrt{(2\pi R_2 C_2 f)^2 + 1}} \tag{1.24}$$

$$\varphi(f) = \arctan\left(\frac{1}{2\pi R_1 C_1 f}\right) - \arctan(2\pi R_2 C_2 f) \tag{1.25}$$

分析可得以下结论。

(1) 当 $1/(2\pi R_1 C_1) \ll f \ll 1/(2\pi R_2 C_2)$ 时，$|H(f)| \approx 1$，$\varphi(f) \approx 0$，此时 u_y 相对于 u_x 来说，幅值几乎不衰减，相位接近于零，可认为 RC 带通滤波器近似为不失真的信号传输系统。

(2) 当 $f = 1/(2\pi R_1 C_1)$ 和 $f = 1/(2\pi R_2 C_2)$ 时，$|H(f)| = 1/\sqrt{2}$，此幅值处于滤波器的 -3dB 点，它们分别为滤波器的下截止频率和上截止频率。改变系统的 RC 值，可改变系统的截止频率，设计不同截止频率的带通滤波器。

特别强调的是，当高低通滤波器串联时，因为后一级是前一级的"负载"，前一级为后一级的"内阻"，它们之间有耦合影响。实际上两级滤波器间常用运放等元器件隔离。

3) 数字滤波器

随着集成电路的发展，数字滤波器较模拟滤波器的优势凸显出来，稳定性高、精度高、设计灵活、软硬件均可实现的特点使其越来越广泛地应用于信号调理及数据处理领域。

与模拟滤波器类似，数字滤波器可分为低通、高通、带通、带阻四类。低通滤波器是数字滤波器的基本表现形式，其他三类可通过低通滤波器变换得到，但带阻滤波器相对于其他三类来说应用较少。

数字信号是离散形式的信号序列，常用整数 n 作为自变量。设数字滤波器的输入信号序列和输出信号分别为 $X(n)$、$y(n)$，滤波器的时域数学模型表示为

$$y(n) = \sum_{r=0}^{M} a_r X(n-r) + \sum_{k=1}^{N} b_k y(n-k) \tag{1.26}$$

由式 (1.26) 可知：① 设计数字滤波器，就是在给定的阶次 M、N 下，根据滤波器滤波频带求取 a_r、b_k 的过程；② 可通过数据的延时、相乘、相加等运算完成系统输入到输出信号的转换。

通过硬件上的数据采集、延时、保持等运算完成信号滤波的称为数字滤波器的硬件实现。常用的硬件模块是数字信号处理器 (DSP)。通过软件编程实现信号滤波的称为数字滤波器的软件实现。硬件实现通常应用于高速实时处理的场合，而软件实现则用于通用性强、设计灵活、运算量大或离线处理的场合。

4) 滤波器应用举例

任何测量到的信号都会有各种噪声混杂，这些噪声可能严重影响测量精度。在强噪声背景中提取有用信号是滤波器的功能。本小节的跟踪滤波器 (图 1.11) 可以对频率已知的被测信号进行特征提取，较为精确地获得该类信号的幅值和相位。这种技术在航空发动机中主要用于动不平衡以及机械阻抗的测量。

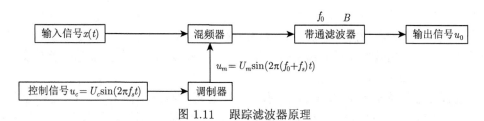

图 1.11　跟踪滤波器原理

跟踪滤波器的目的是从输入信号 $x(t)$ 中提取有用信号，此处专指有用信号的幅值和相位。

输入信号 $x(t)$，即传感器测量到的含强噪声的信号，如转子动不平衡测量时电涡流位移传感器的输出值。

控制信号 u_c，为事先人为预测的输入信号 $x(t)$，通常由理论公式得到。在转子动不平衡中，可以事先用公式推导出控制信号的幅值 U_c，用转速传感器跟踪转子的频率，得到控制信号的频率 f_s，该频率与被测量 $x(t)$ 中有用信号的频率 (此处为不平衡量引起的频率) 始终保持一致。

调制器，将控制信号进行频移，对控制信号进行调制。调制后的 u_c 变为 u_m。

混频器，将输入信号 $x(t)$ 与调制信号 u_m 进行乘法运算，相当于对输入信号进行调制，调制后的信号 $x(t)$ 变为 u_0。

带通滤波器，对输入信号保留中心频率 f_0、带宽 B 的频率分量，衰减掉其余频谱分量。

设输入信号为

$$x(t) = U_s \sin(2\pi f_s t + \varphi_s) + \sum_{i=1}^{\infty} U_i \sin(2\pi f_i t + \varphi_i) + \eta(t) \tag{1.27}$$

式中，第一项为基波；第二项为各阶谐波 (倍频)；$\eta(t)$ 为干扰噪声。

混频后的输出信号为

$$
\begin{aligned}
x(t)u_m = {} & \frac{1}{2}U_s U_m \cos(2\pi f_0 t - \varphi_s) - \frac{1}{2}U_s U_m \cos(2\pi(f_0 + 2f_s)t + \varphi_s) \\
& + \sum_{i=1}^{\infty} \frac{1}{2}U_i U_m \cos(2\pi(f_0 + f_s - f_i)t - \varphi_i) - \sum_{i=1}^{\infty} \frac{1}{2}U_i U_m \cos(2\pi(f_0 + f_s + f_i)t + \varphi_i) \\
& + \eta(t)\sin(2\pi(f_0 + f_s)t)
\end{aligned}
\tag{1.28}
$$

带通滤波后最终输出的信号为

$$u_0 = \frac{1}{2}U_s U_m \cos(2\pi f_0 t - \varphi_s) \tag{1.29}$$

等号右边的 U_m 和 f_0 均为已知，U_s 和 φ_s 即为输入信号 $x(t)$ 中有用信息的幅值和相位，它们互不相关，通过一定的方法可以得到这两个值，从而得出有用信息：

$$\hat{x}(t) = U_s \sin(2\pi f_s t + \varphi_s) \tag{1.30}$$

2. 相敏检波器

本节介绍另一种典型的解调器：相敏检波器。在动态应变仪上，相敏检波器是必不可少的元器件之一。相敏检波器的作用是：将调制信号变换为一个随调制信号相位变化的高频信号，如图 1.12 所示。

二极管相敏检测原理如图 1.13 所示。这种电路容易做到输出平衡，便于阻抗匹配。图 1.13 中，电压 U_2 和 U_1 同频，经过移相器使 U_2 和 U_1 保持同相或反相，且满足 $U_2 \gg U_1$。

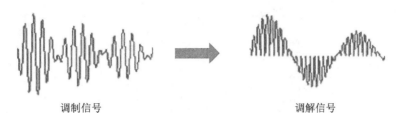

调制信号　　　　　　　　　　　　　　调解信号

图 1.12　相敏检波器作用

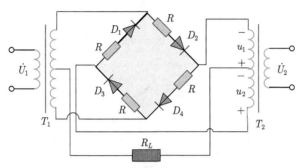

图 1.13　相敏检波器工作原理

如图 1.14 ~ 图 1.16 所示，衔铁 R_L 在中间位置时，振动信号 $x(t) = 0$，传感器输出电压 $U_1 = 0$，只有 U_2 起作用。此时，正半周有

$$i_3 = \frac{U_2}{R + R_L}, \quad i_4 = \frac{U_1}{R + R_L} \tag{1.31}$$

因为从中心抽头，故

$$U_1 = U_2, \quad i_3 = i_4 \tag{1.32}$$

流经衔铁 R_L 的电流为

$$i_0 = i_4 - i_3 = 0 \tag{1.33}$$

对负半周，同样有

$$i_1 = \frac{U_2}{R + R_L}, \quad i_2 = \frac{U_1}{R + R_L} \Rightarrow i_1 = i_2 \Rightarrow i_0 = i_1 - i_2 = 0 \tag{1.34}$$

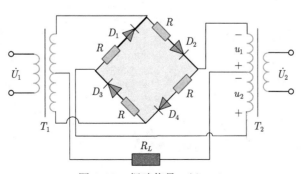

图 1.14　振动信号 $x(t) = 0$

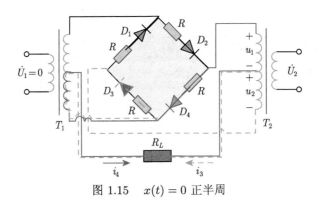

图 1.15　$x(t) = 0$ 正半周

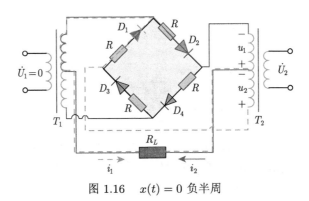

图 1.16　$x(t) = 0$ 负半周

如图 1.17 和图 1.18 所示，衔铁 R_L 在零位以上时，振动信号 $x(t) > 0$，传感器输出电压 U_1 与 U_2 同频同相。此时，正半周有

$$i_4 = \frac{U_1 + e_2}{R + R_L}, \quad i_3 = \frac{U_2 - e_2}{R + R_L} \tag{1.35}$$

因为从中心抽头，故

$$i_4 > i_3 \tag{1.36}$$

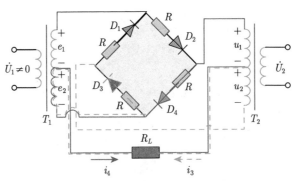

图 1.17　振动信号 $x(t) > 0$ 正半周

流经衔铁 R_L 的电流为

$$i_0 = i_4 - i_3 > 0 \tag{1.37}$$

对负半周，同样有

$$i_1 = \frac{U_2 + e_1}{R + R_L}, \quad i_2 = \frac{U_1 - e_1}{R + R_L} \Rightarrow i_1 > i_2 \Rightarrow i_0 = i_1 - i_2 > 0 \tag{1.38}$$

$i_0 > 0$ 表示输出的方向与规定的正方向相同。

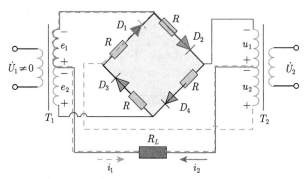

图 1.18　振动信号 $x(t) > 0$ 负半周

如图 1.19 和图 1.20 所示，衔铁 R_L 在零位以下时，振动信号 $x(t) < 0$，传感器输出电压 U_1 与 U_2 同频反相。此时，正半周有

$$i_4 = \frac{U_1 - e_2}{R + R_L}, \quad i_3 = \frac{U_2 + e_2}{R + R_L} \tag{1.39}$$

因为从中心抽头，故

$$i_4 < i_3 \tag{1.40}$$

流经衔铁 R_L 的电流为

$$i_0 = i_4 - i_3 < 0 \tag{1.41}$$

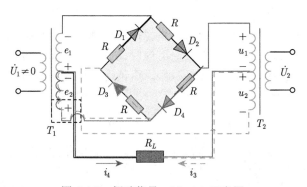

图 1.19　振动信号 $x(t) < 0$ 正半周

对负半周, 同样有

$$i_1 = \frac{U_2 - e_1}{R + R_L}, \quad i_2 = \frac{U_1 + e_1}{R + R_L} \Rightarrow i_1 < i_2 \Rightarrow i_0 = i_1 - i_2 < 0 \tag{1.42}$$

$i_0 < 0$ 表示输出的方向与规定的正方向相反。

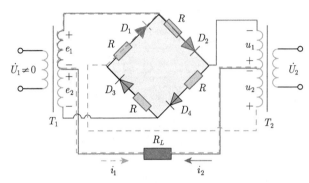

图 1.20　振动信号 $x(t) < 0$ 负半周

相敏解调后的信号再通过低通滤波器, 就可以恢复出原始信号 (调制信号)。

1.1.4　调理电路的噪声

专业的测试中, 各类设备都会按场地及功能摆放整齐, 设备间的油路、水路、气管等往往都用不同颜色进行区分, 各类线缆用扎带、胶带、压条等分类固定。这样做除了美观、方便维修维护外, 还有一个重要的作用是防止电路噪声干扰。调理电路的噪声源主要包括如下几种。

1. 机械或流体振动噪声

机械或流体振动噪声不仅仅是通过连接件或基础 (地基等) 传播, 声音传播也是机械振动噪声传播的主要途径之一。信号调理电路中必然用到很多精密电子元件, 当振动噪声的能量过大时, 电子元件会产生结构性损伤, 引起电子元件电气参数的改变。

航空发动机的真实工作环境中, 燃烧室气动噪声、转子机械振动产生的声音等都会对控制系统的电子元件造成很大的信号干扰, 很多航空发动机研发公司都会对信号调理电路的减振措施进行研究。调理电路的减振措施包括被动减振和主动减振两种形式。被动减振又分为隔力和隔幅, 如对部分电路模块选用橡胶或海绵胶垫隔振等。主动减振是在电路设计过程中, 通过规划电路的布线方式来减振。无论哪种形式的减振, 都是通过改变调理电路元件的固有频率实现的。

2. 热噪声

大部分电子元件的性能都会受到温度的影响。如压电传感器, 当测试温度超出压电材料的居里温度时, 整个传感器完全失效。不均匀的、不断波动的温度场都会造成电子性能的不稳定, 引起输出信号的热噪声, 如设备的零漂。除了外部环境温度外, 元器件自身也会产生热量, 引起热输出噪声, 如电阻元件的热输出。

克服热噪声的措施有降低环境温度、选用低零漂的电子元件、采取实时温度补偿、事后热噪声数据处理等。

3. 接地噪声

独立的调理仪器若包含多个模块，各模块之间的电位要有共同的零电位参考点，也就是常说的系统接地。系统接地一般由设备厂商提供，以大地作为零电位参考点，将机箱与大地连接，形成系统接地。若仪器机箱不接地，机箱外壳与大地就不可能等电位，两者的电位差很大，这样，设备作为一个孤立电容，地球作为另一个孤立电容，两个电容之间就会有串联充放电(即静电感应)现象，在两个电容的充放电过程中，很容易产生电火花，也容易将电子元件击穿，导致仪器损坏。电子设备外壳接地还可以降低电磁干扰，提高电子设备的电磁兼容性。

若信号调理电路包含多个独立仪器，这些仪器又通过自身机箱与大地接地，当不同仪器与大地的接地点不同而造成多点接地时，各仪器接地点会产生电位差，形成接地回流电压，导致共模干扰噪声，这是接地噪声的主要来源。共模干扰噪声犹如两个同学同时同一方向推某位同学，因推力不同，被推同学会有侧向回转倾斜，从而使身体失稳不平衡。测试中的多点接地问题主要发生在传感器与二次仪表之间。当传感器与试件的绝缘未做好时，试件也相当于一个独立仪器，且试件本身的系统接地点与二次仪表的系统接地点构成多点接地，产生了很大的电位差，造成了共模干扰，严重时，整个测试系统会产生漏电行为，影响测试设备与人身安全。如某实验中，应变片引脚与试件仅通过透明胶带绝缘，当应变片电缆连接到应变仪时，本应输出弱电的电缆却产生了强烈的电流，人接触到会有电击感应，与大地接触会产生电火花。消除这种接地噪声的方法是，用绝缘胶带重新调整应变片与试件的绝缘，并从应变仪上的接地螺钉引出一根导线，使其与被测试件一点接地，这样就显著消除了接地回流噪声，使设备处于安全状态。

我国对电网的接地要求比较规范，但对测试仪器接地要求并未形成规范，因此测试中要特别关注设备接地，以免造成人身伤亡和财产损失。

4. 电磁噪声

电磁噪声对调理电路的干扰更多集中在无线设备中。无线设备的发展是个极其迅猛的过程。结构强度测试中，国际知名设备厂商都研发了基于无线网络的材料实验室系统。振动测试中，我国很多公司都研发了与"北斗"导航仪同步的无线设备。电磁噪声通过电网或直接辐射的形式传播到这些离噪声源很远的调理装置中。消除电磁噪声的措施主要是调整无线设备的频率、采取电磁屏蔽。

需要特别强调的是，测试信号多为弱电信号，布线时要远离高压线，更不能将高压电源线和信号线捆绑在一起走线，以免产生电磁干扰。这跟家庭生活中强电箱和弱电箱保持一定距离，且分开管道进行布线是一个道理。

5. 湿度噪声

湿度对调理电路的影响主要有氧化和水蒸气扩散两个方面。当环境湿度较大时，调理电路元器件的表面易于氧化，从而使电路中的焊接件无法焊接而导致产品彻底报废，或者元器件内部的水蒸气以及有毒蒸发物质扩散导致导体解体或分层,从而使调理电路产生湿度噪声。

在我国南方,特别是江淮地区,每年都有长达一个月左右的阴雨天气,这些地区的实验室往往都配备除湿机、空调等除湿工具,以免湿度对仪器设备的损害,延长仪器使用寿命。在任何地区,应变片保存时都应放置在干燥剂中,以免敏感栅、引线等受潮氧化难以焊接或导电性能降低,防止湿度噪声的产生。有的需要风冷的调理电路本身就带有除湿设备,如某高温应变测试的引伸计电路,其风冷前置中有专门的集水和漏水设计。

1.1.5　信号采集

结构强度与振动试验中,无论小型还是大型测试系统,多数都是以计算机作为信号的输出端,可以说几乎所有的新型信号输出设备都含有与计算机连接的接口,计算机几乎兼容了所有新型数据输出设备。

在计算机上,不同公司开发的不同型号的测试系统都带有只针对自身型号的、专用的数据采集软件,同一型号的测试系统又有通道数之分。在购买测试系统时,几乎所有公司都会以数据采集器的通道数计价,如 4 通道和 8 通道声测系统的价格相差约 1/3,造成差价的原因来源于仪器硬件的成本。信号调理电路输出的多数为模拟信号,计算机处理的只能是二进制数字信号,在信号调理电路和计算机之间,必须有将模拟信号转换为数字信号的转换电路。信号从调理器输出到计算机并分析存储,这个过程需要很多信号调理和采集的硬件支持。

信号采集系统主要包括多路模拟开关 (Multiple User Experiment,MUX)、采样保持器 (Sampling Holder,S/H) 和模数转换器 (Analog-to-Digital Converter,ADC),图 1.21 是信号采集电路的组成。

图 1.21　信号采集电路组成

每个传感器信号都必须有独立的信号输出通道,这些信号经信号调理电路后,对接的硬件是模拟开关电路。n 个传感器就对应 n 路模拟开关,如 4 个传感器就需要 4 路模拟开关。目前常见的仪器设备中,为了节省成本、减小系统体积,并非每一路都有各自的输出回路,而是多路通道共享了采样保持器和模数转换器,多路通道对应的采集硬件是多路模拟开关、1 个采样保持器、1 个模数转换器。

多路模拟开关的作用是将多个信号分时切换,如某个时刻输出某路通道的信号,仅让该通道信号通过而让其他通道暂时断开,分时切换不同的通道进入采样保持器和模数转换器,让计算机分时采样和处理信号。

采样保持器的作用是在模拟信号转换为数字信号前,将模拟信号的瞬时值采集到一个存储器中,根据需要保持并输出采集到的模拟电压。模数转换器的作用是将模拟信号转换为二进制数字信号。

将模拟信号转换为数字信号需要一定的时间,称为 ADC 孔径时间。当 ADC 孔径时间较长,真实信号变化较快时,ADC 就难以跟踪模拟信号,解决这个问题的办法就是使用采样保持器。采样保持器存储的信号瞬时值可保障 ADC 转换的数字信号能较真实地反映模拟信号。

1. 采样定理

大多数传感器都是模拟信号输出, 但计算机不能处理模拟信号, 只能处理数字信号, 并且只能处理有限长度的数据。因此, 需要将模拟信号转换成数字信号。这个工作通常由模数转换器完成。采样是指将连续模拟信号转换成数字离散信号。为保证这种转换后原始信号不失真, 1928 年美国电信工程师 Nyquist 提出了采样定理, 具体表述如下。

假设被测信号中所关心的最高频率为 $f_{\max}$, 采样时间间隔 (时间分辨率) 为 Δt, 则采样频率为 $f_s = 1/\Delta t$, 且需要满足 $f_s \geqslant 2f_{\max}$。

对航空发动机强度振动试验来说, Nyquist 采样定理仅满足了基本的采样要求, 甚至仅仅能保证频率不失真, 不能复现原始信号。采样频率应大于 10 倍的最大被测信号频率才不会引起明显的幅值失真。

时间分辨率 Δt 为采样频率的倒数, 时间分辨率越小, 采样频率越高, 1s 内采集的样本点 (或数据点) 越多, 信号幅值越接近真实幅值。理论上讲, 采样率越高越好, 由采样率带来的幅值误差会越小, 但这并不现实。因为, 采样率受采集设备最高采样频率限制; 另外, 采样率升高, 会导致采样的数据容量大增, 出现大的数据文件。

与时间分辨率相对应的是频率分辨率, 频率分辨率的倒数为进行一次 FFT 所截取的时域数据长度 T。这个时间长度 T 所对应的数据称为 1 个数据块 (Block) 或 1 帧。因此, 在数据采集时, 可以用时间表示总的采样长度, 也可以用数据块或帧数表示总的采样长度。1 个数据块包含 N 个数据点, 时间长度 $T = N\Delta t$, 如图 1.22 所示。也可以用总的样本点数表示采样长度, 但一般很少这样表示, 因为采样时间一长, 总样本点数会很大。

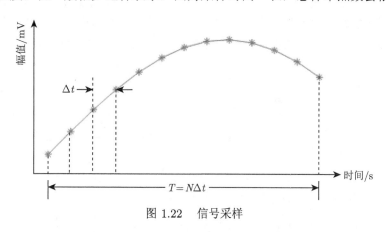

图 1.22 信号采样

采样的数据文件大小计算公式如下:

数据总大小 = 通道数 × 采样频率 × 每个样本点的字节数 × 总的采样时间

不同的采集设备厂商每个样本点的字节数可能会有差异。如 24 位 A/D, LMS 采用 3 字节存储, 而 DASP (北京东方振动和噪声技术研究所) 则采用 4 字节存储。假设 16 个通道, 采样频率为 1024Hz, 采集 1 小时, 则 LMS 的数据大小为 168.75MB, DASP 为 225MB。

对于瞬态冲击信号，如叶片丢失时的机匣包容信号，为了捕捉到冲击瞬间的幅值，要求采样频率很高。这就是 DASP 在进行锤击法模态测试时，要使用变时基采样的原因所在。当采样频率提高之后，通过上面数据大小计算公式可以看出，数据必然变大。因此，在一些爆炸采集时，采样率可能高达 MHz 级别，这个时候为了降低数据容量，会采用低位 A/D 来进行采集，有可能用 12 位或 16 位 A/D。

总的说来，对于常规的振动噪声采集，如果关心幅值，宜用高位 A/D，如 24 位 A/D，同时采样频率应大于 10 倍的最大被测信号频率才不会引起明显的幅值失真。

2. 采样方式

结构强度与振动测试中，信号采样方式往往由测试仪器自带的软件限定，用户可以根据数据处理需要选择多种采样方式。常见的静强度信号采样方式为连续采样；常见的动强度采样方式有：连续、峰谷值、自定义循环采样等；常见的振动信号采样方式有：连续、瞬态、随机、模态等。

连续采样是指时间间隔 Δt 恒定的采样方式。它并非数学意义上的"连续"，一般仪器均是通过设定采样频率 $f_s(=1/\Delta t)$ 来表征 Δt。当材料静拉试验时，设定采样频率 $f_s=100Hz$，则 $\Delta t=0.01s$，各通道每 0.01s 采样 1 个数据点；振动试验时，设定采样频率 $f_s=10000Hz$，各通道每隔 0.0001s 采样 1 个数据点。

峰谷值采样是指采样疲劳循环中的极值，如图 1.23 所示。它并非采样循环中的峰谷值，而是单个循环中的极值。峰谷值采样可减少数据冗余，便于数据处理。当采用液压伺服试验机开展低周疲劳试验时，连续采样的数据文件大小往往为峰谷值采样文件的 100 倍以上；又如应变控制下的疲劳失效循环往往以载荷 (力) 峰值下降到初始值的 50% 作为依据记录每次循环的载荷极值，这样有助于得到失效循环数。由于控制误差等因素，试验数据都有波动，疲劳循环的极值并非仅峰值和谷值。表 1.2 是材料试验机对某材料进行疲劳强度测试时得到的部分峰谷值采样数据，可知第 1 循环的峰值为 18.3078kN。

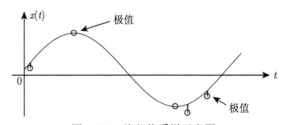

图 1.23　峰谷值采样示意图

自定义循环采样是指疲劳试验中设定某些循环，仅连续采样这些设定循环时的试验数据。自定义循环采样往往是为了防止长时间试验时数据冗长而采用的一种采样方式。如材料或结构低周疲劳试验时，可以将采样循环编号组成的序列自定义为

10，20，30，40，50，60，70，80，90

100，200，300，400，500，600，700，800，900

1000，1500，2000，2500，3000，3500，4000，4500，5000，5500，6000，6500，7000，7500，8000，8500，9000，9500

10000，11000，12000，13000，14000，15000，16000，17000，…

表 1.2　峰谷值采样

循环数	力/kN
1	−6.8044
1	−6.7972
1	−6.7581
1	18.1872
1	18.1858
1	18.2683
1	18.3078
1	18.3051
2	18.3190
2	18.3173
2	18.3422
2	18.3417
2	−7.5255
2	−7.5389
2	−7.5367

瞬态采样是指当设定通道接收到触发信号后，采样模块开始采样数据，采样到设定长度的数据后，自动停止采样。它是一种专门针对瞬变信号的采样方式。在振动试验中，力锤对结构的初始冲击力信号为瞬变信号，采用瞬态采样，可以将短时间内的有效信号保留下来，减少冗余数据对有效数据的影响，便于分析和处理数据，提高数据分析结果的准确性。有的仪器也称瞬态采样为触发采样。

随机采样是指对采样时间不施加人为意志的采样方式。这种采样方式主要用于随机信号。

模态采样是指振动模态试验时的采样方式，也称为多点敲击采样、自由采样等。模态试验是很多振动测试设备的必备功能，是振动测试中非常重要的一种试验。仪器软件往往将模态采样做成一个模块，这种采样方式通常包括力、加速度的信号采样，要求试验者在采样参数中设定模态结点信息等。

1.2　信 号 分 类

采集到的信号在分析前，需明确信号类型，不同的信号类型有不同的分析方法。本节首先介绍信号分类方法，然后对周期信号、非周期信号及随机信号进行阐述。

1.2.1　信号分类概述

信号是消息传送过程中携带信息的物理表现。信号的分类方法有多种，主要有如下几种。

(1) 按能量表现特性，可分为电信号、光信号、声信号和机械信号。在多数应用场合，后三种信号在终端处理器都被转化为电信号进行传输与处理，多数传感器也都有电信号输出接口。电信号应用广泛，兼容性好，容易生成、采集、保存和分析，也容易实现与其他信号的相互转换，如无特殊说明，本书讨论的信号均为电信号。

(2) 按时间特性，可分为连续信号和离散信号。连续信号是指时间和幅值上都连续的信号。一般情况下，模拟信号或机械信号为连续信号。时间或幅值上不连续的信号统称为离散信号。计算机或数字显示屏采用了二进制电路开关原理存储数据，它们显示的信号为离散信号。数据分析和处理高度依赖于计算机，因此也主要针对离散信号。表 1.3 给出了 $x(t)=\sin(8t+0.5)+0.5\cos(2t)$ 的连续信号和每隔 0.5s 采样得到的离散信号。测试时，计算机上显示的曲线信号实质为离散信号，各个测点之间用直线或样条曲线连接，根据屏幕分辨率，肉眼看上去类似于连续信号，但曲线放大后，往往表现为离散信号形式。

(3) 按维数特性，可分为 1 维，2 维，3 维 ⋯⋯ 表 1.4 给出了 1 维和 2 维信号。一般的时间历程曲线为 1 维信号，函数表示形式为 $x(t)$；灰度图像为 2 维信号，函数表示形式为 $v(x,y)$；表 1.4 中 2 维信号的彩色图像为 3 维信号，函数表示形式为 $v(r,g,b)$。

表 1.3　连续信号和离散信号

信号分类	$x(t) = \sin(8t + 0.5) + 0.5\cos(2t)$ 图形
连续	
离散	

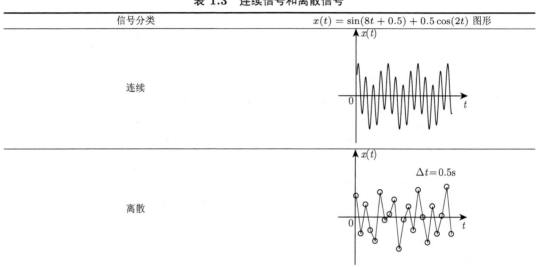

表 1.4　几类不同维数的信号

信号维数	图形
1 维	
2 维	

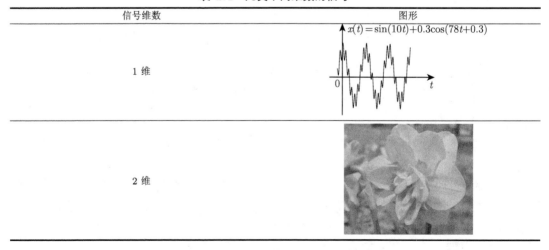

(4) 按数学函数表达特性，可分为确定性信号和随机信号。确定性信号可通过时间函数来表达，有具体的数学模型，可对信号进行完整的描述和预测。随机信号不可用时间函数

表达，不能预测下一时刻的信号，只可进行统计分析等。表 1.5 给出了确定性信号和随机信号的分类和图形表示，rand(t) 表示在 $[0,1]$ 区间内正态分布的随机数。

表 1.5　确定性信号和随机信号

信号分类			图形
确定性信号	周期信号	正余弦信号	$x(t)=0.8\sin(10t+0.5)$
		复杂周期信号	$x(t)=0.8\sin(7.5t+0.5)$ $+0.2\sin(15t+1.51)$ $+0.43\sin(40t+0.5+0.45)$
	非周期信号	准周期信号	$x(t)=1.5e^{-0.72t}\sin(12t+0.5)$
		瞬变信号	$x(t)=\begin{cases}0, & 0\leqslant t<1\\ 1, & t=1\\ 0, & t>1\end{cases}$
随机信号	平稳随机过程	各态历经过程	$x_1(t)=\mathrm{rand}(t)-0.5$ $x_2(t)=\mathrm{rand}(t)-0.5$ $x_3(t)=\mathrm{rand}(t)-0.5$
		非各态历经过程	$x_1(t)=0.3\mathrm{rand}(t)-0.15$ $x_2(t)=0.75\mathrm{rand}(t)-0.375$ $x_3(t)=\mathrm{rand}(t)-0.5$

续表

信号分类		图形
随机信号	非平稳随机过程	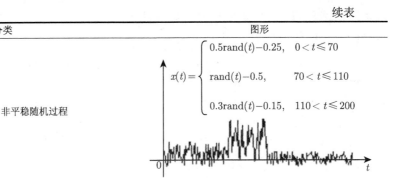

1.2.2　周期信号

周期信号的时变表达式为 $x(t) = x(t + nT)$，n 为整数。

周期信号若满足条件：① $x(t)$ 为周期信号；② $x(t)$ 在 $(-\infty, +\infty)$ 上绝对可积，则可用傅里叶级数分解为一系列简谐振动信号的合成，其傅里叶级数表达式为

$$x(t) = \frac{a_0}{2} + \sum_{n=1}^{\infty} (a_n \cos(n\omega_0 t) + b_n \sin(n\omega_0 t)), \quad n = 1, 2, 3, \cdots \tag{1.43}$$

式中

$$
\begin{aligned}
a_0 &= \frac{2}{T} \int_{-\frac{T}{2}}^{\frac{T}{2}} x(t)\mathrm{d}t \\
a_n &= \frac{2}{T} \int_{-\frac{T}{2}}^{\frac{T}{2}} x(t) \cos(n\omega_0 t)\mathrm{d}t \\
b_n &= \frac{2}{T} \int_{-\frac{T}{2}}^{\frac{T}{2}} x(t) \sin(n\omega_0 t)\mathrm{d}t
\end{aligned}
\tag{1.44}
$$

ω_0 称为基频，对应的周期 $T = 2\pi/\omega_0$ 称为基本周期。

根据三角函数关系，式 (1.43) 还可以写为如下余弦相位形式：

$$x(t) = \frac{a_0}{2} + \sum_{n=1}^{\infty} A_n \cos(n\omega_0 t - \varphi_n) \tag{1.45}$$

式中

$$A_n = \sqrt{a_n^2 + b_n^2}, \quad \varphi_n = \arctan \frac{b_n}{a_n} \tag{1.46}$$

工程上常见的周期信号大都可进行傅里叶变换。周期信号的级数表达形式多用于数学理论推导，而正余弦表达形式包含着明确的振幅、频率和相位信息，多用于力学、物理理论推导或工程应用。

周期信号可分为正余弦信号、复杂周期信号。

正余弦信号又称为简谐周期信号，它是最简单的周期信号，表达式为

$$x(t) = A \sin(\omega t + \varphi) \quad \text{或} \quad x(t) = A \cos(\omega t + \varphi) \tag{1.47}$$

复杂周期信号是可以分解为一系列频率比为有理数的简谐信号的周期信号。通过计算机等数字设备表现的周期信号,实质上都为复杂周期信号,因为数字设备表现信号的物理形式是二进制,而二进制数据都为有理数信号。复杂周期信号虽然为周期信号,但若基本周期 T 太大,呈现在显示屏上的信号不足一个周期,看起来会跟随机信号相似。

1.2.3 非周期信号

非周期信号可分为准周期信号和瞬变信号。

准周期信号是指由有限个离散频率分量合成的非周期确定性信号。也可以说,不是瞬变信号的非周期确定性信号均为准周期信号。如自由衰减振动信号,它由有限个振幅衰减、经过平衡位置具有等时性的阻尼振动频率 (自然频率) 分量合成;又如由有限个频率比为无理数的简谐信号合成的信号。

准周期信号表达式为

$$x(t) = \frac{a_0}{2} + \sum_{n=1}^{\infty} A_n(t) \cos(\omega_n t - \varphi_n), \quad n = 1, 2, 3, \cdots \tag{1.48}$$

式中,一定存在 $A_n(t) \notin \mathbb{C}$ 或 $\omega_i/\omega_j \notin \mathbb{Q}$, i、$j \in \mathbb{N}$, $\mathbb{C}$ 为常数集合, $\mathbb{Q}$ 为有理数集合, $\mathbb{N}$ 为自然数集合。同周期信号相似的地方是,准周期信号的幅值谱为离散谱。

瞬变信号是指时间上有突变特征的非周期确定性信号。瞬变信号的频率分量为连续值,其频谱包含一切频率,如斜坡信号、脉冲信号、阶跃信号等。表 1.6 给出了常见瞬变信号的表达式和图形。

表 1.6 几类典型的瞬变信号

瞬变信号	表达式	图形
单位斜坡	$r(t) = \begin{cases} t, & t > 0 \\ 0, & t < 0 \end{cases}$	
单位脉冲	$\delta(t) = \begin{cases} +\infty, & t = 0 \\ 0, & t > 0 \end{cases}$ 且 $\int_{-\infty}^{+\infty} \delta(t) = 1$	
单位阶跃	$H(t) = \begin{cases} 1, & t > 0 \\ 0, & t < 0 \end{cases}$	

1. 单位斜坡信号

斜坡信号在静强度测试中很常见，欧美仪器中常用 ramp 来表示斜坡输入信号，单位斜坡信号是最简单的斜坡信号。

单位斜坡信号的基本特性如下。

(1) 非负性。单位斜坡信号的绝对值等于自身，$|r(t)| = r(t)$。

(2) 单边性。单位斜坡信号在 $t < 0$ 时，$r(t)$ 为 0；在 $t > 0$ 时，$r(t)$ 为 t。

(3) 在可导区域内，一阶导数为单位阶跃函数。单位斜坡信号在 $t=0$ 时为间断点，反映了信号在时间上的突变特性。

通过延时和尺度缩放，可用单位斜坡信号表示各种斜坡信号，如 $x(t) = t_0 + cr(t)$，t_0、c 为常数，见图 1.24。此时，信号间断点平移至 $t = t_0$ 处，在可导区域内，一阶导数为单位阶跃函数的 c 倍。

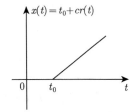

图 1.24　延时和缩放后的斜坡信号

2. 单位脉冲信号

振动测试中，力锤冲击激振是一类很常见的激励方法，国内外众多测试软件中都有关于力锤冲击测振的专门模块。力锤冲击对物体施加的是脉冲信号激励，单位脉冲信号是最简单的脉冲信号。

表 1.6 中单位脉冲信号的表达式是数学概念上理想单位脉冲的表达，单位脉冲用箭头表示。实际工程中，脉冲信号为有限值域信号，相应地单位脉冲信号还可以有下面两种表现形式，如图 1.25 所示。力锤的冲击信号类似于三角多边形脉冲，而光电转速传感器采集的光电信号则类似于矩形脉冲。

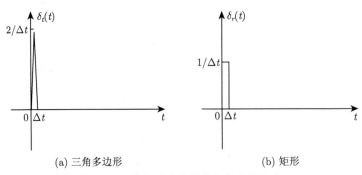

(a) 三角多边形　　　　　　　　(b) 矩形

图 1.25　单位脉冲信号的其他表现形式

理想单位脉冲信号的基本特性如下。

(1) 奇偶特性。单位脉冲信号为偶函数，$\delta(-t) = \delta(t)$。

(2) 尺度特性。单位脉冲信号具有简单的自变量变尺度特性，有 $\delta(at) = \delta(t)/|a|$。

(3) 采样特性。单位脉冲信号满足如下表达式：

$$f(t)\delta(t) = f(0)\delta(t) \tag{1.49}$$

$$f(t)\delta(t - t_0) = f(t_0)\delta(t - t_0) \tag{1.50}$$

(4) 合成特性。任何 1 维信号都可以分解为许多矩形单位脉冲分量的线性叠加。图 1.26 中，令 $t_i = i\Delta t$，$x(t_i)$ 处的矩形脉冲信号相比于单位矩形脉冲信号，在时间上延迟了 t_i，幅值上缩放了 $x(t_i)\Delta t$ 倍，因此可表示为 $x(t_i)\Delta t \cdot \delta_r(t - t_i)$。

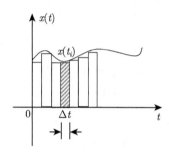

图 1.26　单位脉冲信号的其他表现形式

任意 1 维信号的单位脉冲表达式为

$$x(t) = \lim_{\Delta t \to 0} \sum_{i=-\infty}^{+\infty} x(t_i)\delta_r(t - t_i)\Delta t = \int_{-\infty}^{+\infty} x(\tau)\delta(t - \tau)\mathrm{d}\tau \tag{1.51}$$

式 (1.51) 称为卷积积分，可简写为 $x(t) = x(t) * \delta(t)$，"$*$" 为卷积符号。

令 $\tau = 0$，得到单位脉冲信号的采样特性如下：

$$\int_{-\infty}^{+\infty} x(0)\delta(t)\mathrm{d}\tau = x(0) \tag{1.52}$$

3. 单位阶跃信号

对物体突然施加恒定的静载，则物体所受到的载荷属于阶跃信号。突加静载需要具有一定的初始速度，使得这种阶跃信号对物体或试验设备都有一定的冲击性，若不是必须，应避免对物体突然施加阶跃载荷。常见的阶跃信号通常都与仪器开关时的损坏有关，如强度仪器因没有按规定开展预热程序而导致开关机电子元件的损坏，振动激励设备因断电后未归零功率放大器而导致开机时激振器的损坏等。

单位阶跃信号是最简单的阶跃信号。除表 1.6 中所示外，单位阶跃函数还有另外两种定义方法，分别为

$$\varepsilon(t) = \begin{cases} 1, & t \geqslant 0 \\ 0, & t < 0 \end{cases} \tag{1.53}$$

$$\theta(t) = \begin{cases} 1, & t > 0 \\ \dfrac{1}{2}, & t = 0 \\ 0, & t < 0 \end{cases} \tag{1.54}$$

三种定义方法的区别在于对 $t=0$ 时刻的定义。从物理角度讲，阶跃信号是突变的系统激励信号，系统响应超前或滞后于该激励决定了阶跃函数的定义方式。表 1.6 中 $H(t)$ 在 $t=0$ 时刻没有定义，说明不清楚阶跃载荷突变时刻与系统响应起始时刻的关系，也不清楚激励载荷施加的时间带宽，因此不予定义。若认为阶跃信号的加载时刻超前系统产生响应的时刻，则采用式 (1.53) 中 $\varepsilon(t)$ 的定义方式。否则，认为阶跃信号的加载有个过渡过程，采取折中办法，利用式 (1.54) 中的 $\theta(t)$ 定义单位阶跃函数。工程中，往往不清楚阶跃信号发生的时刻，因此多采用表 1.6 中 $H(t)$ 的定义方式。

单位阶跃信号的基本特性如下。

(1) 间断特性。在 $t=0$ 处具有间断点，属于不连续函数。

(2) 微积分特性。在可积区域内，单位阶跃信号的积分为斜坡信号 $r(t)$；在可导区域内，单位阶跃信号的微分为单位脉冲信号 $\delta(t)$。

1.2.4　随机信号

随机信号是指不可以用确定的数学表达式描述，不可以预测未来任何瞬时的精确值，没有确定变化规律的信号。典型的随机信号如电子设备中，因温度、振动等引起的仪器各通道输出电压信号的随机扰动，这些扰动会形成电噪声随机信号，如图 1.27 所示。这种信号每次测量的结果都不一样，但整体上具备一定的统计规律，需采取统计方法进行分析。

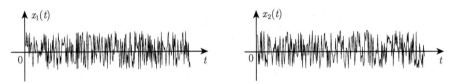

图 1.27　两个通道的随机电噪声信号

每次观测得到的随机信号 (波形) 称为一个样本。n 次观测就会得到 n 个样本，这些样本的集合称为随机过程。随机过程中的每个样本都是一个随机信号的实现。

随机过程中，所有样本在某个时刻的值的集合称为随机变量。

随机过程中，某一样本在某个时刻下的值称为随机变量的一个具体瞬时值。

一般随机过程和随机变量用大写字母表示，分别写为 $X(t)$ 和 $X(t_k)$；样本和随机变量的具体瞬时值用小写字母表示，分别写为 $x_i(t)$ 和 $x_i(t_k)$。

图 1.28 为包含 3 个随机信号样本 $\{x_1(t),\ x_2(t),\ x_3(t)\}$ 的随机过程 $X(t)$，$X(t) = A\sin(\omega t + \theta)$，$A$ 为高斯随机数，ω、θ 为常数。$X(t_1)$ 为随机变量，$x_3(t_2)$ 是样本 $x_3(t)$ 在 t_2 时刻的具体瞬时值。

随机过程中所有样本组成的集合称为总体样本，记为 $X(t)=\{x_1(t),\ x_2(t),\ x_3(t),\ \cdots\}$。

若随机过程的统计特性具有平稳性，不随时间变化，则称为平稳随机过程 (或严格平稳随机过程)，反之称为非平稳随机过程。

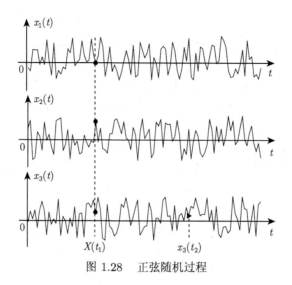

图 1.28　正弦随机过程

例如，高温疲劳试验中的焊接式热电偶测温系统输出的温度噪声信号，由于热电偶与被测试件的焊接质量因人而异，若焊接质量较好，疲劳试验开始后的一小段时间内，热电偶输出的温度噪声信号多为平稳随机过程，随着试验时间的延长，因热电偶接头的焊接质量、疲劳试件在焊接接头处的变形或萌生出的裂纹、热电偶所处环境温度的稳定性变差等因素，热电偶输出的温度噪声不再具有平稳性，而是随环境因素随机波动，此时输出的噪声信号多为非平稳随机过程。

一般情况下，平稳随机过程源于稳定的物理现象，非平稳随机过程则源于不稳定的物理现象。实际工程中，理想的统计特性不随时间发生变化的随机过程几乎不存在，所以严格意义上，随机过程都属于非平稳随机过程，但是在较短时间内统计特性变化不大的随机过程都会被近似为平稳随机过程。

下面引出与平稳随机过程相关的两个数学概念。

对时间域 $\mathbb{Q}$ 和样本值域 $\mathbb{R}$，任取 $t_1, t_2, \cdots, t_n \in \mathbb{Q}$ 与 $z_1, z_2, \cdots, z_n \in \mathbb{R}$，随机信号 $X(t)$ 的 n 维概率分布函数定义为

$$F_X(z_1, z_2, \cdots, z_n; t_1, t_2, \cdots, t_n) = P(X(t_1) \leqslant z_1, X(t_2) \leqslant z_2, \cdots, X(t_n) \leqslant z_n) \qquad (1.55)$$

P 为概率符号。

平稳随机信号的数学定义为：如果随机信号 $X(t)$ 的任意 n 维概率分布函数具有自变量移动不变性，即对任意 u 值，当 $t_1 + u, t_2 + u, \cdots, t_n + u \in \mathbb{Q}$ 时，始终有 $X(t)$ 的 n 维概率分布函数：

$$F_X(z_1, z_2, \cdots, z_n; t_1, t_2, \cdots, t_n) = F_X(z_1, z_2, \cdots, z_n; t_1 + u, t_2 + u, \cdots, t_n + u) \qquad (1.56)$$

则称 $X(t)$ 具有严格平稳性，或称 $X(t)$ 为平稳随机过程。

以概率分布函数来定义平稳随机过程，是因为若概率分布函数不变，则随机过程的全部统计特性都不变。

平稳随机过程因统计特性的时间平稳性，可以截取某一样本局部时间的分析结果代表该随机过程整体时间上的结果，而非平稳随机过程只能具体时间具体分析，每个时段的分析结果都只能代表该时段的随机样本特性。

测试信号中，理想的平稳随机过程是不存在的，这是因为它的定义太严格了，要证明随机信号的任意 n 维概率分布函数具有自变量移动不变性很困难。实际工程中，往往更关注信号的一阶及二阶 (均值、相关函数) 统计特性。

例如，在机械振动测试中得到了加速度的平稳随机过程，计算出加速度均值和相关函数，就可以得到振动的静态分量和动态分量，根据相关函数也可以得到振动的功率谱密度等，了解到振动的静载情况及振动能量随频率变化的分布规律，这些参数对解决工程实际问题非常有用。

随机过程的均值为一阶统计特性，有两种定义方式，分别为总体平均和时间平均。

将全体样本在某个时刻 t_k 的值相加起来，再除以样本函数的个数，这种平均运算称为 t_k 时刻的总体平均。

如果全部样本的数目为 N，总体平均的表达式为

$$\mu_X(t_k) = \frac{1}{N} \sum_{i=1}^{N} x_i(t_k) \tag{1.57}$$

对某一样本而言，将所有观测值加起来，再除以观测所用时间 T，这种平均运算称为样本的时间平均，表达式为

$$\mu_{xi} = \frac{1}{T} \int_0^T x_i(t) \mathrm{d}t \tag{1.58}$$

随机过程的自相关函数为二阶统计特性。

将全体样本在时刻 t_k 和 $t_k + \tau$ 的乘积求取总体平均，称为 t_k 时刻的自相关函数。

如果全部样本的数目为 N，自相关函数的表达式为

$$R_X(t_k, t_k + \tau) = \frac{1}{N} \sum_{i=1}^{N} x_i(t_k) x_i(t_k + \tau) \tag{1.59}$$

如果随机信号的均值和自相关函数存在，且对自变量 t 和任何时刻 t_k 都满足：

(1) 总体平均为恒常数，即 $\mu_X(t_k) = \mu_X(t) = c$，$c$ 为常数；

(2) 自相关函数只是时间差 τ 的函数，$R_X(t_k, t_k + \tau) = R_X(t, t + \tau) = R_X(\tau)$。

则 $X(t)$ 具有弱平稳性，称为弱平稳随机过程，也称为广义平稳随机过程。

平稳随机过程可分为各态历经过程和非各态历经过程。

对于平稳随机过程 $X(t)$，任意样本 $x_i(t)$ 的时间平均都和 $X(t)$ 的总体平均相等，即满足 $\mu_X(t) = \mu_{xi} = c$，称这样的随机过程为各态历经过程，反之称为非各态历经过程。

例如，一套仪器包含多个通道，多个通道的性能均处于稳定状态，某一通道输出的电噪声信号振幅、方差等统计特性保持平稳，不随时间发生变化，则这个通道多次采集到的电噪声样本的集合形成一个各态历经的平稳随机过程；因电路不同、电子振动等问题，不同通道输出的电噪声信号具有明显的统计特性差异，多路通道同一时间内采集到的电噪声样本的集合形成一个非各态历经的平稳随机过程。

各态历经过程一定是平稳随机过程，反之不一定。大多数平稳随机过程为各态历经过程。各态历经的随机过程中单个样本的统计特征可以代表整个随机过程的特征，因此可以不加单个样本 $x_i(t)$ 的下标符号 "i"，而直接用 $x(t)$ 来代表整个各态历经平稳随机过程。

例 1.1　设总体样本数无穷大，观测时长 $T = 1\mathrm{s}$ 的随机过程 $X(t)=\sin(2\pi t + \theta)$，式中，$\theta$ 是随机数。

(1) θ 在 $(0, \pi)$ 上均匀分布，判断 $X(t)$ 是否为弱平稳随机过程；

(2) θ 在 $(0, 2\pi)$ 上均匀分布，判断 $X(t)$ 是否为弱平稳随机过程；若 $X(t)$ 是弱平稳随机过程，判断 $X(t)$ 是否为各态历经随机过程。

解　(1) 对任意时刻 t_k，因总体样本数无穷大，根据定积分定义计算 $X(t)$ 的总体平均，有

$$\mu_X(t_k) = \lim_{N\to\infty} \frac{1}{N} \sum_{i=1}^{N} x_i(t_k)$$

$$= \lim_{N\to\infty} \frac{1}{N} \sum_{i=1}^{N} \sin(2\pi t_k + \theta_i) = \frac{1}{\pi} \int_0^\pi \sin(2\pi t_k + \theta)\mathrm{d}\theta = \frac{2}{\pi}\cos(2\pi t_k)$$

因 $\mu_X(t_k)$ 跟时刻 t_k 有关，非常数，故 $X(t)$ 非弱平稳随机过程。

(2) 对任意时刻 t_k，因总体样本数无穷大，根据定积分定义计算 $X(t)$ 的总体平均，有

$$\mu_X(t_k) = \lim_{N\to\infty} \frac{1}{N} \sum_{i=1}^{N} x_i(t_k)$$

$$= \lim_{N\to\infty} \frac{1}{N} \sum_{i=1}^{N} \sin(2\pi t_k + \theta_i) = \frac{1}{2\pi} \int_0^{2\pi} \sin(2\pi t_k + \theta)\mathrm{d}\theta = 0$$

计算 $X(t)$ 的自相关函数，有

$$R_X(t_k, t_k + \tau) = \lim_{N\to\infty} \frac{1}{N} \sum_{i=1}^{N} x_i(t_k)x_i(t_k + \tau)$$

$$= \lim_{N\to\infty} \frac{1}{N} \sum_{i=1}^{N} \sin(2\pi t_k + \theta_i)\sin(2\pi t_k + 2\pi\tau + \theta_i)$$

$$= \frac{1}{2\pi} \int_0^{2\pi} \sin(2\pi t_k + \theta)\sin(2\pi t_k + 2\pi\tau + \theta)\mathrm{d}\theta$$

$$= \frac{1}{2\pi} \int_{2\pi t_k}^{2\pi + 2\pi t_k} \sin\varphi \sin(\varphi + 2\pi\tau)\mathrm{d}\varphi$$

$$= \frac{1}{2\pi} \int_{2\pi t_k}^{2\pi + 2\pi t_k} \sin\varphi(\sin\varphi\cos2\pi\tau + \cos\varphi\sin2\pi\tau)\mathrm{d}\varphi$$

$$= \frac{1}{2}\cos 2\pi\tau = R_X(\tau)$$

因 $\mu_X(t_k) = \mu_X(t)=0$，$R_X(t_k, t_k + \tau) = R_X(t, t + \tau) = R_X(\tau)$，$X(t)$ 为弱平稳随机过程。计算任意样本 $x_i(t)$ 的时间平均，有

$$\mu_{xi} = \int_0^1 \sin(2\pi t + \theta_i)\mathrm{d}t = 0$$

因 $\mu_X(t) = \mu_{xi} = 0$，$X(t)$ 为各态历经随机过程。

1.3　信号分析

采集到的信号需进行分析才能得到零部件或材料的力学性能，本节介绍测试信号分析方法，包括统计分析、趋势分析、傅里叶分析、功率谱分析、相关分析、短时傅里叶分析以及小波包分析。这些分析各有不同，分析时应根据数据类型及分析参数选择合适的分析方法。

1.3.1　统计分析

统计分析一般用来对振动信号做基本了解，如是否有零位偏移、整体的振幅量级等。本节介绍基本的统计分析概念。

对长度为 N 的时间序列 $\{x(n)|n = 0, 1, 2, \cdots, N - 1\}$，有如下统计学定义：

$$\text{峰值：}\quad P_x = \max(|x(n)|) \tag{1.60}$$

$$\text{均值：}\quad \mu_x = \frac{1}{N}\sum_{n=0}^{N-1} x(n) \tag{1.61}$$

$$\text{均方值：}\quad \psi_x^2 = \frac{1}{N}\sum_{n=0}^{N-1} x^2(n) \tag{1.62}$$

$$\text{方差：}\quad \sigma_x^2 = \frac{1}{N}\sum_{n=0}^{N-1} (x(n) - \mu_x)^2 \tag{1.63}$$

$$\text{标准差：}\quad S_x = \sqrt{\sigma_x^2} \tag{1.64}$$

$$\text{峭度：}\quad K = \frac{1}{N}\sum_{n=0}^{N-1} \left(\frac{x(n) - \mu_x}{S_x}\right)^4 \tag{1.65}$$

$$\text{偏斜度：}\quad \mathrm{Sk}_x = \frac{1}{N}\sum_{n=0}^{N-1} (x(n) - \mu_x)^3 \tag{1.66}$$

图 1.28 中 $x_2(t)$ 的统计分析结果如表 1.7 所示。

表 1.7　图 1.28 中 $x_2(t)$ 的统计分析结果

峰值	均值	均方值	标准差	方差	峭度	偏斜度
1	7.7062×10^{-4}	9.9952	0.4998	0.2498	3.0129	-0.0040

通常描述各态历经随机信号的统计参数有：均方值、概率密度函数、自相关函数和功率谱密度函数。均方值描述信号的强度，其余三者分别描述信号在幅值域、时间域以及频率域的特性。

1. 均值、均方值、均方根值和方差

$$\text{均值：}\quad \mu_x(t) = \lim_{T \to \infty} \frac{1}{T} \int_0^T x(t) \mathrm{d}t \tag{1.67}$$

均值表示信号的直流分量，也称为静态分量。

$$\text{均方值：}\quad \psi_x^2 = \lim_{T \to \infty} \frac{1}{T} \int_0^T x^2(t) \mathrm{d}t \tag{1.68}$$

$$\text{均方根值：}\quad x_{\mathrm{rms}} = \sqrt{\psi_x^2} \tag{1.69}$$

$$\text{方差：}\quad \sigma_x^2 = \lim_{T \to \infty} \frac{1}{T} \int_0^T (x(t) - \mu_x)^2 \mathrm{d}t \tag{1.70}$$

$$\text{标准差：}\quad \sigma_x = \sqrt{\sigma_x^2} \tag{1.71}$$

方差表示信号的交流分量，也称为动态分量。

均值、均方值和方差之间的关系为

$$\sigma_x^2 = \psi_x^2 - \mu_x^2 \tag{1.72}$$

2. 概率密度函数

某一区间的概率：设 $x(t)$ 取值在 $(x, x + \Delta x)$ 区间的总时间：

$$T_x = \Delta t_1 + \Delta t_2 + \Delta t_3 + \cdots \tag{1.73}$$

当 T 趋于无穷大时，事件 $x \leqslant x(t) \leqslant x + \Delta x$ 的概率为

$$P(x \leqslant x(t) \leqslant x + \Delta x) = \lim_{T \to \infty} \frac{T_x}{T} \tag{1.74}$$

概率密度函数：

$$p(x) = \lim_{\Delta x \to 0} \frac{P(x \leqslant x(t) \leqslant x + \Delta x)}{\Delta x} = \lim_{\Delta x \to 0} \left(\frac{1}{\Delta x} \lim_{T \to \infty} \frac{T_x}{T} \right) \tag{1.75}$$

均值和均方值与 $p(x)$ 的关系：

$$\mu_x = \int_{-\infty}^{+\infty} x p(x) \mathrm{d}x \tag{1.76}$$

$$\psi_x^2 = \int_{-\infty}^{+\infty} x^2 p(x) \mathrm{d}x \tag{1.77}$$

1.3.2 趋势分析

因为零漂、过渡或者突发故障，振动信号随时间不断地起伏波动，相对于细节上的高频振动，这种起伏波动属于整体上的低频振动。振动信号的起伏波动称为振动的趋势项。某种程度上，趋势分析相当于对信号做了低通滤波，通过趋势分析可对振动信号低频噪声、零漂等进行消除，也可了解转子工作等的过渡过程。

趋势项的计算可通过滑动平均法。对 N 个非平稳数据 $\{x(n)\}$，假如每 k 个相邻数据的小区间内是接近平稳的，即其均值接近于常量。可取每 k 个相邻数据的平均值，来表示该 k 个数据中任一个的取值。如

$$\begin{cases} \hat{x}(3) = \frac{1}{5}(x(1) + x(2) + x(3) + x(4) + x(5)) \\ \hat{x}(4) = \frac{1}{5}(x(2) + x(3) + x(4) + x(5) + x(6)) \\ \quad\vdots \\ \hat{x}(n) = \frac{1}{5}(x(n-2) + x(n-1) + x(n) + x(n+1) + x(n+2)) \\ \quad\vdots \end{cases} \tag{1.78}$$

这种方式称为平均滑动法，可表达为

$$\hat{x}(n) = \frac{1}{k} \sum_{i=-(k-1)/2}^{(k-1)/2} x(i), \quad k \text{ 为奇数} \tag{1.79}$$

定义序列 $\{\hat{x}(n)\}$ 为 $\{x(n)\}$ 的趋势项，k 称为滑动点数或滑动窗口。若时间序列的采样频率为 f_s，趋势项分析相当于对 $\{x(n)\}$ 进行了 $f_s/(2k)$ 以下的低通滤波。

对于任一数据 $x(n)$，上述平均滑动法认为左右两边 $(k-1)/2$ 个数据对其的影响是一致的，取这 k 个数据的平均值去估计趋势项的 $\hat{x}(n)$。有时候也认为越靠近 $x(n)$ 的数据对它的影响就越大，此时滑动法表达为

$$\hat{x}(n) = \sum_{i=-(k-1)/2}^{(k-1)/2} w_i x(i), \quad k \text{ 为奇数} \tag{1.80}$$

式中，w_i 为加权系数。如指数加权滑动法，其 $w_i = 1/(|i| + 1)$。

趋势项提取举例如下。

转子启动过程的速度数据如图 1.29 中深色线所示，要得到转子的启动趋势，采用平均滑动法计算趋势项，如图 1.29 中淡色线所示。趋势分析表明，转子在 45s 之前缓慢加速，在 45s 附近快速加速，而后在 48s 之后放缓加速过程。

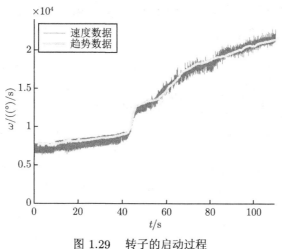

图 1.29 转子的启动过程

1.3.3 傅里叶分析

振动的时间信号可以反映时间历程，但时间信号容易受到噪声污染或其他影响，很难看出其他振动特性。不过几乎所有振动信号都具有频域上的共性，通过频域信号能直观描述振动的本质特性。FFT(快速傅里叶变换) 是最简单的频域分析方法，也是最常用的频域分析方法，可将工程试验的离散时间信号直接转换为频域信号。

1. FFT

根据 1.2.2 节所述，任意周期信号总可以用傅里叶级数分解为一系列简谐振动信号。

在式 (1.45) 中，以频率 $\omega_n = n\omega_0$ 作为自变量，振幅 A_n 作为函数，可以得到振幅-频率图，称为 FFT 频谱图；以频率 ω_n 作为自变量，相位 φ_n 作为函数，可以得到相位-频率图，称为 FFT 相频图。一般将 FFT 后的 $x(t)$ 表示为 $X(\omega)$。

工程中实测到的振动信号都非理想周期信号，可以将非周期信号看作周期 T 无穷大，基频 ω_0 接近于 0 的信号，从而得到非周期函数的简谐振动分解形式，表达为

$$x(t) = \frac{1}{2\pi}\int_{-\infty}^{+\infty} X(\omega)\mathrm{e}^{\mathrm{j}\omega t}\mathrm{d}\omega, \quad X(\omega) = \frac{1}{2\pi}\int_{-\infty}^{+\infty} x(t)\mathrm{e}^{-\mathrm{j}\omega t}\mathrm{d}t \tag{1.81}$$

称 $X(\omega)$ 为 $x(t)$ 的傅里叶变换，$x(t)$ 为 $X(\omega)$ 的傅里叶逆变换，两者合称为傅里叶变换对。一般情况下，$X(\omega)$ 是个复数，可以写成

$$X(\omega) = \mathrm{Re}(\omega) + \mathrm{jIm}(\omega) = |X(\omega)|\mathrm{e}^{\mathrm{j}\varphi(\omega)} \tag{1.82}$$

式中，$\mathrm{Re}(\omega)$ 和 $\mathrm{Im}(\omega)$ 分别为 $X(\omega)$ 的实部和虚部；$|X(\omega)|$ 和 $\varphi(\omega)$ 分别为 $X(\omega)$ 的幅值和幅角，它们又分别称为 $x(t)$ 的幅值谱密度和相位谱密度。

FFT 举例如下。

旋翼振动试验结束后，对时间数据进行 FFT 分析，结果如图 1.30 所示，与正常工作的旋翼频谱比较，试验结果的 FFT 图符合正常工作特征，频谱以 12.5Hz 为基频，在其倍

频处出现极值，其中最高极值出现在 250Hz 处，4X 处出现第 2 高极值，2X 处出现第 3 高极值，无振动故障极值出现。

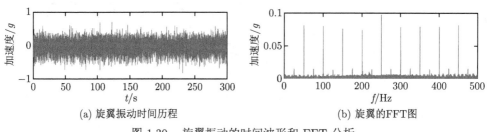

(a) 旋翼振动时间历程　　　　　　　　　　　(b) 旋翼的FFT图

图 1.30　旋翼振动的时间波形和 FFT 分析

2. 泄漏与加窗

FFT 只能对有限长度的时域数据进行变换，因此，需要对时域信号截断。但截断信号带来一个问题，即若截断的时间长度不是周期的整数倍 (周期截断)，则截取后的信号将会存在变换误差，将这种误差称为泄漏误差。

为减少泄漏误差，使时域信号更好地满足 FFT 处理的周期性要求，提高变换精度，需要用到窗函数，在信号 FFT 时对信号加窗。

如图 1.31 所示，若周期截断，则 FFT 频谱为单一谱线；若非周期截断，则频谱出现拖尾，可以看出泄漏很严重。为了减少泄漏，对截断时间信号进行处理，给截断信号加窗，可以看出，与未加窗的频谱相比，泄漏已明显改善，但并没有完全消除。因此，窗函数只能减少泄漏，不能消除泄漏。

3. 窗函数

信号截断时，只能截取一定长度，如图 1.32 所示，用虚线框的 "窗" 去截取这个周期信号。设计窗函数，将截取信号乘以窗函数，称为加窗。用加窗后的截取信号进行 FFT 频谱分析，可以减少信号泄漏。加窗实质是用一个所谓的窗函数与原始的时域信号进行乘积的过程，使得相乘后的信号更好地满足傅里叶变换的周期性要求。

窗函数的类型很多，如矩形窗、汉宁窗、汉明窗、平顶窗、指数窗等，图 1.32 中的窗函数为汉明窗。

使用不同的时间窗，它的时域形状和频域特征是不相同的。下面介绍四种常见的窗函数的时域表达形式以及它们的时域窗形状和频域特征。这四种窗分别是矩形窗、汉宁窗、汉明窗和指数窗。它们的时域表达形式如下。

矩形窗：$w(t) = 1$。

汉宁窗：$w(t) = \dfrac{1}{2}\left(1 - \cos\dfrac{2\pi t}{T}\right)$。

汉明窗：$w(t, a) = (1 - a) - a\cos\left(\dfrac{2\pi t}{T}\right)$，一般情况下 a 取 0.46。

指数窗：$w(t) = \begin{cases} \mathrm{e}^{-at}, & 0 \leqslant t \leqslant T \\ 0, & t > T \end{cases}$，指数 a 视信号情况选取。

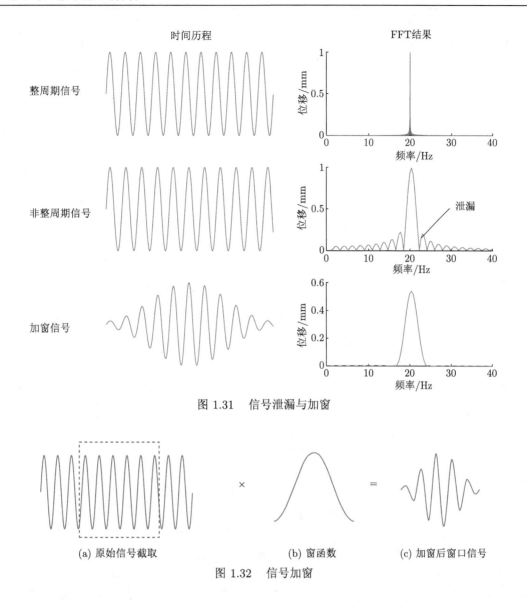

图 1.31 信号泄漏与加窗

图 1.32 信号加窗

假设时间窗的范围为 $0 \leqslant t \leqslant T$，如果时间 t 的取值区间不同，窗函数的表达形式也会略有差异。汉宁窗、汉明窗和指数窗的时域特征如图 1.33 所示。从图中可以看出，窗函数不同，时域特征都是不同的。

4. 模态测试窗函数

利用锤击法测试结构模态时，需要对力信号加力窗 (图 1.34)，对自由衰减信号加指数窗。本节介绍这两种窗函数。

力窗实质是局部矩形窗，窗口作用于脉冲激励发生的那部分时段。加力窗是为了消除可能来自于力锤激励通道的冗余数据噪声。通常设置力窗的宽度为数据样本窗口的 2%~10%，使得力脉冲完全位于这个单位增益窗内，力窗之外的时域样本记录则被加权置零。需要注意的是，力窗不能消除测试过程中可能出现的二次连击的影响。使用力窗消除连击所造成的影响，将严重扭曲输入力谱。

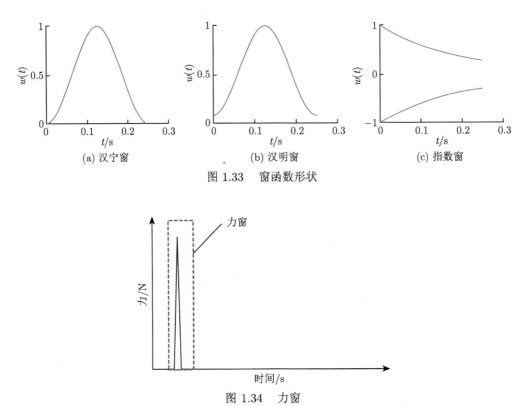

图 1.33   窗函数形状

图 1.34   力窗

指数窗通常用于在采样时间长度内信号没有完全衰减到零的响应信号。指数窗的应用强制响应信号能够更好地满足 FFT 的周期性要求。对于小阻尼结构，锤击激起的结构响应在采样时间长度的末端不会完全衰减到零。这种情况下，变换后的数据将遭受泄漏影响。为了将泄漏降低到最低程度，需要对响应数据施加指数窗。

对于锤击法测试，应尽量实现无泄漏的测量，即响应不需要加指数窗，因为加窗之后阻尼会是过估计，使得估计出来的阻尼大于实际的阻尼。可以通过增加采样时间，使响应有足够的时间衰减，以避免加窗。

利用激振器测试结构模态最常用的是矩形窗和汉宁窗。

5. 加窗原则

加窗函数时，窗函数频谱的主瓣宽度应尽量窄，以获得高的频率分辨能力；旁瓣衰减应尽量大，以减少频谱拖尾，但通常都不能同时满足这两个要求。各种窗的差别主要集中于主瓣的能量和分散在所有旁瓣的能量之比。

窗的选择取决于分析的目标和被分析信号的类型。一般说，有效噪声频带越宽，频率分辨能力越差，越难于分清有相同幅值的邻近频率。选择性 (即分辨出强分量频率邻近的弱分量的能力) 的提高与旁瓣的衰减率有关。通常有效噪声带宽窄的窗，其旁瓣的衰减率较低，因此窗的选择是在二者中取折中。

窗函数的选择一般原则如下。

(1) 如果截断的信号仍为周期信号，则不存在泄漏，无须加窗，相当于加矩形窗。

(2) 如果信号是随机信号或者未知信号，或者有多个频率分量，测试关注的是频率点而非能量大小，建议选择汉宁窗，像 LMS Test.Lab 中默认加的就是汉宁窗。

(3) 对于校准目的，则要求幅值精确，平顶窗是个不错的选择。

(4) 如果同时要求幅值精度和频率精度，可选择凯泽 (Kaiser) 窗。

(5) 如果检测两个频率相近、幅值不同的信号，建议用布莱克曼 (Blackman) 窗。

(6) 锤击法试验力信号加力窗，响应可加指数窗。

无论如何，窗函数总是会使测到的峰值发生失真，并且测量得到的结构阻尼总是大于结构实际存在的阻尼。一般情况下矩形窗会使得幅值失真 36%，汉宁窗失真 16%，故 FFT 的幅值失真使得阻尼估计不准确。

1.3.4　功率谱分析

虽然 FFT 可将时域信号转换为频域信号，但有时噪声较大，若要提高信噪比，就要采取去噪手段。二阶统计量具备放大有效信号，缩减噪声的作用，功率谱分析就是基于二阶统计量的频谱分析方法。

对于时域信号 $x(t)$ 和 $y(t)$，功率谱表达式为

$$S_{xy}(\omega) = E(X(\omega)Y^*(\omega)) \tag{1.83}$$

式中，$X(\omega)$、$Y(\omega)$ 分别是 $x(t)$ 和 $y(t)$ 的 FFT 分析；上标"$*$"表示共轭；E 表示数据期望。若 $x(t) = y(t)$，称为自功率谱分析，否则称为互功率谱分析。

功率谱密度函数也可以表示为相关函数的傅里叶变换，连续性的功率谱函数表达式为

$$S_{xy}(\omega) = \int_{-\infty}^{+\infty} R_{xy}(\tau)\mathrm{e}^{-\mathrm{j}\omega\tau}\mathrm{d}\tau, \quad -\infty < \omega < +\infty \tag{1.84}$$

式 (1.84) 中，$-\infty < \omega < +\infty$，$S_{xy}(\omega)$ 称为双边功率谱。实际工程中，频率通常为正，$0 \leqslant \omega < +\infty$，此时功率谱函数表示为

$$W_{xy}(\omega) = 2S_{xy}(\omega), \quad 0 \leqslant \omega < +\infty \tag{1.85}$$

称 $W_{xy}(\omega)$ 为单边功率谱。

功率谱分析举例如下。

对图 1.30(a) 进行单边自功率谱分析，结果如图 1.35 所示。与图 1.30(b) 相比，有效谱线更清晰，微弱的噪声被去除了。

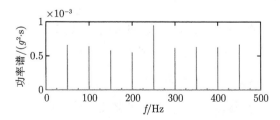

图 1.35　旋翼振动的自功率谱分析

1.3.5 相关分析

相关分析是估计两个随机信号或确定性信号在时间上的相关性，也可以估计两个确定性信号的相关性。如振动测试数据受到了周围噪声的干扰，通过相关分析可以提高信噪比，提取出有用的信号。

对离散时间序列，有

$$x = \{x_0, x_1, x_2, \cdots, x_n, \cdots, x_N\} \tag{1.86}$$

$$y = \{y_0, y_1, y_2, \cdots, y_n, \cdots, y_M\} \tag{1.87}$$

相关函数表示为

$$R_{xy}(m) = E(x_{n+m}y_n^*) = E(x_n y_{n-m}^*) \tag{1.88}$$

式中，m 为整数，$m \in (-\infty, +\infty)$；"$*$" 表示共轭；E 为数据期望；x 和 y 的数据长度分别为 N 和 M。在工程实际中，时间序列 x 和 y 都是有限的，相关估计可以表达为

$$\hat{R}_{xy}(m) = \begin{cases} \sum_{n=0}^{N-m-1} x_{n+m}y_n^*, & m \geqslant 0 \\ \hat{R}_{xy}^*(-m), & m < 0 \end{cases} \tag{1.89}$$

相关函数可分为自相关和互相关。若时间序列 $x = y$，称为自相关函数；否则，称为互相关函数。自相关函数可以对原有的时间序列去噪，互相关函数可以得到两个时间序列的相关性。相关函数可以进行零点归一化 (最大值归一化)、有偏和无偏归一化处理。进行归一化处理需要 x 和 y 的数据长度一致。

若对相关函数进行零点归一化，称为系数归一化相关函数，表达式为

$$\hat{R}_{xy_b}(m) = \frac{1}{\hat{R}_{xy}(0)}\hat{R}_{xy}(m) \tag{1.90}$$

若对相关函数进行归一化有偏估计，称为有偏相关函数，表达式为

$$\hat{R}_{xy_b}(m) = \frac{1}{N}\hat{R}_{xy}(m) \tag{1.91}$$

相应地，无偏归一化相关函数表达式为

$$\hat{R}_{xy_{ub}}(m) = \frac{1}{N - |M|}\hat{R}_{xy}(m) \tag{1.92}$$

1. 自相关函数举例

在声测转子振动中，传声器测到的声压信号混合了真实转子振动声压和墙壁反射的噪声。如果真实振动信号为 $x(t)$，反射噪声声压可表达为

$$\eta(t) = cx(t + \tau) \tag{1.93}$$

式中，c 为反射系数；τ 为声音延迟时间。传声器测到的总声压为

$$x_\eta(t) = x(t) + \eta(t) \tag{1.94}$$

转子振动声测信号如图 1.36 所示。

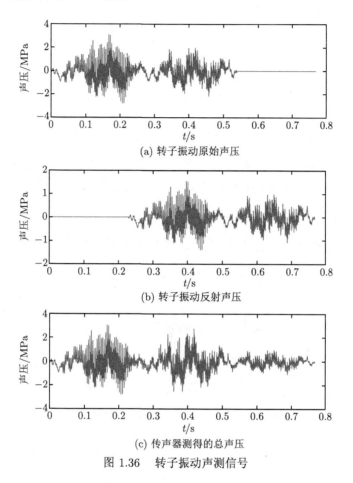

(a) 转子振动原始声压

(b) 转子振动反射声压

(c) 传声器测得的总声压

图 1.36　转子振动声测信号

计算传声器总声压的无偏自相关函数，得到自相关函数 $\hat{R}_{xy_{ub}}(t)$，对 $t>0$ 的部分绘图，得到图 1.37。

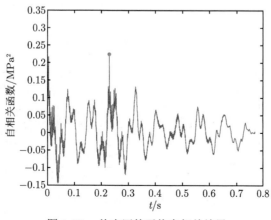

图 1.37　总声压的无偏自相关结果

找到非边缘时刻处最大的 $\hat{R}_{xy_{ub}}(m)$，如图 1.37 中圆圈标识点，得到其 x 轴位置 k(数据编号，非时刻)，设置数字滤波器系统函数为

$$H(t) = \frac{1}{1 + ct^{-k}} \tag{1.95}$$

计算得到消除反射噪声的转子振动信号为

$$\hat{x}(t) = H(t)x_\eta(t) \tag{1.96}$$

如图 1.38 所示，比较图 1.38 和图 1.36 原始声压曲线，可以得出，如果选择到合适的反射系数，可通过自相关函数恢复不含噪声的转子振动声压信号。

2. 互相关函数举例

传声器 1 和传声器 2 在不同的位置采集物体的振动信号，得到的结果如图 1.39 所示。

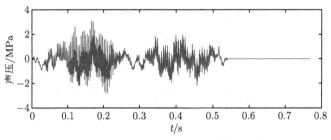

图 1.38　自相关消噪后的转子振动信号

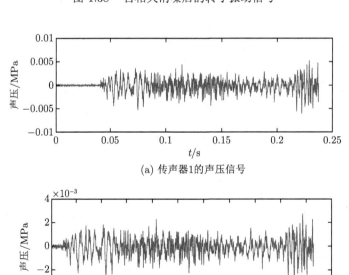

(a) 传声器1的声压信号

(b) 传声器2的声压信号

图 1.39　传声器采集的振动信号

计算两个传声器信号的互相关函数，得到图 1.40。

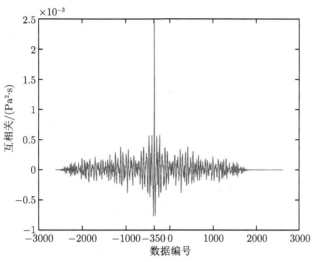

图 1.40　两个传声器信号的互相关分析

根据互相关函数最大值所处的位置 $k = -350$，得到传声器 1 相对于传声器 2 的延迟点数，修正传声器 1 的信号，可得到两个传声器的同步信号，如图 1.41 所示。

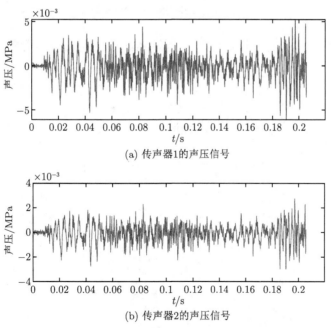

(a) 传声器1的声压信号

(b) 传声器2的声压信号

图 1.41　互相关计算后传声器的同步信号

1.3.6　短时傅里叶分析

短时傅里叶变换由 Dennis Gabor 于 1946 年提出，是最早被研究的时频域分析算法之一，通过短时傅里叶变换，可以将 1 维时间信号转换为 2 维时频信号，呈现振动信号在时间和频率两方面的历程。对于非平稳信号，短时傅里叶变换的结果一般用彩色谱图呈现。

短时傅里叶变换通过选择一个时间函数来获取频域和时间信息，这种时间函数常常被称为窗函数，它在一个有限连续的时间间隔内非零，其余的时间内该函数值都为零。Gaussian 窗函数是一种典型的短时傅里叶窗，其表达式为

$$w(t-\tau) = \sqrt{\frac{a}{\pi}}\mathrm{e}^{-a(t-\tau)^2} \tag{1.97}$$

对于时间信号 $x(t)$，短时傅里叶变换为

$$X(\omega,\tau) = \int x(t)w(t-\tau)\mathrm{e}^{-\mathrm{j}\omega t}\mathrm{d}t \tag{1.98}$$

图 1.42 是短时傅里叶变换示意图。

图 1.42　短时傅里叶变换示意图

短时傅里叶变换的精度受到窗函数尺寸的限制，Gaussian 窗函数的宽度依赖于变量 a，窗口滑动间隔依赖于 τ。不同的窗函数，也会影响最终的变换结果。

短时傅里叶变换举例如下。

图 1.43 中两个振动信号的正弦波段频率均为 20Hz，但图 (a) 正弦波段持续了整个时间历程，而图 (b) 的正弦波段持续时间范围为 250～750ms。

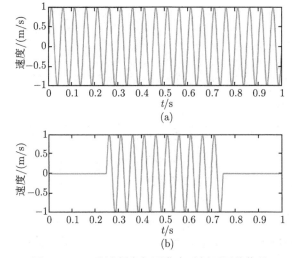

图 1.43　正弦波频率相同发生时刻不同的信号

图 1.44 是图 1.43 的 FFT 分析，两个信号的分析结果虽然有差异，但整体上具有相同的振动谱峰，不能识别两个信号在时间上的不同，也不能识别图 1.43(b) 中 20Hz 正弦波的起始和结束时刻。

图 1.45 是图 1.43 的短时傅里叶变换。可以看出图 1.45(a) 整段时间内在 20Hz 的频率处存在色带，而图 1.45(b) 则在 400~600ms 处存在明显的横直色带，仔细观察可以看到横直色带在 250ms 和 750ms 左右出现了其他方向的模糊化，说明了图 1.45(b) 在时间 250ms 和 750ms 附近出现了非 20Hz 的其他振动信号。

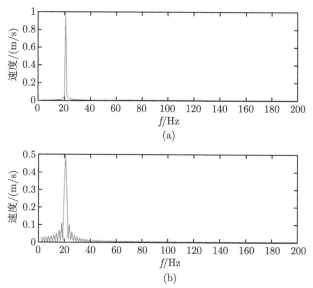

图 1.44　正弦波频率相同发生时刻不同的信号 FFT 分析

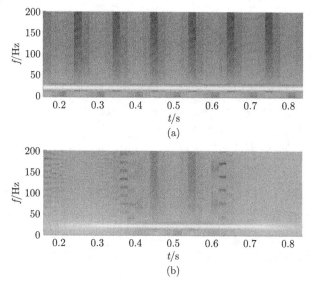

图 1.45　正弦波频率相同发生时刻不同的信号短时傅里叶变换

1.3.7 小波包分析

短时傅里叶变换虽然可以将信号分解到时频维度上，但对于某一信号而言，若窗函数确定了，式 (1.97) 中的 a 确定，短时傅里叶变换的时间分辨率会固定不变，频率分辨率也固定不变，这不能满足一些频率变化较为宽泛的非平稳时间信号的时频分析。1988 年，Mallat 提出了一种针对离散信号快速时频分解与重构的小波算法，这种算法采用了一套可变更时间与频率分辨率的正交滤波器，将原始时间信号层层分解到不同的频率尺度中。小波包算法是在小波算法基础上产生的，目的是改善小波算法的频率精度，不同于傅里叶变换的正弦波基函数，它的基函数由位置、尺度和频率三个参数确定。对于一个既定的正交小波包函数，存在基函数库，每套基函数都具有分解、保存和重构信号功能。

对于离散信号 $\{x(n)|n \in \mathbb{Z}\}$，若分解层数设置为 L，小波包变换可以将其分解为 2^L 个子波。下面以 3 层小波包为例来阐述小波包变换。小波包变换的分解树如图 1.46 所示，从图中可以看出：

$$\begin{cases} x(n) = x_{01}(n) = x_{11}(n) + x_{12}(n) \\ x_{11}(n) = x_{21}(n) + x_{22}(n), \quad x_{12}(n) = x_{23}(n) + x_{24}(n) \\ x_{21}(n) = x_{31}(n) + x_{32}(n), \quad x_{22}(n) = x_{33}(n) + x_{34}(n) \\ x_{23}(n) = x_{35}(n) + x_{36}(n), \quad x_{24}(n) = x_{37}(n) + x_{38}(n) \end{cases} \tag{1.99}$$

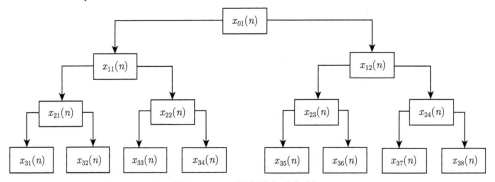

图 1.46　3 层小波包分解树

每个信号都被分解为两个信号的和，具体可表示为

$$\begin{cases} x_{i2j-1}(n) = \sqrt{2} \sum_{k=0}^{N-1} g(k) x_{(i-1)j}(2n-k) \\ x_{i2j}(n) = \sqrt{2} \sum_{k=0}^{N-1} h(k) x_{(i-1)j}(2n-k) \end{cases}, \quad i \geqslant 1; j \geqslant 1 \tag{1.100}$$

式中，$\{g(k)\}$ 和 $\{h(k)\}$ 分别为小波包低通滤波器和高通滤波器；N 为滤波器的长度。式 (1.100) 可用图 1.47 说明。

$\{g(k)\}$ 和 $\{h(k)\}$ 的关系如下。

当 N 为奇数时，有

$$g(k) = \begin{cases} (-1)^k h(1-k), & k = 0, 1 \\ (-1)^k h(N+1-k), & k = 2, 3, \cdots, N-1 \end{cases} \tag{1.101}$$

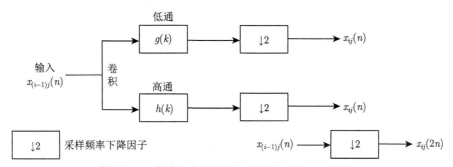

图 1.47 小波包高通滤波器与低通滤波器示意图

当 N 为偶数时，有

$$g(k) = (-1)^k h(N - 1 - k), \quad k = 0, 1, \cdots, N - 1 \tag{1.102}$$

定义

$$\varphi(t) = \sqrt{2} \sum_{k=0}^{N-1} g(k)\varphi(2t - k) \tag{1.103}$$

$$\psi(t) = \sqrt{2} \sum_{k=0}^{N-1} h(k)\varphi(2t - k) \tag{1.104}$$

式中，$\varphi(t)$ 和 $\psi(t)$ 分别称为尺度函数和小波函数。式 (1.100)～式 (1.104) 中，确定了 $\{h(k)\}$、$\{g(k)\}$、$\varphi(t)$ 和 $\psi(t)$ 中的任何一个，其他 3 个量都可以确定。

通过上述分析可知，小波包每分解一层，信号的采样频率被降低为原来的 1/2。对于原始信号采样频率为 f_s 的信号，其小波包分解第 i 层第 j 个尺度的频率范围为 $[(j-1)f_s/2^i, jf_s/2^i]$。

例如，长度 N=2 的 Haar 小波包，已知

$$\{h(k)\} = \{1/\sqrt{2}, 1/\sqrt{2}; n = 0, 1\} \tag{1.105}$$

通过式 (1.101)，可得

$$\{g(k)\} = \{1/\sqrt{2}, -1/\sqrt{2}; n = 0, 1\} \tag{1.106}$$

将式 (1.106) 代入式 (1.103)，经过解析分析，可得到尺度函数的表达式为

$$\varphi(t) = \begin{cases} 1, & 0 \leqslant t \leqslant 1 \\ 0, & \text{其他} \end{cases} \tag{1.107}$$

同理，将式 (1.105) 代入式 (1.104)，可得到 Haar 小波函数 $\psi(t)$ 的表达式。

小波包变换举例如下。

图 1.48 是某航空发动机的振动信号，采样频率为 16400Hz，对它进行 2 层小波包变换，得到结果如图 1.49 所示。航空发动机的振动能量主要集中在第 1 尺度，它的频率范围为 $[0,4100]$Hz；在第 2 尺度上航空发动机发生了碰摩冲击振动，碰摩能量主要集中在 $[4100,8200]$Hz；在第 3 和第 4 尺度上也可以看到冲击振动，也就是在 $[8200,16400]$Hz 的频率范围，存在少量碰摩能量。

图 1.50 是某航空发动机振动数据采集系统存在间断点缺陷的信号，采样频率为 10000Hz，尺度数为 128 层，小波包类型为 Cmor10-3 时获得的小波包色谱信号，间断数据点在 12.2s 时刻出现。

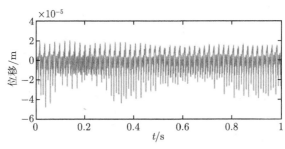

图 1.48   航空发动机的非平稳振动

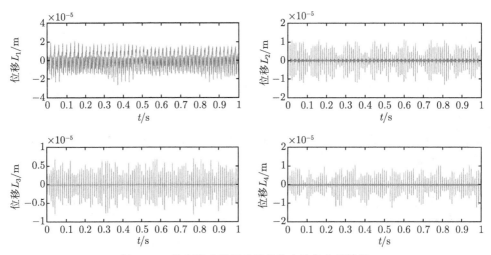

图 1.49   航空发动机振动信号的小波包分解结果

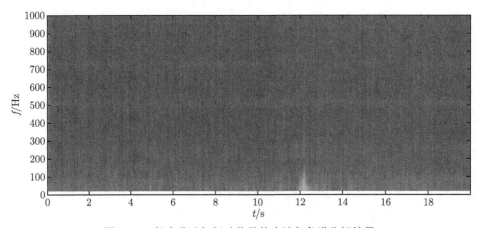

图 1.50   航空发动机振动信号的小波包色谱分解结果

第2章 强度测试技术

强度是材料或结构抵抗破坏的能力。为使航空发动机零部件具有较高的可靠性，零部件应开展动静强度试验，验证其是否满足设计指标。本章首先介绍航空发动机强度测试技术经常使用的传感器的工作原理，然后介绍材料或小型零部件强度考核常用的试验机，最后阐述材料的动静强度及高温下的动静强度测试技术。

2.1 强度测试传感器

2.1.1 应变片

应变片是航空发动机测试中非常重要的传感器，在结构强度、振动测试中应用非常广泛。应变片测试具有以下特点：① 可灵活布置测点，结构适用性好；② 可测量程大，一般可测量几十到数千的微应变，大量程的应变片可测应变高达 20%，应变片不仅可以测量静态应变也可测量动态应变；③ 不仅可以测量应变，还可以制成测量各种物理量的传感器，如常见的压力传感器、称重传感器等，也经常作为材料试验机位移、裂纹扩展、构件失效等方面的传感器；④ 尺寸小、重量轻，便于安装且对构件的工作状态和应力分布影响很小。

1. 结构形式

典型的应变片结构形式如图 2.1 所示。电阻应变片一般由敏感栅、引线、黏结剂、基底和盖层等组成。敏感栅为金属材料或半导体制成的单丝或栅状体，是将机械应变转换为电阻变化量的主要部分；基底是用以保持敏感栅、引线的几何形状和相对位置的部分，也有绝缘作用；在敏感栅上面用绝缘胶水粘贴一层盖片，其作用与基底一样；引线是焊接在敏感栅输出线上，将敏感栅引出的细导线，应变片通过引线 (可外加接线端子) 连接到应变仪或电桥前置器上。

按敏感栅材料，应变片可以分为金属应变片和半导体应变片。一般测试用金属应变片即可，高精度或抗疲劳的应变测试应用半导体应变片。

工程中以金属箔式应变片的应用最为广泛。这种应变片的敏感栅用厚度 0.002～0.005mm 的高电阻金属箔 (康铜、镍铬合金等) 刻蚀成形。箔栅有如下优点：① 横向部分可以做成比较宽的栅条，使横向效应较小；② 箔栅薄且软，能较好地反映构件表面的变形，因而测量精度较高；③ 能制成栅长很短的应变片。此外，箔式应变片散热性好、疲劳寿命长、蠕变较小。

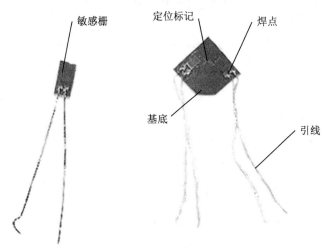

图 2.1　应变片结构形式

2. 技术参数

表 2.1 是常见的电阻应变片技术参数。

表 2.1　应变片技术参数

参数	数值和描述		
型号	BFH120-1AA	BFH120-3AA	BFH120-50AA
基底尺寸 (长 × 宽)/mm	2.3×3.5	6.6×3.2	55.0×8.0
敏感栅尺寸 (长 × 宽)/mm	1.0×0.5	3.0×2.3	50.0×4.0
电阻值/Ω		120±0.1	
灵敏系数		2.0±0.02	

应变片的电阻值是指室温时应变片未经安装且不受外力的情况下所测量的电阻值。通常所说的应变片电阻值为国家标准的名义电阻值，如 60Ω、120Ω、350Ω、500Ω 等。选用较大的电阻值可以提高测量灵敏度。电阻应变片习惯设计为 120Ω。

灵敏系数是指在应变片轴线方向的单向应力作用下，敏感栅的电阻变化率和引起此电阻变化的构件表面在应变片轴线方向的应变之比。

选择应变片尺寸时应考虑应力分布、动静态测量、弹性体应变区大小等因素。若材质均匀、应力梯度大 (如焊接件)，应选用栅长小的应变片，若为材质不均匀且强度不等的材料 (复合材料) 或应力分布变化比较缓的构件，应选用栅长大的应变片。对于冲击载荷或高频动荷作用下的应变测量，还要考虑应变片的响应频率。一般来说，应变片敏感栅越小，测量精度越高，越能正确反映出被测量点的真实应变，因此在加工精度可以保证的情况下，综合考虑各种因素影响，应变片尺寸小一些比大一些好。

国家标准中电阻应变片的阻值规定为 60Ω、120Ω、200Ω、350Ω、500Ω、1000Ω，在航空发动机强度测试中大多选用 120Ω 或 350Ω 的应变片。由于大阻值应变片具有通过电流小、自热引起的温升低、持续工作时间长、动态测量信噪比高等优点，大阻值应变片应用越来越广，如材料试验机用的负荷传感器。由于传感器的零漂特性对测量精度影响极大，而高阻值 (如 1000Ω) 应变片，不仅可以减小应变热输出引起的零漂，还可以提高传感器的长期稳定性，因此在不考虑价格因素的前提下，使用大阻值应变片，对提高传感器精度是有益的。

除上述技术参数等，选购应变片还有以下几点需要考虑。

(1) 绝缘电阻值：应变片的敏感栅和引线与被测试件之间的电阻值，一般要求 500MΩ 以上。绝缘电阻值低，则测量准确度下降，并引起零漂现象。绝缘电阻值的大小主要取决于黏结剂和基底材料。

(2) 机械滞后：应变片安装于构件上，加载和卸载过程中，同一机械应变值下，应变片指示应变的差值。通常在正式实验前，预先对应变片加卸载若干次，以减少机械滞后的影响。

(3) 疲劳寿命：在恒幅交变应力下，应变片连续工作到产生疲劳损坏时的循环次数。在进行动态应变测试时，要求应变片疲劳寿命大于被测试件疲劳寿命。此外还应注意应变片的安装方式，最好使引线和敏感栅的连接处与应变片轴向方向呈 45°，以降低连接处导线所受的主应力，提高应变片疲劳寿命。

(4) 热输出：应变片粘贴于允许自由膨胀的构件上且不受外力作用，在缓慢变化的均匀温度场中，应变片输出的指示应变值。

3. 工作原理

电阻应变片的工作原理基于金属导线的电阻-应变效应，即当金属导线受力产生机械变形时，它的电阻也随之发生变化。图 2.2 是应变片工作原理，下面对其进行电阻变化分析。

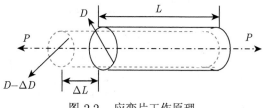

图 2.2　应变片工作原理

金属导线未变形时的电阻：

$$R = \rho L/A \tag{2.1}$$

金属导线受力时其机械变形如图 2.2 虚线部分所示。对式 (2.1) 两边取对数，而后进行微分可得

$$dR/R = dL/L + d\rho/\rho - dA/A \tag{2.2}$$

式中

$$d\rho/\rho = cdV/V = c(dL/L + dA/A) \tag{2.3}$$

$$dA/A = d(\pi D^2/4)/(\pi D^2/4) = 2dD/D = -2\mu dL/L \tag{2.4}$$

c 为材料加工常数。可得

$$\mathrm{d}R/R = ((1+2\mu) + c(1-2\mu))\mathrm{d}L/L, \quad \mathrm{d}L/L = \varepsilon \tag{2.5}$$

将式 (2.5) 写成

$$\mathrm{d}R/R = K\varepsilon \tag{2.6}$$

$$K = (1+2\mu) + c(1-2\mu) \tag{2.7}$$

式中，K 称为灵敏系数，一般情况下为常数。由式 (2.7) 可知，灵敏系数与金属导线的泊松比相关，若金属材料在一定的受力范围内，其灵敏系数在泊松比的影响下变化较小，则该金属材料适宜作为电阻应变片材料。大应变的应变片常以康铜制成。

由式 (2.6) 可知，若将一根直径较细的金属丝粘贴于工件的表面，则利用金属导线的电阻-应变效应，可以将构件表面的应变量直接转换为电阻的相对变化量。电阻应变片就是利用这种原理制成传感元件进行应变测量的。

一般由于测量的应变量很小，如 50με，应变片电阻的变化率也很小，故直接检测电阻变化率很困难，需要设计专门的测量电路，将电阻变化率$\Delta R/R$转化为电压或电流的变化，这样可以便于电信号的放大处理。

常用的测量电路为直流电压输出电桥电路。

此处所指的电桥是以应变片和一些固定电阻组成的测量电路，如图 2.3 所示。R_1、R_2、R_3、R_4 为桥臂电阻，这些桥臂电阻即为应变片或者附加于电路的固定电阻。AC 两端接直流供电电源，BD 两端接的电阻为应变仪 (应变片后续测试仪器) 输入内阻 R_g，电压 U 即为电桥的输出。

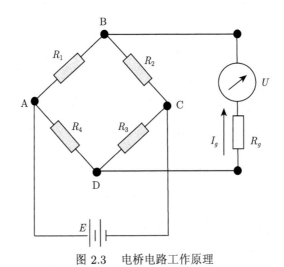

图 2.3　电桥电路工作原理

通过这种电路，可以使被测应变和电桥的输出电压呈一定的线性关系。

当电桥所连接的应变仪具有较高阻抗，即 R_g 很大时，电桥输出端相当于开路状态，电流接近于零，只能输出有效的电压信号，即 $R_g = \infty$，$I_g = 0$。若供电直流电压为 E，由分

压原理:

$$\begin{cases} U_{BC} = ER_2/(R_1 + R_2) \\ U_{DC} = ER_3/(R_3 + R_4) \end{cases} \tag{2.8}$$

则输出电压为

$$U = U_{BC} - U_{DC} = E(R_1R_3 - R_2R_4)/(R_1 + R_2)(R_3 + R_4) \tag{2.9}$$

当 $U=0$ 时,电桥处于平衡状态。

若 4 个桥臂电阻由贴在构件上的 4 枚应变片组成,且初始电阻 $R_1 = R_2 = R_3 = R_4$,构件变形时,各桥臂电阻均有变化,假设其增量分别为 ΔR_1、ΔR_2、ΔR_3、ΔR_4。

如果 ΔR 仅由机械变形引起、与温度影响无关,在 $\Delta R/R \ll 1$ 的条件下,根据式 (2.9),略去高阶小量可得

$$U \approx (E/4)((\Delta R_1/R_1) - (\Delta R_2/R_2) + (\Delta R_3/R_3) - (\Delta R_4/R_4)) = (E/4)(K(\varepsilon_1 - \varepsilon_2 + \varepsilon_3 - \varepsilon_4)) \tag{2.10}$$

上述 4 个桥臂全部为应变片的电路称为全桥,如图 2.4(a) 所示。根据应变片所粘贴的位置不同,全桥电路可以测量弯曲、压缩、拉伸等应变。

如果测量中只有一个可变电阻,如 R_1 可变,其余三个固定不变,可得

$$U = (E/4)K\varepsilon_1 \tag{2.11}$$

上述电路称为单臂电桥,也称为 1/4 桥,如图 2.4(b) 所示。1/4 桥电路连接简单,常用于精度和要求不高的测量。

如果测量中只有两个可变电阻,如 R_1、R_3 可变 (或 R_1、R_2 可变),其他两个桥臂电阻固定不变,根据式 (2.10),可得

$$U = (E/4)(K(\varepsilon_1 + \varepsilon_3)) \quad \text{或} \quad U = (E/4)(K(\varepsilon_1 - \varepsilon_2)) \tag{2.12}$$

上述电路称为半桥,如图 2.4(c) 和图 2.4(d) 所示。工程中很多情况下,用半桥电路进行温度补偿或放大测量输出值。

上述各式中的 ε 是代数值,其符号由变形方向决定,拉应变为正数、压应变为负数。不变形时的应变为零,此时电桥电路处于零位,或称为平衡位置。

根据式 (2.12),相对两桥臂 ε_1、ε_3 或 ε_2、ε_4 符号一致,相邻两桥臂的 ε_1、ε_2 或 ε_3、ε_4 符号相反。在梁的应变片测试中,若在梁同一位置的两个面粘贴应变片 (图 2.5),则同一时刻,这两个面上的应变片分别承受大小相等、方向相反的应变,将它们组成图 2.4(d) 所示的桥路,电桥电路的输出电压将与 2 倍的应变呈比例关系。

实验如果能很好地利用电桥的这一特性,合理布片、灵活组桥,可直接影响电桥输出电压的大小,从而有效地提高测量灵敏度并减少测量误差。这种作用称为桥路的加减特性。

电阻应变仪是测量应变的专用仪器,桥路输出电压 U 与 U 对应的应变值 ε 成比例,ε 可由应变仪直接读出来。

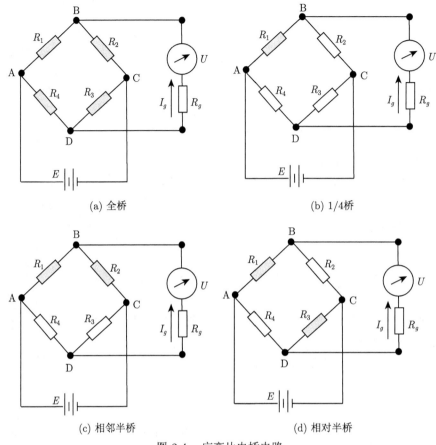

(a) 全桥　　　　　　　　　　　　　　　(b) 1/4桥

(c) 相邻半桥　　　　　　　　　　　　　(d) 相对半桥

图 2.4　应变片电桥电路

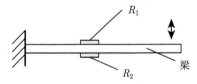

图 2.5　半桥电路应变测试

工程上更为关心结构的应力，通过应力校核结构的强度是否满足设计要求，但结构或材料的主应力方向并不确定，如叶根、齿轮等部件，此时需采用应变花对物体进行应变测试，然后通过计算公式获得物体的应力。应变片 (含应变花) 测量都属于平面应变测量，不适合曲率较大的物体或部件测试。根据主应力方向是否已知，应变 (或应力) 测量可分为主应力方向已知及主应力方向未知的平面应力测量，前者在测量时要简单很多。

1) 主应力方向已知的平面应力测量

在平面应力状态下，如果主应力方向已知，则只需沿其主应力方向粘贴两片应变片，主应力最大值 σ_1 和最小值 σ_2 可由胡克定律求出，具体公式为

$$\begin{cases} \sigma_1 = (E/(1-\mu^2))(\varepsilon_1 + \mu\varepsilon_2) \\ \sigma_2 = (E/(1-\mu^2))(\varepsilon_2 + \mu\varepsilon_1) \end{cases} \tag{2.13}$$

2) 主应力方向未知的平面应力测量

在平面应力状态下，如果主应力方向未知，为同时测定一点几个方向的应变，常把几个不同方向的敏感栅固定在同一个基底上，这种应变片称为应变花。应变花的各敏感栅之间由不同的角度 α 组成。应变花的角度 α 可根据需要进行选择。

利用应变花测量的三个不同方向的应变，可求得构件的主应力大小及其方向。假设应变花的三个方向与 X 轴的夹角分别为 α_1、α_2 和 α_3，可以通过式 (2.14) 和式 (2.15) 求得主应变 ε_1、ε_2 及其与 X 轴的夹角 α_0，然后根据式 (2.13) 得到主应力：

$$
\begin{bmatrix} \varepsilon_x \\ \varepsilon_y \\ \gamma_{xy} \end{bmatrix} = 2 \begin{bmatrix} 1 + \cos\alpha_1 & 1 - \cos\alpha_1 & \sin 2\alpha_1 \\ 1 + \cos\alpha_2 & 1 - \cos\alpha_2 & \sin 2\alpha_2 \\ 1 + \cos\alpha_3 & 1 - \cos\alpha_3 & \sin 2\alpha_3 \end{bmatrix}^{-1} \begin{bmatrix} \varepsilon_{\alpha_1} \\ \varepsilon_{\alpha_2} \\ \varepsilon_{\alpha_3} \end{bmatrix} \tag{2.14}
$$

$$
\begin{cases} \varepsilon_{1,2} = \dfrac{1}{2}((\varepsilon_x + \varepsilon_y) \pm \sqrt{(\varepsilon_x - \varepsilon_y)^2 + \gamma_{xy}^2}) \\ \alpha_0 = \dfrac{1}{2}\arctan\dfrac{\gamma}{\varepsilon_1 - \varepsilon_2} \end{cases} \tag{2.15}
$$

根据式 (2.15)，常见的应变花应力计算公式如下：

$$
\begin{aligned}
\sigma_1 &= \frac{E}{1-\mu}A + \frac{E}{1+\mu}\sqrt{B^2 + C^2} \\
\sigma_2 &= \frac{E}{1-\mu}A - \frac{E}{1+\mu}\sqrt{B^2 + C^2} \\
\tau_{\max} &= \frac{E}{1+\mu}\sqrt{B^2 + C^2} \\
\alpha_0 &= \frac{1}{2}\arctan\frac{C}{B}
\end{aligned} \tag{2.16}
$$

式中，$\tau_{\max}$ 为最大剪应力。表 2.2 给出了典型应变花的主应力计算参数。

4. 安装方式

应变片按照安装方式分类为粘贴式、焊接式、喷涂式和埋入式四类。最常用的安装方式为胶粘，但胶粘的应变片可承受剪切强度低，易撕裂而脱离被测物体。若应变片承受剪切力过大，则可采用焊接式或喷涂式，这两种安装方式主要针对高温及旋转试件。若测试使用时间久，无须拆卸，可用埋入式安装方式，如材料试验机常用的引伸计，大桥、公路强度寿命测试等。

此处仅说明粘贴式应变片的粘贴过程，如图 2.6 所示。胶水的选择对应变片测试非常重要，常用的胶水为 502 胶。不过，应变片粘贴有专用胶水，表 2.3 给出了应变片专用胶水 (图 2.7) 技术参数。

表 2.2　典型应变花主应力计算参数

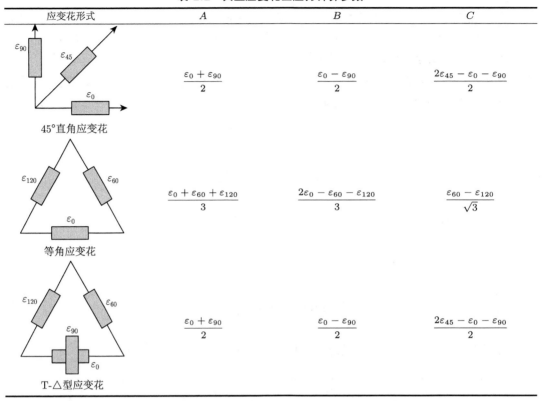

应变花形式	A	B	C
45°直角应变花	$\dfrac{\varepsilon_0 + \varepsilon_{90}}{2}$	$\dfrac{\varepsilon_0 - \varepsilon_{90}}{2}$	$\dfrac{2\varepsilon_{45} - \varepsilon_0 - \varepsilon_{90}}{2}$
等角应变花	$\dfrac{\varepsilon_0 + \varepsilon_{60} + \varepsilon_{120}}{3}$	$\dfrac{2\varepsilon_0 - \varepsilon_{60} - \varepsilon_{120}}{3}$	$\dfrac{\varepsilon_{60} - \varepsilon_{120}}{\sqrt{3}}$
T-△型应变花	$\dfrac{\varepsilon_0 + \varepsilon_{90}}{2}$	$\dfrac{\varepsilon_0 - \varepsilon_{90}}{2}$	$\dfrac{2\varepsilon_{45} - \varepsilon_0 - \varepsilon_{90}}{2}$

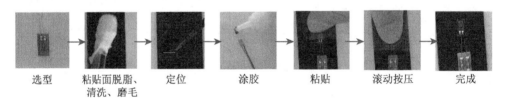

选型　→　粘贴面脱脂、清洗、磨毛　→　定位　→　涂胶　→　粘贴　→　滚动按压　→　完成

图 2.6　应变片粘贴过程

表 2.3　应变片专用胶水技术参数

参数	数值和描述			
专用胶水型号	H-611	B-711	H-610	H-600
适用应变片系列		全部		
适用温度范围/°C	−30～+60	−30～+120	−226～+200	−269～+210
固化条件/(°C/h)	常温/24	常温/24	135/2	135/2
固化压力/MPa	指压	指压	0.1～0.3	0.1～0.3
应变极限/%	2	2	2	2
储存期/月份	6	12	12	12
用途	应力应变分析	应力应变分析	传感器制造	传感器制造

图 2.7　应变片粘贴专用胶水

应变片粘贴好后,需要接线并组桥。应变片的引线及其焊点比较细小脆弱,极易扯断,而组桥线缆又有一定的重量,故常在应变片引线与电桥电路设备 (应变仪或桥盒等) 间加接线端子,防止应变片损坏。应变片与接线端子及导线的连接方式如图 2.8 所示。

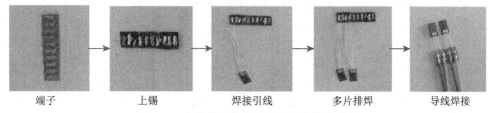

| 端子 | 上锡 | 焊接引线 | 多片排焊 | 导线焊接 |

图 2.8 应变片与接线端子及导线连接过程

5. 应变仪

应变片虽然是传感元件,但要完成应变测试,还需配套应变仪,且除了工作应变片所在的桥臂,电桥电路的其他桥臂均被封装在应变仪或其桥盒附件内。

航空发动机静强度或疲劳测试的频率较低,因此常用静态应变仪调理应变测试信号,但对于振动或振动疲劳测试,则需用到动态应变仪。

应变片与应变仪的连接关系如图 2.9 所示。

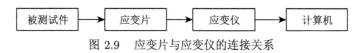

图 2.9 应变片与应变仪的连接关系

应变仪结构形式如图 2.10 所示,按可测上限频率,应变仪可分为静态应变仪和动态应变仪。静态应变仪一般上限频率不大于 500Hz;动态应变仪可测频率下限低于 200Hz,上限超过 10000Hz。

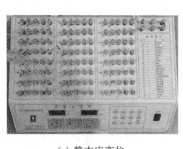 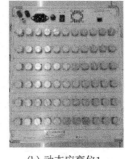 

(a) 静态应变仪　　　　　　(b) 动态应变仪1　　　　　　(c) 动态应变仪2

图 2.10 应变仪

应变仪配套软件中,默认的桥臂电阻为 120Ω、灵敏系数 $K=2.0$,可通过软件参数配置不同阻值和灵敏系数的应变片。当导线较长时,在软件中也可配置导线长度。

应变仪的主要电路部分包括电桥电路、放大器、相敏检波器、振荡器、电源、低通滤波器,如图 2.11 和图 2.12 所示。

电桥由振荡器供给等幅高频振荡电压,被测量(应变)电阻应变片调制电桥输出放大后的调幅波,经相敏检波与低通滤波取出所测信号。

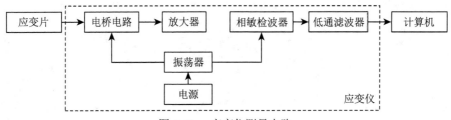

图 2.11　应变仪测量电路

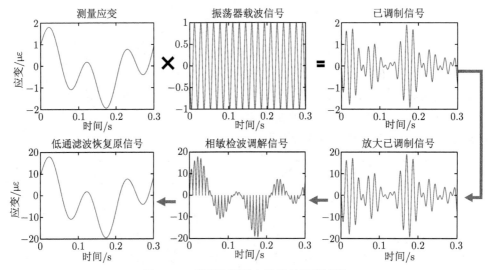

图 2.12　应变仪测量电路信号调理过程

2.1.2　引伸计

航空发动机用到很多新型材料,如复合材料、金属间化合物等这些材料的力学性能参数需要准确测试才能对结构设计提供支撑,否则再好的设计都会因此被抛弃。新型焊接技术的性能要用材料试验机测试表征。在利用试验机测试材料力学性能时,应变测试往往不用应变片,而是用引伸计(Extensometer)完成。相较应变片,引伸计在材料试件力学性能测试时具有适用性好、疲劳寿命长、可测温度范围广、接线简单、可靠性强、量程范围广、人为误差小、零漂小等优点。引伸计有接触和非接触式两种,大部分引伸计均为接触式,但目前最先进的视频引伸计为非接触应变或位移测试。

1. 结构形式

引伸计用来测量轴向应变、扭向剪应变、裂纹张开位移等,图 2.13 列出了五种典型的引伸计。根据测试温度,引伸计可分为常温引伸计和高温引伸计。图 2.13 中,图 (a)～图 (d) 为常温引伸计,依次测量试件的轴向拉压应变、径向收缩率、拉压及扭向剪应变、裂纹张开位移;图 (e) 为高温轴向引伸计。高温引伸计与常温引伸计的最大区别在于高温引伸计带有热屏蔽装置，防止高温对电子元件零漂等性能的影响，其刀口为耐高温材料，如陶瓷棒 (图 2.14)、石英棒等。一般情况下，无论单向还是双向高温引伸计均只有一对刀口，这很大程度上是由其刀口在高温下较脆造成的。

引伸计又有单向及双向之分。单向引伸计仅测试轴向力学参数，而双向引伸计可以同时测量试件的拉扭力学参数。引伸计与试件通过刀口接触，根据引伸计与试件的接触形式，又可以分为点接触、线接触及面接触。根据引伸计上刀口的形式，可以点接触的引伸计有图 2.13(a)(三点接触)、图 2.13(c)(四点接触) 及图 2.13(e)(四点接触)，其中图 2.13(a) 及图 2.13(e) 可更换刀口形式，与试件线接触。可以面接触的引伸计为图 2.13(b)，而图 2.13(d) 只可线接触。

测试时，刀口通过刀臂将试件变形传递给电路调理盒，再经调理盒传输给采集设备。

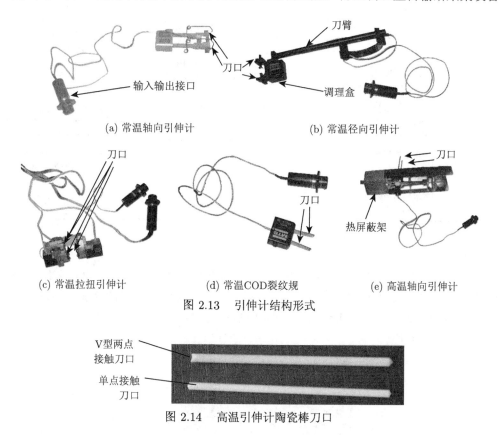

(a) 常温轴向引伸计　　　　　　　　　　(b) 常温径向引伸计

(c) 常温拉扭引伸计　　　(d) 常温COD裂纹规　　　(e) 高温轴向引伸计

图 2.13　引伸计结构形式

图 2.14　高温引伸计陶瓷棒刀口

2. 技术参数

引伸计的主要技术参数如表 2.4 所示。在选择引伸计时，首先关注引伸计的标距。标距是指引伸计单向上两个刀口之间的距离，如常规引伸计标距为 25mm。引伸计的可测位移范围跟标距相关。不同于应变片尺寸较小、近似点测特性，引伸计应变测量实际上是测量标距内的平均应变，如标距为 25mm，两个刀口因试件变形导致的间距变化为 $\Delta L(\text{mm})$，则应变为

$$\varepsilon = \Delta L/25 \tag{2.17}$$

除表 2.4 中的技术参数，引伸计测试还应注意刀口形式。如常温拉压引伸计有三点接触和平口线接触刀口，一般情况下三点接触用于平板试件，而平口刀口用于圆棒试件。高温测试时，刀口形式分为平口和单点接触刀口。平口刀口既可以用于圆棒，也可以用于平板试件测试。单点接触刀口的接触部分为锥形原点，专门针对圆棒试件，它需要在试件上打点，将刀口上的圆锥顶点嵌入试件表面。对于复合材料等不能在材料表面产生损伤的试件，只能用平口刀口。

表 2.4　引伸计主要技术参数

型号	测量类型	标距	量程	适用试件
1459070	常温拉压引伸计	25mm(可加长)	$-10\%\sim50\%$ 或 $-2.5\sim12.5$mm	圆棒：直径 2.5~14mm 平板：宽度 0.3~12.5mm 厚度 10.5~26.0mm
1452049	常温拉压引伸计	50mm	$-10\%\sim50\%$ 或 $-5\sim+25.00$mm	圆棒：直径 2.5~14mm 平板：宽度 0.3~12.5mm 厚度 10.5~26.0mm
1470155	常温拉扭引伸计	25mm	$-10\%\sim10\%$; $-5°\sim5°$	圆棒：Φ17mm
1451498	常温 COD 裂纹规	12mm	$0\sim4$mm	COD 标准件等, 刀口间距 12mm
1470158	常温径向引伸计	3.5~13mm	$+1/-1$mm	圆棒：直径 3.5~13.0mm
1470154	高温拉压引伸计	25mm	室温 ~1200℃; $-1.25\sim+2.50$mm 或 $-5\%\sim10\%$	圆棒：直径 2.5~14mm; 平板：宽度 0.3~12.5mm 厚度 10.5~26.0mm
1473150	高温拉扭引伸计	25mm	室温 ~1200℃; $-10\%\sim10\%$; $-5°\sim5°$	圆棒：Φ17mm

3. 工作原理

在了解引伸计工作原理前，需要先明确引伸计与试件的连接关系。如图 2.15 所示，在引伸计的刀臂中间或前端，引伸计上有夹紧弹簧 (或用皮筋挂在引伸计前端的皮筋钩上作为弹簧)，通过夹紧弹簧将引伸计悬臂安装在试件上。

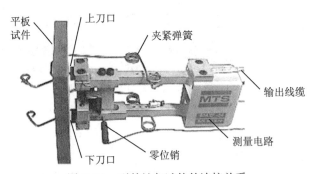

图 2.15　引伸计与试件的连接关系

各类引伸计测量应变的工作原理类似，如图 2.16 所示。在惠斯通直流电桥电路的相邻两个桥臂上，分别并联分流电阻 R_5 和 R_6，它们实质为箔式应变片 (通常为 350Ω)，也就是工作电阻，被固定在信号调理盒内的一个微小金属梁上。

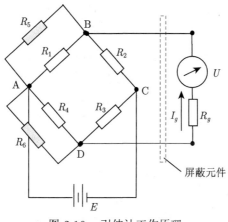

图 2.16　引伸计工作原理

　　以轴向拉压引伸计为例进一步说明引伸计的工作原理。试件未变形时，连接在试件上的两个刀口间距为其标距，此时电桥电路处于平衡位置，承载电桥电路的金属弹性梁处于其初始位置，电桥电路输出电压为应变零位，此时可通过软件对应变调零。当试件变形时，引伸计两个刀口之间的距离发生变化，刀臂另外一端，即调理盒中的金属梁受到弯曲作用力而弹性变形，该弹性变形又导致箔式应变片的电阻发生变化，从而引起电桥电路的输出电压微弱变化。

　　通过合理设计试件位移变化量、刀臂及弹性金属梁参数，可以使电桥电路输出电压与试件位移变化量呈比例关系，根据式 (2.12) 可知，输出电压与试件应变呈比例关系。从力学上讲，这些元件的结构形式需经过复杂计算，否则桥路的输出电压与试件位移变化量将为非线性关系。

　　虽然图 2.16 所示的引伸计工作原理与应变片半桥测量电路类似，但又不同于图 2.4(c) 中的相邻半桥，图 2.4(c) 中的工作电阻由试件引起的电阻变化可正可负，而图 2.16 以并联形式工作的桥臂电阻变化则一定为负。不过，这种桥路上的改变仅跟测量电路的设计相关。

　　由上面引伸计工作原理可知，引伸计后续连接的采集通道与应变仪测量电路原理相同。图 2.17 是一种典型的引伸计测量电路示意图，可知该类引伸计供电电压可调，引伸计输出

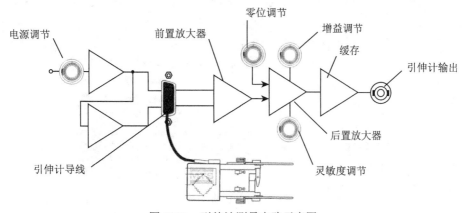

图 2.17　引伸计测量电路示意图

电压经过了两级放大器，引伸计的零位及放大增益均可通过第二级放大器调节，这为引伸计的调零及标定提供了方便。

从上面分析可知，因引伸计输出电压与试件应变成比例，引伸计存在一个恒定的灵敏系数。不过，材料试验机往往不是给出该恒定的灵敏系数，而经常以标定文件的方式将各输出电压与应变的关系反馈给采集控制器。这种做法可以更好地兼容引伸计的非线性，给用户提供了标定参数非线性接口，以满足老旧引伸计即使非线性程度大仍可以适用的市场要求。

4. 安装方式

不同的引伸计类型刀口差异较大，即使相同类型的引伸计也配套有多种刀口，因此，引伸计安装到试件上的方式较为多样，图 2.15 是常温引伸计常用的安装方式。

引伸计的输出接口一般为 D70 插头，插头中各芯线功能以颜色区分，红色 (A 芯) 为供电电源正极，黑色 (D 芯) 为供电电源负极，绿色 (B 芯) 和白色 (C 芯) 分别为输出电压正负极，E 芯为屏蔽线缆，F 芯不接。

2.1.3 磁致伸缩位移传感器

磁致伸缩位移传感器是采用磁致伸缩原理制造的高精度、长行程、绝对位置测量的位移传感器。磁致伸缩位移传感器在电液伺服试验机中应用广泛，在液面位置测量等领域也有诸多应用。磁致伸缩位移传感器的主要特点如下：

(1) 可以测量运动物体的直线位移，同时给出运动物体的位置和速度模拟信号或液位信号；

(2) 磁致伸缩位移传感器的敏感元件都是非接触式、无磨损运行，平均无故障时间长达 23 年；

(3) 分辨率最高 1μm，线性精度达 0.02%；

(4) 绝对式位移输出很好地解决了断电归零问题；

(5) 适用于高温、高压和强振荡等极其恶劣的工况，不需要定期维护。

1. 结构形式

图 2.18 是 RH 型磁致伸缩位移传感器结构形式，主要用于液压缸内部。这种传感器主要由位置磁环、波导管、电子头组成。位置磁环内环为正极，外环为负极；波导管内置磁致伸缩波导丝，波导丝以约 2830m/s 的速度将位移变化引起的位移脉冲传输到电子头及波导管另一端 (一般为阻尼端)；电子头接收并调理波导管传输的应变脉冲。

图 2.18   RH 型磁致伸缩位移传感器结构形式

2. 技术参数

磁致伸缩位移传感器的主要技术参数如表 2.5 所示。信号的输出方式可选, 多点协调加载试验机所用的类型一般为 SSI 串口。

表 2.5　磁致伸缩位移传感器主要技术参数

参数	数值和描述
测量范围	50~4500mm
信号输出	模拟电流输出: 4~20mA, 20~4mA, 0~20mA, 20~0mA 模拟电压输出: 0~10V DC, 10~0V DC, 0~5V DC, 5~0V DC; 数字输出: SSI, 24/25/26 位二进制或格雷码
工作温度	−40~85℃
工作电压	+24V DC(−15%/+20%), 超压保护, 反极性保护
接线方式	7 针防水或航空插头
线性度	0.01%
重复精度	0.001%
安装方式	英制螺纹, 平台六角法兰
可选磁环	OD33(螺钉安装); OD25.4(卡环安装); OD17.4(卡环安装) 或可定制

3. 工作原理

铁磁性物质、稀土金属间化合物、稀土超磁致伸缩材料在外磁场的作用下, 其尺寸伸长 (或缩短), 去掉外磁场后, 其又恢复原来的长度, 这种现象称为磁致伸缩现象 (或效应)。

磁致伸缩位移传感器的工作原理如图 2.19 所示, 其检测机理基于传感器核心检测元件——磁致伸缩波导丝与游标磁环间的魏德曼 (Wiedemann) 效应, 如图 2.20 所示。

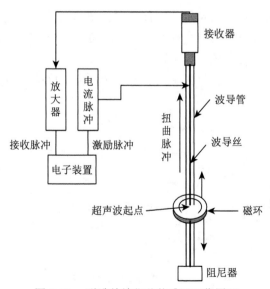

图 2.19　磁致伸缩位移传感器工作原理

磁致伸缩位移传感器主要由四部分组成: 波导钢丝、位置磁铁、波检测器、电子系统。电子系统又由激励信号发射电路、回波信号检测电路、信号处理电路、接口电路组成。

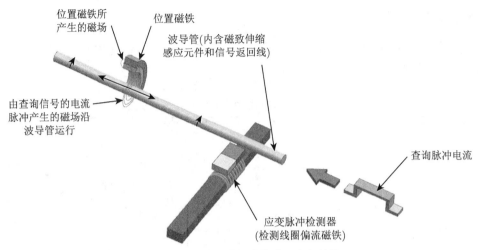

位置磁铁所产生的磁场　位置磁铁

波导管(内含磁致伸缩感应元件和信号返回线)

由查询信号的电流脉冲产生的磁场沿波导管运行

查询脉冲电流

应变脉冲检测器(检测线圈偏流磁铁)

图 2.20　磁致伸缩位移传感器内部结构

测量时，电子头中的激励模块在敏感检测元件 (磁致伸缩波导丝) 两端施加一查询脉冲，该脉冲以光速在波导丝周围形成周向安培环形磁场，该环形磁场与游标磁环 (也称浮子) 的偏置永磁磁场发生耦合作用时，会在波导丝的表面形成魏德曼效应扭转应力波，扭转应力波以声速由产生点向波导丝的两端传播，传向末端的扭转应力波被阻尼器件吸收，传向激励端的信号则被检波装置接收，电子头中的控制模块计算出查询脉冲与接收信号间的时间差，再乘以扭转应力波在波导材料中的传播速度，即可计算出扭转应力波发生位置与测量基准点间的距离，即游标磁环在该瞬时相对于测量基准点间的绝对距离，从而实现对游标磁环位置的实时精确测量。

磁致伸缩波导材料的性能决定了磁致伸缩位移传感器的线性度和重复精度等性能。高性能稀土磁致伸缩材料是可提高一个国家竞争力的材料，是 21 世纪战略性功能材料。

磁致伸缩位移传感器的有效行程也跟波导丝有关，如图 2.21 所示，波导丝外部的感应杆的长度越长，传感器的零区和死区距离越长，从而可测位移范围越大。

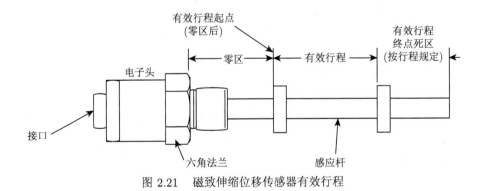

有效行程起点(零区后)　零区　有效行程　有效行程终点死区(按行程规定)

电子头　接口　六角法兰　感应杆

图 2.21　磁致伸缩位移传感器有效行程

磁致伸缩位移传感器直接测量的是磁环所在的绝对位置，该位置计算公式如下：

$$u = \Delta u/k - u_0 \tag{2.18}$$

式中，u 为测试的磁环位置；Δu 为脉冲时差；k 为波导倾斜度，表示传输时间 (图 2.22) 除以波导信号的传送速度，传送速度一般为 2830m/s；u_0 为零点的位置，它是死区和零区位置之和。

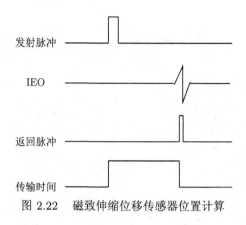

图 2.22　磁致伸缩位移传感器位置计算

4. 安装方式

磁致伸缩位移传感器的公接头接线方式为 D70 插头 (图 2.23)，各针的连接信号与控制器的输出、输入等相关。

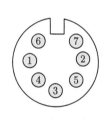

D70公接头针号排列
(面向传感器头)

针号	线色	功能
1	灰	(−)数据
2	粉红	(+)数据
3	黄	(+)时钟
4	绿	(−)时钟
5	棕	+24V DC供电
6	白	0V DC
7		不接

图 2.23　磁致伸缩位移传感器接线方式

2.1.4　轮辐扭矩传感器

航空发动机承受扭矩的部件主要是传动轴。在旋转工况下，传动轴的扭角或作用在其上的扭矩测试为动态测试。但在传动轴的设计阶段，则需要对传动轴的扭向动静强度进行考核，这需要利用静态 (称非旋转工况为静态) 可测的扭矩传感器。在扭转材料试验机及多点协调加载试验机中，轮辐扭矩传感器应用广泛。这种传感器结构简单，外形很像轮毂，高度较低，安装方便，精度可达 0.1%，抗偏心载荷及侧向力能力强，量程很大，在 2200N·m 以上。轮辐力传感器又称为切应力传感器。由于它的高度很低，在国外也常称为低外形传感器 (Low Profile Load Cell)。

1. 结构形式

用于非旋转工况测试的扭矩传感器主要为轮辐扭矩传感器 (图 2.24)。这类传感器内部结构为应变片及电桥电路。

图 2.24　轮辐扭矩传感器结构形式

2. 技术参数

轮辐扭矩传感器的主要技术参数如表 2.6 所示。

表 2.6　轮辐扭矩传感器主要技术参数

参数	数值和描述
型号	GB-STS-SF
测量范围	10~500kN·m
输出灵敏度	1.0~2.0 mV/(N·m)
直线度 L	±0.1；±0.3；±0.5%F.S.
滞后 H	±0.1；±0.3；±0.5%F.S.
重复性 R	±0.1；±0.3；±0.5%F.S.
工作温度	−10~+60℃
温度补偿范围	室温 ~+60℃
零点温度影响	±0.1%F.S./10℃
激励电压	12~18V DC
零点输出	0~±1%F.S.

3. 工作原理

轮辐扭矩传感器的工作原理如图 2.25 所示,轮毂和轮圈之间均匀地分布着四条轮辐,将应变片贴在与轮辐中性面成 45° 的方向上, 就能测得与外扭矩成正比的剪切应力。

当外扭矩 T 作用时, 在与轴线垂直的平面内, 轮辐受到弯曲应力和剪切应力的作用。轮毂相对于轮辐近似为刚性,故轮辐在轮毂端是刚性连接的固支面,可将轮辐简化成梁。图 2.26 是任意一个轮辐的受力分析,以轮毂中心点为原点,与轴向垂直的圆面为 XY 面,

建立直角坐标系 OXY。设在扭矩 T 作用下，轮辐在其径向方向 x 截面上的剪切应力为 Q，弯曲应力为 $M(x)$，对轮毂中心点取矩，有

$$\begin{cases} 4(M(x) + Q(x+R)) - T = 0 \\ M(x) = T/4 - Q(x+R) \end{cases} \tag{2.19}$$

式中，R 为轮毂半径。

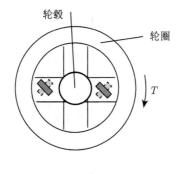

轮毂　　　轮圈

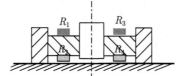

R_1　　R_3

R　　R

图 2.25　轮辐扭矩传感器工作原理

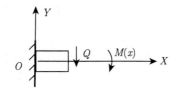

图 2.26　轮辐扭矩传感器轮辐受力分析

现推导轮辐上任意截面剪力 Q 与扭角 T 之间的关系，以便通过应变应力测试获得 Q 后，可以根据 Q 得出传感器上的作用扭矩 T。

根据莫尔 (Mohr) 定理，在轮辐 $x = l$ 处施加单位力偶矩，轮辐上作用的弯矩为 $M_0(x) = 1$，则

$$\theta_l = \int_0^l \frac{M(x)M_0(x)}{EI}\mathrm{d}x = \frac{1}{EI}\left(\frac{T}{4}l - \left(\frac{l^2}{2} + Rl \right) Q \right) \tag{2.20}$$

因轮圈近似为刚性，可知轮辐与轮圈连接处的角位移 $\theta_l = 0$，则

$$Q = \frac{T}{4(l/2 + R)} \tag{2.21}$$

将式 (2.21) 代入式 (2.19)，可知

$$M(x) = \frac{T}{4}\left(1 - \frac{x+R}{l/2 + R}\right) \tag{2.22}$$

由式 (2.22) 可知，在 $x = l/2$ 时，弯矩 $M(x)=0$，因此在这个位置粘贴应变片，可最大限度地消除由弯矩引起的影响，应变片感受的变形仅由剪力引起。在此截面上作用的剪应力为

$$\tau = \frac{6Q}{hb^2}\left(\frac{b^2}{4} - y^2\right) \tag{2.23}$$

式中，b 为轮辐宽度；h 为轮辐高度。

在 $y=0$ 的中性面上，与 x 轴成 45° 方向上的主应力是最大剪应力的位置，有

$$\sigma_{1,2} = \pm\frac{3Q}{2hb} \tag{2.24}$$

因此应变片粘贴在 $x = l/2$，$y=0$ 处与中性面成 45° 方向是最理想的。此时，弯曲应力为 0，剪应力最大。

将图 2.26 中的电阻应变片按图 2.4 组成全桥。根据广义胡克定律，轮辐上下两个面的应变分别为

$$\varepsilon_1 = \varepsilon_3 = \frac{1}{E}(\sigma_1 - \mu\sigma_2), \quad \varepsilon_2 = \varepsilon_4 = \frac{1}{E}(\sigma_2 - \mu\sigma_1) \tag{2.25}$$

最终可得全桥电路测试的应变 ε_0 与其所在位置剪力 Q 之间的关系为

$$\varepsilon_0 = \frac{6(1+\mu)}{bhE}Q = \frac{3(1+\mu)}{2bhE(2/l + R)}T \tag{2.26}$$

当传感器结构设计好以后，式 (2.26) 中的 b、h、E、R、l、μ 均为定值，从而 ε_0 与 T 呈比例关系。

4. 安装方式

轮辐扭矩传感器与动力设备、负载设备之间的连接如图 2.27 所示。轮辐扭矩传感器两端通过联轴器分别连接动力设备和负载试件。联轴器可以为刚性联轴器也可为弹性柱销联轴器。刚性联轴器连接形式结构简单、成本低、无补偿性能、不能缓冲减振，用于振动很小的工况条件，对两轴的安装精度较高，动力设备、传感器、负载设备轴线的同心度应小于 $\Phi0.05\text{mm}$。弹性柱销联轴器连接如图 2.28 所示，此种连接方式结构简单、加工容易、维护方便，能够微量补偿安装误差造成的轴的相对偏移，同时能起到轻微减振的作用，适用于中等载荷、启动频繁的高低速运转场合。

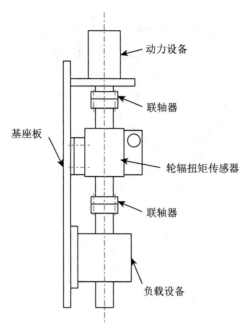

图 2.27　轮辐扭矩传感器垂直安装方式

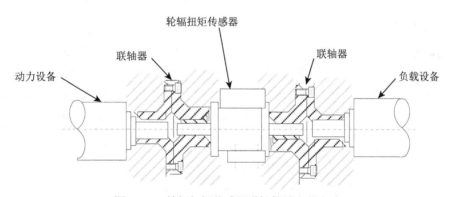

图 2.28　轮辐扭矩传感器弹性柱销安装方式

2.1.5　轮辐力传感器

材料试验机或多点协调加载试验机使用的拉压传感器多为轮辐力传感器，常见的轮辐力传感器测量载荷范围在 1~500kN。其结构与轮辐扭矩传感器基本一致，但应变片在轮辐上的安装方式有所不同。

1. 结构形式

轮辐力传感器的结构形式如图 2.29 所示。

2. 技术参数

轮辐力传感器的主要技术参数如表 2.7 所示。

图 2.29　轮辐力传感器结构形式

表 2.7　轮辐力传感器主要技术参数

参数	数值和描述
型号	BK-4B
灵敏度	2mV/N
最大可测力	0.2T
激励电压	12V
工作温度范围	−35∼60℃
接线方式	7 针航空插头

3. 工作原理

　　轮辐力传感器是基于应变片的电阻效应工作的，其工作原理如图 2.30 所示。轮辐力传感器由轮圈、轮毂、辐条和应变片组成。粘贴在辐条上的应变片与中性轴成 45°，当辐条对称时，应变片粘贴方向相同，而当辐条相互垂直时，其上的应变片成 90° 夹角。这样当传感器受到其上端面或下端面的压力时，辐条成平行四边形变形，相互垂直辐条的应变片承

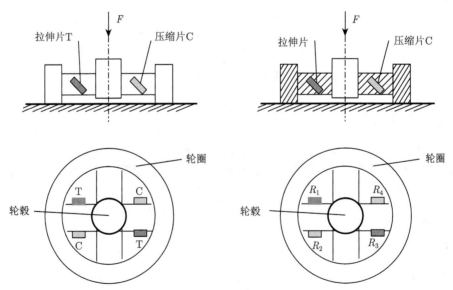

图 2.30　轮辐力传感器工作原理

受的不是弯矩,而是轮辐剪切力,因应变片贴片方向与剪力方向成 45°,故应变片感受的是方向相反的拉压应力,利用半桥或全桥组桥方式,可通过应变片输出的应变计算出传感器承受的拉压力。应变计测试应变与试件承受拉压力之间的线性关系可根据材料力学公式推导,推导过程跟轮辐扭矩传感器类似。

4. 安装方式

轮辐力传感器的接线方式与引伸计一致。通过螺纹,可将轮辐力传感器安装于作动缸上。

2.1.6　热电偶

航空发动机涡轮、压气机等部件均在高温下工作,高温下各种材料的力学性能会发生很大变化,由不同高温材料组成的部件以及部件之间的配合连接关系、高温紧固件的性能也与常温下有很大差异。为设计高温部件,了解结构等在高温下的动静强度,需研究零部件的高温力学性能,这就用到温度传感器。热电偶测温范围广,可测温度范围为 $-270\sim1800℃$,连接方便,技术成熟,是航空发动机最常用的一种测温传感器。

1. 结构形式

热电偶结构形式如图 2.31 所示。热电偶的芯线由两根不同材料的热电极组成,两个热电极之间填充极间绝缘体。在热电极的外部用保护管套,保护套管的材料根据热电偶的使用温度有碳钢 (600℃ 以下)、不锈钢 (1000℃ 以下)、高氧化铝 (1500℃ 以下)、高温玻纤 (1500℃ 以下)、陶瓷 (1600℃ 以下) 等。热电偶的输出接口可以是插座,或者防水、防溅、防爆接线盒。目前市面上还有铠装热电偶,它是将热电极、绝缘体、保护套组合成一体,通过滚压制成的细长套管式热电偶,有单芯、双芯、四芯等铠装热电偶。热电偶的两个热电极可以是焊接在一起,也可以是分叉式,后者在测温时,可以更好地接触试件,减少测试误差。热电偶的热电极可以端封,也可以是裸露的。端封可以防水防溅,而裸露式可以灵活固定热电极及接触位置。

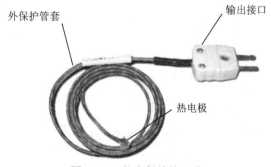

图 2.31　热电偶结构形式

2. 技术参数

热电偶的主要技术参数如表 2.8 所示。分度号表示热电偶的正负热电极材质。S 型材质为铂铑 10-铂,即正热电极 (SP) 为含 10% 质量分数的铑,负热电极 (SN) 为铂。B 型材质为铂铑 30-铂铑 6，即正热电极 (BP) 为含 30% 质量分数的铑，负热电极 (BN) 为含 6% 质量分数的铑。K 型材质为镍铬-镍铝 (硅)，其正热电极 (KP) 的典型化学成分为，镍：89%~90%，铬：9%~9.5%，硅：约 0.5%，铁：0.5%；负热电极 (KN) 的典型化学成分为，镍：95%~96%，硅：1%~1.5%，铝：1%~2.3%，锰：1.6%~3.2%。钴：约 5%。

表 2.8　热电偶主要技术参数

参数	数值和描述			
型号	WRP-100	WRP-510	WRR-510	WRN-320
分度号	S	S	B	K
测温范围/°C	0~1300	0~1600	0~1800	0~800
规格 (总长 × 插深)/(mm×mm)	252×225	500×500 700×700	500×500 700×700	300~2150
保护管材料	高铝质	高铝质	刚玉质	不锈钢
工作压强		常压		

3. 工作原理

电热偶是基于热电效应工作的。两种不同的导体或半导体 A 和 B 组成的闭合回路中，如果它们的两个接点温度不同，则在回路中会产生电流，回路中存在电动势，称为热电动势。热电动势也被称为塞贝克电动势或塞贝克效应，它是由接触电动势和温差电动势两种电动势组成的。

如图 2.32 所示。两种不同导体 A 和 B 接触电动势用 $E_{AB}(T)$ 表示，因热端 (测温端，也称工作端) 温度 T 和冷端 (0° 或某一常数，也称自由端) 温度 T_0 形成的温差电动势用 $E_{TT_0}(T, T_0)$ 表示，总的热电动势为

$$E_{AB}(T, T_0) = E_{AB}(T) + E_{TT_0}(T, T_0) = \int_{T_0}^{T} S_{AB} \mathrm{d}T \qquad (2.27)$$

式中，S_{AB} 是热电偶的塞贝克系数或热电率，也是热电偶重要的特征量。

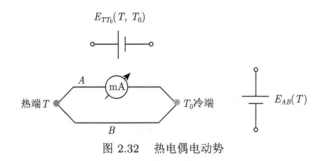

图 2.32　热电偶电动势

测量时，要保证冷端温度恒定。

热电偶所产生的热电动势决定于冷热端温度，与热电偶材料的断面大小无关。

在测量表面温度时需注意两个问题：① 表面与周围换热面积大，热平衡难以建立，热电动势不稳定，测量值不代表真实温度；② 热电偶与表面的换能面积小，沿热电偶带走的热量大，测不到真实温度。

一般情况下，探头越小越好。一般认为，热电极与表面接触长度不少于热电极直径的20 倍，才能避免温度梯度产生热损失造成的测量误差。在测试试件等表面温度时，尽量使用表面温度专用热电偶，以尽可能减少测温误差。

磁场影响热电偶的塞贝克系数，在热电极中含有铁磁性相时尤为明显。热电偶在磁场中使用时的重要特点是，如果热电偶在磁场中的部分没有温度梯度，则磁场对热电偶无影响。在强磁场中，若热电偶选择不当，测温误差可达 40% 以上。对采用高频感应加热原理的热机械疲劳试验，热电偶的选择需要尤为慎重。

4. 安装方式

热电偶的安装方式可以是无固定装置、固定螺纹、活动法兰和固定法兰。无固定装置的热电偶可以用于快速测量，如短时的油温、水温等。可以将无固定装置热电偶的热电极点焊在试件表面，要求不高的情况下，也可以用高温胶带等扎紧固定在试件表面。

2.1.7 传感器的静态标定

传感器标定是指在已知传感器输入与输出方程或变换关系的前提下，利用标准计量工具，通过标准输入量确定传感器输出与输入关系的过程。传感器的静态标定是在传感器的量程范围内，给传感器输入标准非电量，测其输出，获得标定方程和常数，计算传感器灵敏度、线性度及重复度等静态指标。

传感器校准是指传感器在使用或搁置一段时间后，对其性能参数进行复测或修正，以确保传感器的测量精度。

一般情况下，传感器的标定应由具有计量资质的单位去做，标定完成后，由计量单位出具标定证书。传感器的标定证书具有时效性，根据传感器的类型，标定时效不同。即使对同一传感器，不同计量单位的标定时效也不一定相同。在要求不高的试验中，用户也可自行标定传感器。

本节首先介绍应变的校准方法，而后阐述应变片的灵敏系数标定方法。之所以介绍应变的校准方法，是因为实际使用中，应变仪内置的计算公式一般默认应变片阻值为 120Ω，灵敏系数为 2.0，导线电阻忽略不计，而应变测试时，可能根据试验需要调整应变计的阻值、导线长度等，如目前越来越多的试验为提高应变测试精度，采用 350Ω 的应变计。

1. 应变校准

很多应变仪零漂过大,因此在校准应变值时,首先校准应变零位。零位的校准步骤如下。

(1) 在测试开始前，将动态应变仪说明书中规定的标定电阻并联于平衡电桥的桥臂上，使该桥臂产生一个电阻增量，其电桥输出信号与标准应变信号 $\varepsilon_{标}$ 等效，记录电桥输出信号 H_1。

(2) 进行测试，记录电桥输出值，假定被测应变的电桥输出值为 h_1。

(3) 在测试结束后，再次进行步骤 (1)，记录电桥输出 H_3。

(4) 由下列公式计算真实被测应变值 ε:

$$\frac{\varepsilon}{\varepsilon_{标}} = \frac{h_1}{\dfrac{H_1 + H_3}{2}} = \frac{2h_1}{H_1 + H_3} \tag{2.28}$$

接着对应变片的阻值、灵敏度、导线长度引起的应变偏差进行修正。具体的修正方法如下。

(1) 测量中若使用的应变片阻值不为 120Ω，则会产生标定误差，需按应变仪说明书给出的曲线进行修正，一般情况下有 $\varepsilon = \varepsilon_1/a$。其中 ε 为修正后真实的应变值，ε_1 为测试结果，a 为应变仪说明书给出的应变片阻值修正参数。

(2) 若使用的应变片灵敏系数 $K \neq 2$，则由应变片工作原理可知

$$\frac{\Delta R}{R} = K\varepsilon, \quad \frac{\Delta R}{R} = 2\varepsilon_1 \tag{2.29}$$

从而有

$$\frac{K\varepsilon}{2\varepsilon_1} = 1 \tag{2.30}$$

最终得修正公式为

$$\varepsilon = 2\varepsilon_1/K \tag{2.31}$$

(3) 若测试中应变片与仪器之间的连接导线较长，这相当于在应变片电阻线路上串联了一个导线电阻 r，从而有

$$\frac{\Delta R}{R} = 2\varepsilon, \quad \frac{\Delta R}{R+r} = 2\varepsilon_1 \tag{2.32}$$

最终得修正公式为

$$\varepsilon = \varepsilon_1(R+r)/R \tag{2.33}$$

(4) 综合上述修正公式，若采用的电阻应变片 $R \neq 120\Omega$ 且 $K \neq 2.0$，且用长导线测量，$a = \varepsilon/\varepsilon_1$ 为应变片阻值修正系数，总的修正公式如下：

$$\varepsilon = \left(1 + \frac{r}{R}\right)\left(\frac{1}{a}\frac{2}{K}\right)\varepsilon_1 \tag{2.34}$$

2. 标准电阻标定法

标准电阻标定法的步骤如下。

(1) 采用 1/4 桥电桥接线，设置应变仪测量参数为：应变片电阻 $R=120\Omega$，应变片灵敏系数 $K_{仪}=2.0$。在无载荷下对应变仪调平衡。

(2) 在工作应变片上串联或并联一个微小标准精密电阻 ΔR，如图 2.33 所示，应变仪读数为 $\varepsilon_{仪}$，通过以下公式可计算出应变片的灵敏系数：

$$K = \frac{\Delta R}{R\varepsilon_{仪}} \tag{2.35}$$

(3) 在应变片线性范围内，以级数形式增加输入电阻值，如 ΔR，$2\Delta R$，$\cdots$，$10\Delta R$，$20\Delta R$，$\cdots$，$100\Delta R$，$200\Delta R$，$\cdots$，重复步骤 (2)。

(4) 用计算结果的平均值作为所标定应变片的灵敏系数。

说明：标定所用的电桥电路可根据实际情况调整，即除了 1/4 桥，也可以利用半桥或全桥方式标定应变片。

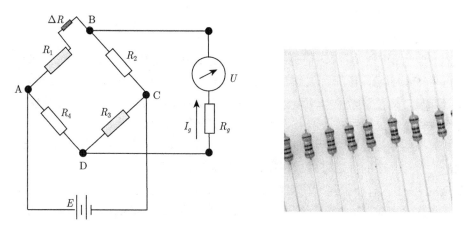

图 2.33　应变测试标定原理

3. 等强度梁标定法

如图 2.34 所示，等强度梁标定法在等强度梁上安装力传感器和挠度计，将 1 枚应变片按 1/4 桥接入应变仪，同时将温度补偿块上的补偿应变片接入应变仪专用补偿通道上，用力传感器测量等强度梁上的加载力。

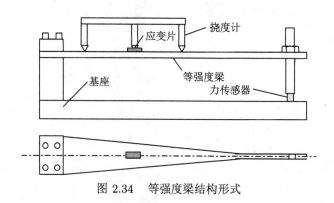

图 2.34　等强度梁结构形式

根据材料力学，等强度梁表面的轴向应变可用挠度计读数 h 计算得到，计算公式为

$$\varepsilon = \frac{hb}{l^2} \tag{2.36}$$

式中，b 为梁的厚度；l 为挠度计半跨度。

电阻应变片相对电阻的变化可通过应变仪获得，计算公式为

$$\frac{\Delta R}{R} = K_{仪}\varepsilon_{仪} \tag{2.37}$$

应变片灵敏系数的计算公式为

$$K=\frac{\Delta R}{R\varepsilon}=\frac{l^{2}K_{仪}\varepsilon_{仪}}{hb} \tag{2.38}$$

标定步骤如下。

(1) 给梁加卸载 2~3 次，记录挠度计上千分表初始度数 h_0，设置应变仪测量参数为：应变片电阻 R=120Ω，应变片灵敏系数 $K_{仪}$=2.0。在无载荷下对应变仪调平衡。

(2) 给梁连续分五级加载，每级间隔 50N，记录各级挠度计读数 h 和应变仪的读数 $\varepsilon_{仪}$，计算各级载荷下的灵敏系数，取五次的平均值为应变片的灵敏系数。

当对多个应变片灵敏系数标定时，可在梁上不同位置贴多个应变片，这样可一次标定多个应变片。实际中的标定方式会根据试验需要更加灵活。

图 2.35 是江苏省计量科学研究院出具的标定文件，标定方式为半桥。从图 2.35 中可以看出，此次标定对 25 个应变通道做了标定，其中第 1 个应变通道的输入值以级数进阶，标准输入值依次为 10，20，···，100，200，···，1000，2000，··· 微应变，直至覆盖应变片的线性范围。在第 1 通道标定完成的情况下，其余通道仅对 3 个标准输入值进行了标定，分别为 500με、5000με 及 15000με。

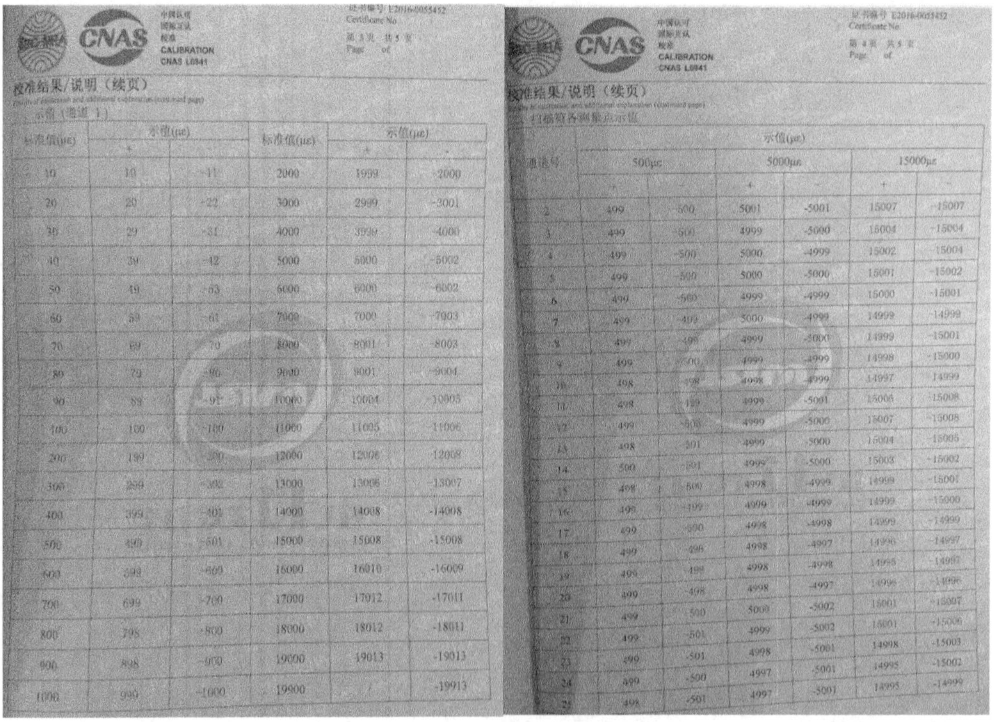

标准值(με)	示值(με) +	示值(με) -	标准值(με)	示值(με) +	示值(με) -
10	10	-11	2000	1999	-2000
20	20	-22	3000	2999	-3001
30	29	-31	4000	3999	-4000
40	39	-42	5000	5000	-5002
50	49	-53	6000	6000	-6002
60	59	-61	7000	7000	-7003
70	69	-70	8000	8001	-8003
80	79	-80	9000	9001	-9004
90	89	-91	10000	10004	-10005
100	100	-100	11000	11005	-11006
200	199	-200	12000	12008	-12008
300	299	-302	13000	13006	-13007
400	399	-401	14000	14008	-14008
500	499	-501	15000	15008	-15008
600	598	-600	16000	16010	-16009
700	699	-700	17000	17012	-17011
800	798	-800	18000	18012	-18011
900	898	-900	19000	19013	-19013
1000	999	-1000	19900	/	-19913

通道号	示值(με) 500με +	500με -	5000με +	5000με -	15000με +	15000με -
2	499	-500	5001	-5001	15007	-15007
3	499	-500	4999	-5000	15004	-15004
4	499	-500	5000	-4999	15002	-15004
5	499	-500	5000	-5000	15001	-15002
6	499	-500	4999	-4999	15000	-15001
7	499	-499	5000	-4999	14999	-14999
8	499	-498	4999	-5000	14999	-15001
9	499	-500	4999	-4999	14998	-15000
10	498	-498	4998	-4999	14997	-14999
11	498	-499	4999	-5001	15006	-15008
12	499	-500	4999	-5000	15007	-15008
13	498	-501	4999	-5000	15004	-15005
14	500	-501	4999	-5000	15003	-15002
15	498	-500	4998	-4999	14999	-15001
16	499	-499	4999	-4999	14999	-15000
17	499	-500	4998	-4998	14999	-14999
18	499	-498	4998	-4997	14996	-14997
19	499	-499	4998	-4998	14995	-14997
20	499	-498	4998	-4997	14998	-14996
21	499	-500	5000	-5002	15001	-15007
22	499	-501	4999	-5002	15001	-15006
23	499	-501	4998	-5001	14998	-15003
24	499	-500	4997	-5001	14995	-15002
25	498	-501	4997	-5001	14995	-14999

图 2.35　应变仪标定报告

工程上，上述应变片灵敏系数的标定方法也常用来标定应变仪通道，且在静态应变仪的工作频率范围内，可以将静态标定结果用于动态应变测试。

4. 引伸计的标定方法

一般情况下,引伸计的标定需厂家进行。当要求不高时,可自行标定引伸计。下面给出一种简单的引伸计标定方法。

采用游标卡尺标定引伸计,具体做法如下。

(1) 设置试验机控制器。将引伸计连接到试验机采集控制器,监测引伸计的激励电压及应变输出信号,将试验机控制方式设置为应变控制,同时调节引伸计激励电压为 +6V DC 或引伸计手册要求的激励电压。

(2) 调零应变。安装好引伸计上的定位销,保证引伸计处于其零位,调节控制应变为零应变,然后设置引伸计输出电压 (即引伸计反馈给控制器的电压) 为 0V。

(3) 标定压信号。移除引伸计定位销,用千分尺测量引伸计刀口距离,该距离应为两个刀口厚度方向中心位置的距离。刀口距离可以直接测量,也可以测量两个刀口相邻边的距离,然后加上刀口厚度 (或直径) 获得。用千分尺读数调整引伸计刀口间距为最大压应变的 80% 对应的间距,设置引伸计反馈电压为 −8V DC。

(4) 重新调节引伸计零位及压信号。重复步骤 (2) 和 (3),直至零位和压方向的增益无须调整为止。

(5) 标定拉信号。用千分尺定位引伸计刀口,调节刀口间距,使该间距为引伸计最大可测拉应变 80% 对应的间距。检查引伸计测量的电压值,若测试电压超过 +8V DC,调节引伸计增益 ΔK 为 +8V DC;若测试电压小于 +8V DC,将 ΔK 调节为其出厂设置,然后用增益控制,将电压从目前的值增大到 +8V DC。

2.2　试　验　机

2.2.1　电液伺服试验机

在发动机动静强度设计,尤其是新材料、新结构等的动强度设计,试验验证是不可缺少的项目之一。为了解新材料的力学性能,考核新材料、新结构的疲劳可靠性、蠕变等特性,需要用试验机对这些材料或结构施加静拉压力、扭矩、动态循环或动态随机载荷、温度及热机械载荷等,以便模拟真实载荷和环境条件。液压拉扭试验机是最常用的强度测试试验机,静力加载范围为 10~2500kN,扭矩角范围为 −50°~+50°,静扭矩加载范围约为 0~5000N·m,温度控制范围为室温 ~1400°,可测频率范围为 0.00001~70Hz。电液伺服试验机惯性力小,当突然过载或停车停电时,不会发生大的冲击,容易实现过载保护,在不改变电机旋转方向的情况下,可以较方便地实现工作机构旋转和直线往复运动的转换,在材料及结构力学性能测试领域应用非常广泛。电液伺服试验机根据试验功能区分,有拉压疲劳试验机、拉扭疲劳试验机、双轴疲劳试验机、多点协调试验机等,各种液压疲劳试验机一般均含有静态拉压功能。

1. 结构形式

电液伺服试验机的结构形式如图 2.36 所示,这些结构一般称为试验机高刚度框架系统。图 2.36(a) 所示立柱为圆柱形,通过台面下方横梁控制面板上的旋转开关,利用液压杆提供的动力，横梁可沿着立柱上下移动来调节上夹头高度以适应不同的试件长度，下夹头可以通过液压伺服系统调节高度，该高度制约着试件被拉伸的最终伸长量。在横梁的下方安装有位移、力 (拉扭试验机还包括角度、力矩) 等传感器，用来测量试件反馈的位移、力、力矩、角度等信号。传感器下方连接上夹头，台面上连接下夹头，两个夹头内部通有液压油，通过油压推动夹头内部的楔块夹紧试件两端。小力程的试验机，下夹头一般为夹紧固定端面，上夹头含作动器以对试件加载，这样做可以通过上夹头的微弱活动更好地对中试件；大力程的试验机则相反。电液伺服试验机的控制阀、氮气蓄能器以及减振梁等控制及附件安装在液压控制后面板。为方便试件夹持等近距离操作，在试验机旁通常备有手持控制器，可控制作动器所在夹头上下移动。

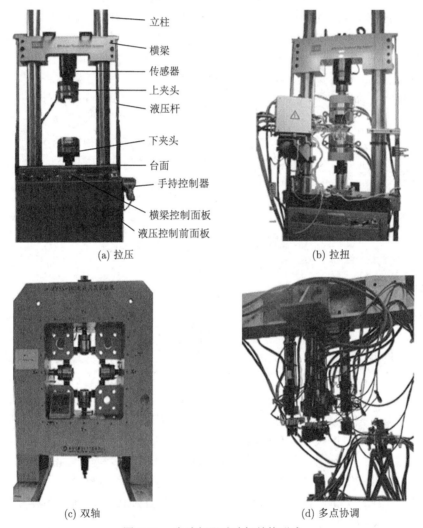

(a) 拉压　　　　　　　　　　　　　　　　　(b) 拉扭

(c) 双轴　　　　　　　　　　　　　　　　　(d) 多点协调

图 2.36　　电液伺服试验机结构形式

　　试验机框架内部的主体结构如图 2.37 所示，其各部件的功能见表 2.9。液压楔块是对试件夹持的执行元件。液压楔块往往配有专门的夹具油源。夹具油源对上下夹具供油，通过对夹具施加液压，上下夹具分别沿着作动器夹具槽上移和下移，以此达到夹持试件的目的。

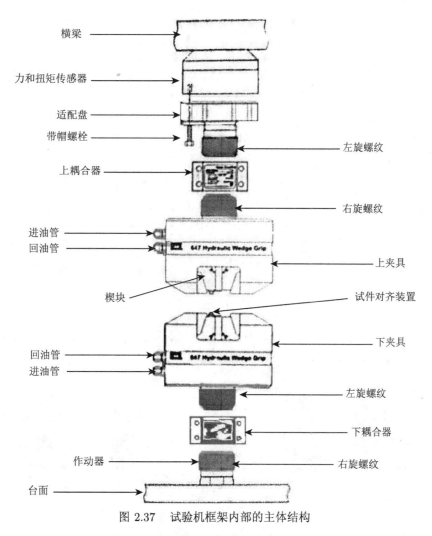

图 2.37　试验机框架内部的主体结构

表 2.9　电液伺服试验机部件功能

部件名称	功能描述
横梁和台面	用来安装力机构夹具和元件的架子，同时为力机构提供支反力
力和扭矩传感器	测量对试件的加载力和扭矩
适配盘	用来连接力和扭矩传感器与夹具的部件
上耦合器和下耦合器	将作动器上的夹具夹持到力和扭矩传感器上，每个耦合器有两种不同的螺纹形状：3mm 齿距的右旋螺纹和 2mm 齿距的左旋螺纹。耦合器的一半配合夹具的螺纹，另一半配合作动器或者力和扭矩传感器
进油管和回油管	吸进或压出液压油以供夹具夹持试件，其油液来自于液压夹具油源
作动器	对试件施加轴向力和扭向力矩。作动器采取轴向位移和扭向扭角实现它对试件的加载
楔块	夹持试件
试件对齐装置	使平板试件的夹持状态保持对中

2. 技术参数

表 2.10 是一份典型的电液伺服试验机技术参数。

表 2.10　电液伺服试验机技术参数

参数	数值和描述
型号	MTS809-25T
载荷能力	±250kN；±2200 N·m
作动器	动静态 150mm；动态 90°，静态 100°
载荷波形	正弦，三角波，方波，组合波，随机波形
控制模式	载荷，位移，应变，温度，函数量
数据采集模式	等间隔，最大最小值，峰谷值，指定区间等
静态试验项目	(1) 材料拉伸、压缩、弯曲、撕裂、剪切等静态试验项目； (2) 结构的静强度破坏试验
动态试验项目	(1) 材料的常温及高温拉扭复合疲劳试验； (2) 材料热机疲劳试验 (恒温变载、恒载变温、热机相位协调、热机无相位协调，随机)； (3) 材料断裂韧性试验； (4) 材料疲劳裂纹扩展试验； (5) 结构常规波形试验：正弦波，三角波，方波，斜波，基于频率的随机波； (6) 结构正弦扫频试验，用于探测构件的自振频率； (7) 结构任意波形试验，载荷谱试验

试验机适用试件的尺寸除跟试验机本身的技术参数有关，还与其楔块类型有关。楔块形状如图 2.38 所示，表 2.11 给出了某型试验机所带的楔块类型。

图 2.38　试验机楔块 (夹具)

表 2.11　某型试验机楔块类型及其夹持要求

楔块类型	夹持要求
V 型面楔块 (直径较大)	圆棒试件直径在 16.8~26.2mm
V 型面楔块 (直径居中)	圆棒试件直径在 10.7~19.8mm
V 型面楔块 (直径较小)	圆棒试件直径在 6.4~13.5mm
O 型面楔块 (直径较小)	圆棒试件直径为 20mm
O 型面楔块 (直径较大)	圆棒试件直径为 30mm
平板菱形面楔块	平板试件宽度在 6.09~17.01mm
平板磨砂面楔块	平板试件宽度在 1.02~11.98mm

3. 工作原理

1) 整机工作原理

电液伺服试验机是通过液压控制系统工作的，主要包括动力、执行、控制、辅助、液压油五部分。

动力部分，即油泵，其作用是将原动机的机械能转换为密闭油箱中油液的压力能 (势能)。

执行部分，即作动器，其作用是将液压泵输入的油液压力能转换为带动作动缸夹头运动的机械能。

控制部分的作用是控制和调节油液的压力、流量和流动方向，如各种压力控制阀、流量控制阀。

辅助部分的作用是将前面三部分连接在一起，组成一个系统，作用是储油、过滤、测量和密封等，如油箱、滤油器、冷却器、蓄能器、油管及管接头、密封圈、快换接头、高压球阀、胶管总成、测压接头、压力表、油位计、油温计等。

液压油是液压系统中传递能量的工作介质。

2) 冷却系统工作原理

液压系统工作时，动力元件和执行元件的容积损失和机械损失，以及控制调节元件和管路的压力损失以及液体摩擦损失等消耗的能量几乎全部转化为热量。这些热量将使液压系统油温升高。如果油温过高，将严重影响系统的正常工作，因而需使用冷却器对油液降温。高温试验时，楔块与高温试件接触，为防止热量传导到其他元器件，需对楔块冷却，同样，高温引伸计也需要冷却以防止引伸计部件被烧坏。在热机械疲劳试验中，为实现试件的温度循环控制，需要对试件进行循环冷却，以此来改变一定热循环速度下试件的升温和降温。

水冷主要用于液压动力装置中液压油的冷却。在高温试验时，水冷也用于楔块和引伸计的冷却。液压油水冷装置如图 2.39 所示，采用的是多管式冷却方式。循环液压油从进油口返回油箱，为了减轻液压冲击效应，便于液压油散热，采用挡板隔离液压油并增加进油口到出油口的油路长度。图中的油管是连接于液压泵的油路，液压泵控制进油量和出油量。冷却水采用多管道方式接触液压油面，增加了接触面积，便于冷却速度的调节。通过隔板将进水口和出水口隔开，节约了安装场地。

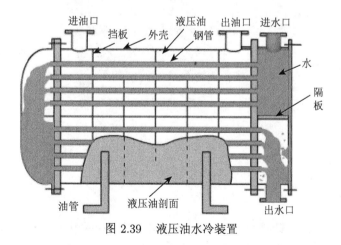

图 2.39 液压油水冷装置

液压油冷却装置的工作原理如图 2.40 所示。温度计检测油箱中液压油的温度，如果油温超过了温度控制器设定的最大值，则自动冷却阀被打开，温度控制器启动冷却水电动机，电机带动水泵不断从水箱吸水和压水，直到油温低于温度控制器设定的最低值，自动冷却阀被关闭，冷却停止。随着试验的进行，油温不停地由低往高，冷却水装置也相应地对液压油实施冷却，油温得以降低，如此循环往复。

图 2.40　液压油冷却装置工作原理图

2.2.2　电子扭转试验机

电液伺服试验机虽然功能强大，但其结构复杂，价格昂贵，动态载荷加载频率偏低。电子材料试验机动态频率高、价格低廉、空间占用少，对小载荷及高频疲劳试验是不错的选择。本节通过电子扭转试验机对电子试验机的工作原理等进行说明。

1. 结构形式

电子扭转试验机的结构形式如图 2.41 所示。电子扭转试验机一般为卧式，主要由基座、控制系统、动力系统、夹具、滑轨等组成。在动力系统内部，有减速机、光电编码传感器、伺服调速电机及调速系统等。左夹具为试件固定端，同时安装有轮辐扭矩传感器以测试加载力矩；右夹具为扭矩加载端，试件置于左右夹具之间。

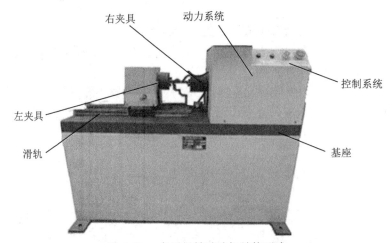

图 2.41　电子扭转试验机结构形式

2. 技术参数

表 2.12 所示为金属材料扭转试验机主要技术参数。

3. 工作原理

电子扭转试验机采用计算机对加载载荷控制。通过相关软件，计算机控制右夹具加载端的交流伺服电机输出扭矩信号，通过摆线减速机传动，使加力盘转动以对试件加载。加载角度可通过安装在交流伺服电机输出轴上的光电编码器实时测量并反馈给控制系统，加载力矩的测量则通过安装在左侧固定端上的高精度扭矩传感器 (如轮辐扭矩传感器) 测得并

反馈。试验机的测量控制系统由角位移传感器、力矩传感器、稳压电源、测量放大器、A/D
转换、倍频整形电路、计数电路等组成。

表 2.12　金属材料扭转试验机主要技术参数

参数	数值和描述
产品型号	YCNZ-3000
最大试验力	3000N·m
主机结构类型	台式机型
控制方式	计算机控制
准确度等级	1 级
扭矩力测量范围	2%～100%F.S.
扭矩力示值准确度	优于 ±1%
扭矩显示分辨率	0.01N·m
角度显示分辨率	0.01°
角度示值准确度	优于 ±1%
旋转速率调节范围	0.05～1000(°)/min
夹头间最大距离	650mm(可加长)

2.2.3　低速冲击试验机

　　航空发动机外来物冲击损伤一般比较隐蔽，很难检查出，但对发动机的安全运行却带
来隐患。在发动机启动阶段，因发动机功率急剧变化，进出口部位有很强的吸力，遗留在
停车坪上的碎片，包括行李部件、铁钉、螺杆等，还有空中的鸟类都可能被吸入发动机。发
动机若从进气口处吸入外来物碎片，首先是对一级压气机转子叶片造成的损伤，如果吸入
的外来物是金属，还会发生外来物打到转子叶片和整流叶片，叶片掉块后又带来次生故障，
进一步对压气机后几级叶片冲击，导致整个发动机运行失常。为研究冲击损伤对材料或部
件强度的影响，有必要借助冲击试验机开展冲击损伤测试。通过冲击试验，可以获得材料
吸收能量及损伤耗散能量、损伤临界点及韧脆转变点等参数。

　　冲击试验机主要有两种形式：摆锤式和落锤式。

　　1. 落锤式冲击试验机结构形式

　　全自动落锤式冲击试验机采用全自动化控制，如自动防止二次冲击，锤体自动找零点，
试样自动对零位，自动挂锤，自动提锤到设定高度，自动检测防护门是否关闭等。因冲击
速度快，落锤式冲击试验机采用高速数采系统，如 2MHz，以保证数据的真实性和准确性。

　　落锤式冲击试验机的结构形式如图 2.42 所示，由主机部分 (包括框架、锤头轨道、锤
头安装架、试件安装平台等部分)、提升电机、控制系统等部分组成。提升电机部分与主机
分开单独安装，这样能够减小主机振动对提升电机的影响，而且便于安装与维修。高刚度
框架部分由底座、支撑立柱、导向光杠、固定横梁组成。落锤的锤头尺寸和锤头质量可以
更换，以满足不同结构的试件使用要求。

　　光滑导轴的位置位于四个支撑立柱的中间，保证框架具有足够的刚性。

　　落锤整机采用双管式导向结构，自锤头击中试样弹起后以毫秒级设定延迟接锤时间，能
可靠防止二次冲击。锤体采用高强度整体钢板加工而成，耐冲击强度高，不会因为使用铸
件产生铸造缺陷而断裂的可能。

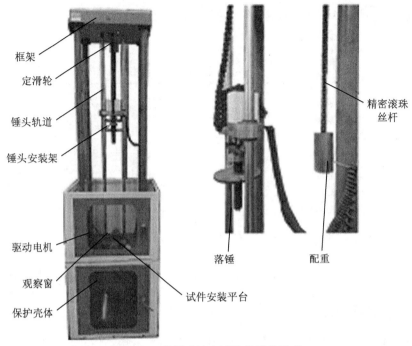

图 2.42　落锤式冲击试验机结构形式

　　落锤式冲击试验机可以自由设定提锤高度,采用大功率步进电机带动高精度减速机,通过精密链轮和链条来实现提锤,与普通的钢丝绳相比,链条弹性小,从而使高度测量更准确,且链条强度高,不易磨损,较钢丝绳安全。

　　通过气动集成系统锁紧和释放锤头,响应速率快,无延时。试验机抓脱锤装置为自锁装置,抓住锤后随即自锁,在重力作用下不会发生意外。

　　落锤式冲击试验机一般具有掉电保护功能,以保障试验中设置的冲击高度在断电后锤头处于自锁、试验数据完整。

　　整个试验机四周配备安全防护装置,防止断裂试样飞溅,同时防护门有自锁功能,在门打开的情况下,试验机会自锁,主要操作无效,从而防止误操作,保证试验人员的安全。

　　2. 落锤式冲击试验机技术参数

　　表 2.13 是落锤式冲击试验机主要技术参数。

　　3. 落锤式冲击试验机工作原理

　　落锤式冲击试验机采用锤体自由落体对试件施加冲击载荷,即通过一定质量的锤头在一定的高度自由下落对试样进行冲击,利用高速率同步采集锤头对试样冲击接触后的数据,分析试样的抗冲击能力及试样的损坏和断裂状态。

　　落锤式冲击试验机冲击速度与锤体高度相关,冲击能量与锤体质量及冲击速度相关。

　　4. 落锤式冲击试验机安装方式

　　落锤式冲击试验机使用方法如下。

表 2.13　落锤式冲击试验机主要技术参数

参数	数值和描述
产品型号	JL-300
冲击能量	0～300J
最大冲击高度	1500mm
最大冲击速度	5.5m/s
锤体质量	50kg
锤头质量	2～10kg
锤头直径	Φ10mm，Φ12mm，Φ16mm，Φ20mm
锤头硬度	60～62 HRC(洛氏硬度)
试样夹紧力	$\geqslant$ 1100N
夹具尺寸	75mm×75mm、75mm×125mm、Φ75mm
锤头夹持及释放方式	气动
提锤速度	0.0～1000mm/min 无级升降
温度范围	-40～80℃
曲线显示	冲击力-位移、冲击力-时间、位移-时间、能量-位移、能量-时间等曲线

(1) 根据试验要求，确定好锤体质量和冲击高度，制作好试样备用。

(2) 确定锤体质量。

(3) 将锤杆从锤座下的滑套中穿上，并将选定的砝码套在锤杆上，拧紧螺母。

(4) 打开电源，进入工作状态。

(5) 按"慢升"键，将锤体升离底部，按"停止"键，确定安装试样的高度。

(6) 打开保护门，将试样安装于夹具上。

(7) 确定高度零点：用"慢降""慢升"键，使锤头刚好与试样接触，按高度显示表的零点"清零"。

(8) 关好防护网、门，按"快升"键，标尺指示升降高度，升至预定高度后按"停止"键。

(9) 冲击：先按一下"预落锤"键，使此键上指示灯亮，再按下"落锤"键，锤体自由落体冲击试样。

5. 摆锤式冲击试验机结构形式

摆锤式冲击试验机的结构形式如图 2.43 和图 2.44 所示，由主机部分 (包括摆锤、指示盘、试件安装支架、砧座等部分) 和控制柜组成。常见的摆锤式冲击试验机主机为单支承柱式结构，悬臂式挂摆方式，摆锤锤体呈 U 形，冲击刀采用螺钉安装固定，试样简支梁式支承。

半自动摆锤式冲击试验机扬摆、挂摆、冲击、放摆均可由单片机控制，可利用冲断试样后的剩余能量自动扬摆以便下次试验。

6. 摆锤式冲击试验机技术参数

表 2.14 是摆锤式冲击试验机主要技术参数。

7. 摆锤式冲击试验机工作原理

与落锤式冲击试验机类似，摆锤式冲击试验机基于锤体的重力对试件施加横向冲击力，冲击力的大小与扬角及摆锤重量有关。摆锤式冲击试验机需符合夏比冲击试验要求，单片机对冲击试验过程控制，可以同时采集冲击能量和冲击力值，且可以用高精度光学编码器进行摆锤扬角控制。

　　对试件施加冲击载荷后，分析处理试验数据分析处理，可获得材料冲击吸收功、冲击韧性、摆锤扬角及试验平均值等参数。

　　摆锤式冲击试验机的安装使用方法与落锤式类似，此处不再赘述。

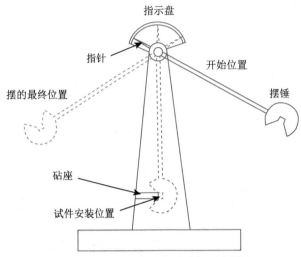

图 2.43　　摆锤式冲击试验机示意图

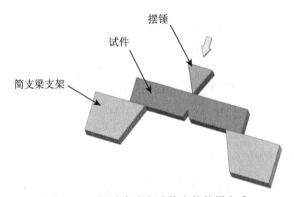

图 2.44　　摆锤式冲击试件安装使用方式

表 2.14　摆锤式冲击试验机主要技术参数

参数	数值和描述
产品型号	JB-S300/S500
显示方式	数字显示
冲击能量	150J/300J 250J/500J
摆轴中心至冲击点距离	750~800mm
冲击速度	5.2m/s, 5.4 m/s
摆锤预扬角	150°
试样支座跨距	(40+0.2)mm
钳口圆角	R1-1.5mm
冲击刀刃圆角	R2-2.5mm，R8±0.05mm
试样尺寸	10(7.5、5、2.5)mm×10mm×55mm

2.3　材料力学性能测试技术

航空发动机使用的材料类型达上百种，为了解新工艺、新研发材料的静强度和疲劳强度性能，必须进行材料强度性能测试，大量的材料静强度和疲劳强度试验随着我国工业经济的发展需求应运而生。本节介绍材料力学性能测试技术，包括静强度及疲劳强度测试技术两部分。

2.3.1　静强度测试技术

静强度测试是最基本的材料力学性能试验，通过静强度测试，可以得到材料的弹性模量、屈服极限、最大工程应力、最大工程应变、最大真应力、最大真应变、硬化系数、硬化指数、截面收缩率等材料强度参数，绘制出材料的力-位移曲线、工程应力-工程应变曲线、真应力-真应变曲线、R-O 拟合曲线等。利用静强度试验，可得到材料的本构关系；在疲劳试验前，也需要利用静强度测试结果制定疲劳应力水平。

1. 静强度基本概念

材料在加载过程中，因试件长度变形及截面收缩率，测试获得的应力-应变为工程应力和工程应变，它与真应力及真应变存在差异，真应变与工程应变之间的关系如下：

$$\varepsilon_{\mathrm{T}} = \ln(1 + \varepsilon_e) \tag{2.39}$$

式中，ε_e 为工程应变；ε_{T} 为真应变。

材料的流动应力定义为

$$\sigma_f = \sigma_{0.2} + \sigma_{\max} \tag{2.40}$$

式中，$\sigma_{0.2}$ 为屈服极限；$\sigma_{\max}$ 为抗拉强度。

对塑性材料，真应力与真应变之间的关系可以用 R-O 方程拟合分析，R-O 本构方程如下：

$$\frac{\varepsilon_{\mathrm{T}}}{\varepsilon_0} = \frac{\sigma_{\mathrm{T}}}{\sigma_0} + \alpha \left(\frac{\sigma_{\mathrm{T}}}{\sigma_0} \right)^n \tag{2.41}$$

式中，σ_{T} 和 ε_{T} 分别为真应力 (MPa) 和真应变 (mm/mm)；σ_0 为流变应力，即材料在一定变形温度、应变和应变速率下的屈服极限；$\varepsilon_0 = \sigma_0/E$；$E$ 为弹性模量 (MPa)；α 和 n 分别为硬化系数和硬化指数。

当硬化系数 α 较大时，界面端附近的弹塑性应力与将弹塑性本构关系简化为线性后得到的理论结果相接近，而当硬化系数相对较小时，理论分析的奇异应力场的主控区变得非常小，在屈服域的绝大部分区间，应力奇异性与理论解有较大区别。

n 值直接反映材料在发生颈缩前依靠硬化发生均匀变形的能力高低，n 值大材料不易进入分散失稳，材料应变强化的能力 (即把变形从大应力处向小应力处转移的能力) 强，n 值隐含的物理意义是整个变形区域上应变分布的均匀性。

2. 试件设计

在确定静强度试验类型后，需按试验要求设计试件。试件的设计应根据试验内容查阅标准手册，如我国《金属材料 拉伸试验 第 1 部分：室温试验方法》(GB/T 228.1—2010)、美国 ASTM E21-96 等。同时应了解试验机适用条件，使设计出的试件不仅满足标准要求，且尽可能与试验机适用结构尺寸等条件匹配，这样可降低试验成本，较为顺利地开展试验。否则，虽然试件符合标准，却没有配套的试验机或试验夹具可用，会引起很多麻烦，延误试验时间，也增加试验成本。

标准试件按载荷类型可分为轴向加载、扭向加载、拉扭复合加载、弯曲加载等；按结构形状可分为实心圆棒、空心圆棒及平板试件。

一个标准试件按功能可分为三段——试验段、夹持段和过渡段，如图 2.45 所示。

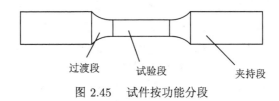

过渡段　　　　　试验段　　　　　　夹持段

图 2.45　试件按功能分段

试验段需满足标准要求，根据标准设计尺寸、公差、表面光洁度、加工过程残余应力。此外，试验段尺寸还需满足试验机要求，以确保试验可以顺利开展。

夹持段是为了将试验机夹具上的载荷传递到试验段上。夹持段的尺寸、形状应根据试验机夹具的形状、尺寸及强度要求设计，要保证夹持段的尺寸足够大，防止试验中因夹紧力过大而破坏夹持段，或因夹紧力过小而使试件打滑。

过渡段是连接试验段和夹持段的，一般为光滑圆弧过渡，防止载荷从夹持段传递到试验段时产生应力集中，使试件疲劳或静载测试时断裂在过渡段处。

3. 应力-应变曲线

静强度测试的目的之一是获得材料的应力-应变曲线，通过应力-应变曲线，结合材料本构关系理论，几乎可以得到除截面收缩率之外的所有静强度测试参数。

弹性模量的计算起点和终点，一般选择试件拉伸到一定应力后，应力-应变曲线的斜率较为稳定的阶段，如图 2.46 所示。屈服极限的自动计算会在 2.4.5 节分析，此处暂且不作

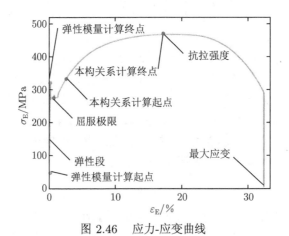

图 2.46　应力-应变曲线

讨论。材料本构模型确定后,利用工程应力-工程应变或真应力-真应变曲线,可求解出材料硬化系数、硬化指数等参数,如图 2.47 所示。

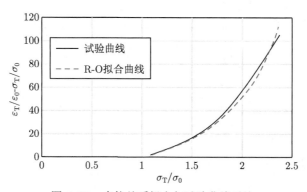

图 2.47 本构关系拟合与试验曲线对比

4. 静强度计算参数

表 2.15 是某奥氏体合金钢的静强度试验结果,计算了材料最大应力、最大应变等参数。

表 2.15 某型合金钢静强度试验结果

编号	最大应力/MPa	最大应变/%	弹性模量/GPa	屈服强度 σ_0/MPa	ε_0/%	硬化系数 α	硬化指数 n	流动应力/MPa
1	469.77	32.42	151.16	275.58	0.18	5.1819	3.9756	372.67
2	473.65	33.54	177.48	289.56	0.16	6.6197	4.0214	381.61

2.3.2 疲劳测试技术

航空发动机叶片、轴等零部件在运行过程中承受交变应力,这种交变应力被称为疲劳载荷。疲劳载荷影响零部件的使用寿命,即疲劳寿命。疲劳寿命指零件、构件或材料在循环加载情况下,在疲劳破坏前所需经受的应力或经历的应变循环数。根据疲劳寿命,将循环次数按数量在 10^7 以上或以下,分为高循环疲劳和低循环疲劳。

1. 疲劳应力

材料或零部件承受的应力经历一个循环,称为应力循环,如图 2.48 所示。应力循环一般可以用最大应力、最小应力和周期描述。

在疲劳试验中,除最大应力和最小应力外,为缓解初始加载冲击,常需将应力调节为平均应力,而后再开始循环。平均应力 S_m 表达为

$$S_m = \frac{S_{\max} + S_{\min}}{2} \tag{2.42}$$

平均应力 S_m 是循环中不变的静态分量,与平均应力相关的概念还有应力幅。应力幅 S_a 是应力循环中的交变分量,表达为

$$S_a = \frac{S_{\max} - S_{\min}}{2} \tag{2.43}$$

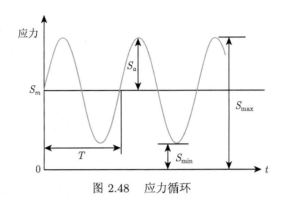

图 2.48　应力循环

应力范围 ΔS 表达为

$$\Delta S = 2S_a = S_{\max} - S_{\min} \tag{2.44}$$

应力循环的特征用应力比 R 表示，定义为

$$R = \frac{S_{\min}}{S_{\max}} \tag{2.45}$$

应力比 R 也称为循环特征。

根据应力比 R 的正负取值，循环应力可分为单向循环和双向循环。

R 符号为正时，称为单向循环，也称为脉动循环，如脉动拉伸、脉动压缩等。很多脉动循环疲劳试验中，常用 $R=0.1$ 作为循环特征，如叶片及榫头榫槽连接结构的拉伸疲劳试验。

R 符号为负时，称为双向循环。双向循环疲劳试验中，常用 $R=-1$ 作为循环特征，此时双向循环称为对称循环，如轴的弯曲疲劳试验。

在一定的应力比下，材料或结构可以承受无限次应力循环而不发生破坏的最大应力称为在该应力比下的疲劳极限，用符号 S_e 表示。一般 $R=-1$ 时，S_e 最小。若不加以说明，材料的疲劳极限都是指 $R=-1$ 时的最大应力。此时，最大应力值就是应力幅，用 S_{-1} 表示。

试验中，传统的方法是规定一个足够大的有限循环次数 N_L，在一定的循环特征下，材料承受 N_L 次应力循环而不发生破坏的最大应力就称为材料在该循环特征下的疲劳极限。N_L 的取值通常规定为：对结构钢和其他铁基合金——10^7；对非铁基合金——10^8；对结构元件——2×10^6。

在确定疲劳极限试验中，破坏准则是指试件断裂或是产生明显的裂纹，且这一裂纹是在低倍 (25 倍以下) 放大镜下或是肉眼可见的。

2. S-N 曲线

用若干个标准试件，在一定的平均应力 S_m (或在一定的应力比 R) 下进行疲劳试验，测试试件断裂时的循环次数 N，然后将试验结果画在以 S_a 为纵坐标，以 N 为横坐标的坐标系上，就得到相应于该 S_m (或应力比 R) 的一条 S-N 曲线。若不加以说明，S-N 曲线是指存活率为 50% 的中值寿命 S-N 曲线。S-N 曲线一般用对数坐标表示。

材料的疲劳极限和 S-N 曲线，只能代表标准试样的疲劳性能。实际结构的尺寸形状等各式各样，因此必须综合考虑结构的尺寸、形状表面加工方法和应力集中系数等因素。

3. ε-N 曲线

对高应变低循环疲劳，ε-N 曲线比 S-N 曲线更有效。这是因为，在高应变情况下，材料进入塑性状态，应力变化很小或不变，已不再是最有意义的物理量了。

通常用总应变范围 $\Delta\varepsilon_t$ 为纵坐标，以到破坏的循环寿命 N_f 为横坐标来画 ε-N 曲线。总应变范围为

$$\Delta\varepsilon_t = \Delta\varepsilon_e + \Delta\varepsilon_p \tag{2.46}$$

式中，$\Delta\varepsilon_e$ 为弹性应变分量 (范围)；$\Delta\varepsilon_p$ 为塑性应变分量 (范围)。

因此，也可以用弹性应变分量或塑性应变分量画 ε-N 曲线。

很多试验表明，在双对数坐标轴上，弹性应变分量 $\Delta\varepsilon_e$、塑性应变分量 $\Delta\varepsilon_p$ 与循环寿命 N_f 的关系近似呈一条直线。如对 SAE4340 钢，总应变范围 $\Delta\varepsilon_t$ 与循环寿命 N_f 的关系可表示为

$$\frac{\Delta\varepsilon_t}{2} = \frac{\sigma'_f}{E}(2N_f)^{b_1} + \varepsilon'_f(2N_f)^{b_2} \tag{2.47}$$

式中，$2N_f$ 为破坏循环数，也称失效反向数；σ'_f 为静拉伸断裂时的真应力；ε'_f 为疲劳延性系数，是静拉伸断裂时的真应变；b_1 为疲劳强度系数，是 $\lg\dfrac{\Delta\varepsilon_e}{2} - \lg(2N_f)$ 直线的斜率；b_2 为疲劳延性指数，是 $\lg\dfrac{\Delta\varepsilon_p}{2} - \lg(2N_f)$ 直线的斜率。

在双对数坐标中，可通过弹性应变或塑性应变分量来表示循环寿命，如弹性线可表示为

$$\frac{\Delta\varepsilon_e}{2} = \frac{\sigma'_f}{E}(2N_f)^{b_1} \tag{2.48}$$

塑性线可表示为

$$\frac{\Delta\varepsilon_p}{2} = \varepsilon'_f(2N_f)^{b_2} \tag{2.49}$$

式中，E 为弹性模量；$2N_f$ 为失效反向数。

4. 循环应力-应变曲线

循环应力-应变曲线主要反映了材料的循环硬化和循环软化性能，一般和单调拉伸的应力-应变曲线放在一起对比，若循环应力-应变曲线低于单调拉伸的应力-应变曲线说明材料有循环软化特征，反之，材料具有循环硬化特征。

应力幅-应变幅方程可表示为

$$\Delta S/2 = \alpha(\Delta\varepsilon_p/2)^n \tag{2.50}$$

式中，α 为硬化系数；n 为硬化指数。

虚拟应力方程为

$$S_{va} = \frac{1}{2}E\Delta\varepsilon \tag{2.51}$$

5. 疲劳试验类型

根据试件类型，疲劳试验可分为：标准试件疲劳试验、零构件及组合件疲劳试验、接头疲劳试验、全尺寸结构疲劳试验等。标准试件疲劳试验主要用于对材料基本疲劳性能的测定 (如 S-N 曲线、ε-N 曲线、缺口敏感性测定等)。零构件及组合件疲劳试验主要用于鉴定构件或组合件的疲劳特性或对结构形式、表面加工及表面处理方法等评价，实际上，接头疲劳试验也属于此类疲劳试验。全尺寸结构疲劳试验主要用于对结构疲劳强度的验证。

对试件设计，以标准试件疲劳试验为例，常用的疲劳试件为光滑试件和缺口试件。试件的设计需根据试验内容查阅标准手册，如 ASTM E606-12、ASME 等，高温疲劳试验还需查高温标准，如 ASTM E21-09。

根据试验目的，疲劳试验可分为疲劳基本特性研究试验、工程性研究试验、研制试验与验证试验。

疲劳基本特性研究试验是基础研究，如对疲劳破坏机理、疲劳累积损伤的研究，这类试验对疲劳现象做出定性或定量描述，为疲劳寿命估算给出理论依据。工程性研究试验对结构疲劳设计提供支撑，如对于材料比较、缺口效应、改进疲劳性能途径等研究。研制试验是对特定产品的研制过程紧密配合，常采取对比试验方法，尤其是对新设计、新工艺等做出评价，这类试验数量多，进度要求高。验证试验大多为全尺寸结构疲劳试验，是对设计阶段所采用的假设进行验证，发现结构薄弱环节进行再设计改进，并为结构使用寿命或检修周期提供依据。

6. 试验载荷

虽然航空发动机零部件实际载荷较为复杂，但疲劳试验时必须对载荷进行简化，即用一个或几个典型的载荷谱来代替真实疲劳载荷谱。总体上，疲劳试验载荷谱可分为等幅加载 (单级加载)、组合块加载 (程序加载)、随机加载、飞-续-飞加载 (模拟飞行加载)，如图 2.49 所示。

等幅加载是最简单高效的一种试验方式，常用于各类载荷峰值大小相差不大的零件。在利用等幅载荷代替真实载荷时，可选择造成疲劳损伤最大的一级载荷，而载荷次数可根据损伤相同原则确定。

组合块加载也称为程序加载，真实载荷用程序载荷代替时，加载级数通常取 4~8 级。在程序加载过程中，以 "组合块" 作为加载单元，重复加载 "组合块"，直至试件破坏或达到规定次数。典型的组合块加载为高低周叠加的疲劳试验。

随机加载是较接近真实载荷的一种试验方式。产生一个随机谱，使其功率谱和实测载荷的功率谱相同或相近，且使随机谱与真实载荷具有相同的趋势项，将随机谱编制到试验机中，则试验机可对试件随机加载。

飞-续-飞加载就是按照一次飞行接着一次飞行来编制载荷谱。飞-续-飞加载一般分为两类：

(1) 任务飞-续-飞谱：以每种任务的一次飞行为基础编谱；

(2) 任务段飞-续-飞谱: 把每次飞行分为不同的任务段 (如起飞滑跑、爬升、巡航、空-空、下滑、着陆撞击及滑跑等)，以任务段为基础编谱。

任务段谱较任务谱更复杂，但也更真实。

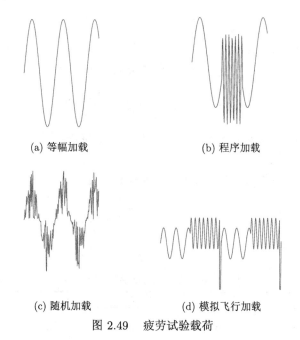

(a) 等幅加载　　　　　　　　(b) 程序加载

(c) 随机加载　　　　　　　　(d) 模拟飞行加载

图 2.49　疲劳试验载荷

　　试验时，载荷控制参量不仅仅可以是力，也可以用位移、应变或函数变量来控制试验机对试件的输入量。

7. 疲劳测试举例

　　对奥氏体合金钢材料进行低周疲劳性能试验，根据 ASTM E606-12 标准，设计标准试件尺寸如图 2.50 所示，工作段名义直径为 10.0mm，试样夹持段设计为螺纹连接，配合疲劳夹具实现液压抱紧。采用三角波应变控制方式对试件疲劳加载。

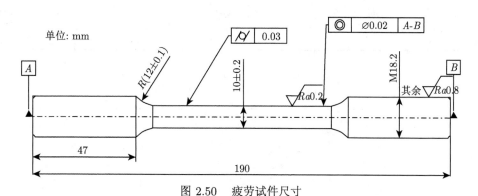

图 2.50　疲劳试件尺寸

　　电液伺服材料试验机所带的载荷传感器和应变引伸计精度为 0.5 级。试验结果见表 2.16。试验分 5 级加载，采用应变控制方法，控制参数从高到低依次为 0.6%、0.5%、0.4%、0.3%、0.2%。试验共 16 根试件，其中一根试件的试验结果误差较大，不计入材料疲劳性能计算分析样本。图 2.51 是总应变幅-失效反向数的关系曲线。

　　根据表 2.16 和式 (2.47)，得到循环应力幅-应变幅方程为

$$\Delta\sigma/2 = 637.916(\Delta\varepsilon_p/2)^{0.1211}(\text{MPa})$$

图 2.52 是循环应力幅-应变幅曲线。

根据表 2.16 和式 (2.48)，得到弹性应变范围和失效反向数方程为

$$\Delta\varepsilon_e/2 = 544117121(2N_f)^{-0.0649}/E$$

式中，E 为表 2.16 中弹性模量的平均值，等于 199.786GPa。图 2.53 是弹性应变范围-失效反向数曲线。

根据表 2.16 和式 (2.49)，得到塑性应变范围和失效反向数方程为

$$\Delta\varepsilon_p/2 = 0.3101(2N_f)^{-0.5524}$$

图 2.54 是塑性应变范围-失效反向数曲线。

表 2.16 合金钢低周疲劳试验结果

来样编号	最大控制应变/%	循环稳定 $N_f/2$				循环弹性模量 E/GPa	失效循环数 N_f
		最大应力/MPa	最小应力/MPa	弹性应变范围/%	塑性应变范围/%		
01	0.6	238.11	−242.87	0.278	0.921	172.853	3926
02	0.6	237.85	−242.42	0.274	0.927	175.348	4498
03	0.6	233.08	−238.41	0.271	0.929	174.055	3620
04	0.5	228.22	−229.12	0.27	0.73	169.624	6890
05	0.5	213.59	−217.66	0.243	0.756	177.308	11020
06	0.5	222.06	−225.3	0.258	0.742	173.721	9412
07	0.4	193.03	−194.56	0.234	0.566	165.615	15260
08	0.4	199.15	−201.4	0.24	0.56	166.915	15126
09	0.4	210.5	−185.17	0.246	0.554	172.16	13106
10	0.305	194.23	−195.74	0.229	0.371	170.54	31094
11	0.305	184.29	−188.11	0.215	0.384	172.947	35804
12	0.3	183.91	−185.17	0.215	0.384	171.391	31578
13	0.205	186.18	−182.35	0.205	0.193	179.396	65650
14	0.2	191.22	−194.41	0.214	0.186	180.334	81372
15	0.205	184.35	−188.31	0.216	0.184	171.02	74762

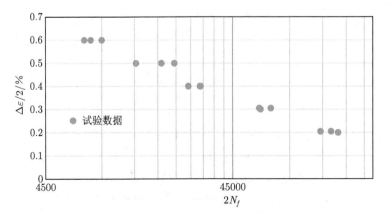

图 2.51 合金钢总应变幅-失效反向数的关系曲线

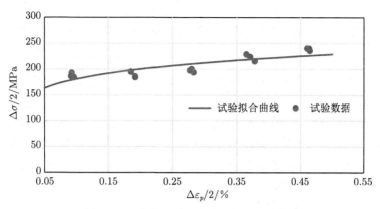

图 2.52　合金钢循环应力幅-应变幅曲线

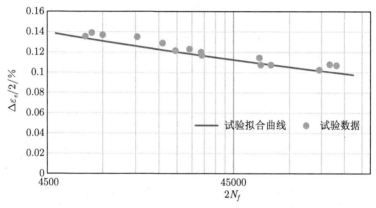

图 2.53　合金钢弹性应变范围-失效反向数曲线

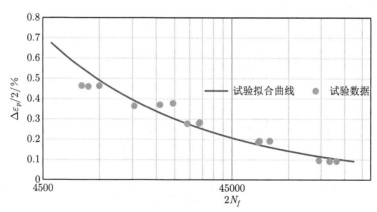

图 2.54　合金钢塑性应变范围-失效反向数曲线

综合上述结果，得到合金钢各项指标如表 2.17 所示。

硬化指数 $n = 0.1211$。一般情况下，金属材料的硬化指数 $n = 0 \sim 0.6$；当 $n = 0$ 时，表示无应变硬化，应力与塑性应变无关，因此 n 越接近 0，金属材料越接近理想塑性材料，

表 2.17　合金钢各项指标

循环硬化指数	循环强度系数/MPa	疲劳强度指数	疲劳强度系数/MPa	疲劳延性指数	疲劳延性系数
0.1211	637.916	−0.0649	544.117121	−0.5524	0.3101

而 n 值越大，说明材料硬化情况越严重。本试验 n 较小说明试件材料较接近理想塑性材料，存在硬化现象。

根据表 2.16 和式 (2.51)，虚拟应力幅与 ASME 规范疲劳寿命曲线如图 2.55 所示。对此次试件样本，材料的虚拟应力幅-寿命点均位于 ASME 规范曲线上方。所测试材料的疲劳性能在安全系数 ($N=1$) 满足 ASME 疲劳设计准则。

虚拟应力幅与材料设计要求的规范数据的疲劳寿命曲线见图 2.56，试验数据拟合曲线在规范曲线下方，不符合规范要求。

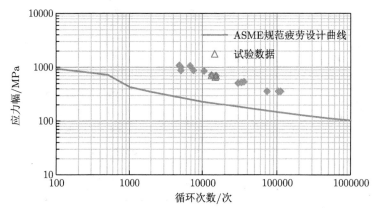

图 2.55　合金钢虚拟应力幅的疲劳寿命曲线

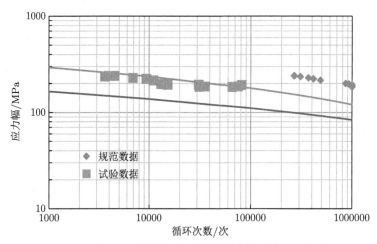

图 2.56　合金钢虚拟应力幅与规范数据的疲劳寿命曲线

8. 疲劳寿命测试分析

疲劳寿命测试常用名义应力法和局部应力-应变法分析。局部应力-应变法考虑了缺口构件危险点的应变情况，而传统的名义应力法是最基础的疲劳寿命测试分析方法。本节仅以有限设计名义应力法为例介绍疲劳寿命分析过程。

名义应力法以构件、零件或材料的 S-N 曲线拟合其疲劳特性，将试件的名义应力和应力集中系数作为数据基础，通过疲劳损伤累积理论进行疲劳寿命的相关计算。利用名义应力法预测疲劳寿命分以下三个步骤：分析确定结构的载荷谱和应力谱、疲劳试验、疲劳寿命预测。此处对除疲劳试验的其他两个步骤进行说明。

1) 确定结构的载荷谱和应力谱

在估算承受疲劳载荷结构的使用寿命，分析疲劳可靠性以及设计全尺寸结构和零部件疲劳试验时，都必须有反映真实工作状态的疲劳载荷谱。

常用的疲劳载荷谱计算方法是：通过有限元分析软件，对加载后的结构进行应力分析，得出危险截面的应力-时间历程。

在实际测量中应力-时间历程的随机性和真实工作状态会产生变化，需要对疲劳应力谱按照疲劳损伤等效的原则进行简化处理，把实测应力-时间历程简化为能反映真实情况并具有代表性的"典型载荷谱"。

将应力-时间历程简化为一系列的全循环或半循环，用来计算循环个数的方法，称为计数法。其中，Matsuishi 和 Endo 提出的雨流法是比较常用的一种计数法。

雨流法取垂直向下的坐标表示时间，横坐标表示应力。其计数规则如下。

(1) 对实际测量得到的应力-时间历程，以最高峰值或最低谷值 (视两者绝对值哪一个更大) 为起点；

(2) 雨流依次从每个峰 (或谷) 的内侧向下流，在下一个峰 (或谷) 处落下，直到对面有一个比其起点更高的峰值 (或更低的谷值) 停止；

(3) 当雨流遇到来自上面屋顶流下的雨流时，雨流停止向下，形成一个全循环；

(4) 重复步骤 (1)~(3)，取出所有的全循环，并记录下各自的幅值和均值。

雨流法与应力-应变法结合使用时特别有利，可以鉴别出封闭滞回环的个数，从而可以使用应力寿命曲线和 Miner 线性累积损伤理论计算零部件损伤和寿命。

2) 疲劳寿命预测

在设定疲劳载荷谱，开展疲劳试验后，可根据试验所得的 S-N 曲线，结合疲劳累积损伤理论进行零部件的疲劳寿命预测。

最典型的累积损伤理论是 Miner 线性累积损伤理论。它的基本假设是：各级交变应力引起的疲劳损伤可以分别计算，然后将它们线性叠加起来。某级应力水平 S_i 造成的疲劳损伤与该应力水平所施加的循环数 n_i 和在同一应力水平下直至发生破坏时所需的循环数 N_i 的比值成正比，即与比值 n_i/N_i 成正比，比值 n_i/N_i 称为"循环比"或"损伤比"。因此对单级加载，循环比为 1 时试件破坏。若为多级加载，则认为总损伤等于各循环比 (或损伤比) 的总和，且当循环比总和等于 1 时发生破坏，表示为

$$\sum \frac{n_i}{N_i} = \frac{n_1}{N_1} + \frac{n_2}{N_2} + \frac{n_3}{N_3} + \cdots = 1 \tag{2.52}$$

通过疲劳寿命分析，可得知零部件的疲劳寿命及剩余使用寿命，从而预测疲劳寿命。

2.4　高温环境下的强度测试技术

航空发动机多数零部件处于高温工作环境，为了解温度对这些高温部件的动静强度影响，需开展高温试验。本节介绍强度试验时高温环境的模拟方法、恒高温下静强度测试技术、热机械疲劳测试技术、应变片高温补偿技术以及基于高温引伸计测试材料静强度时的数据处理方法。

2.4.1　高温环境加热系统

强度测试中，常用高温环境箱、感应加热系统对试件施加温度载荷，前者多用于恒高温测试，而后者多用于热机械疲劳测试。

1. 高温环境箱

高温环境箱有整体式和分体式两种。整体式环境箱是由一个含中心孔的高温箱构成；分体式环境箱由两个独立的高温炉组合而成，两个高温炉左右闭合构成一个高温环境箱。

高温炉及其控制器加热系统如图 2.57 和图 2.58 所示。右高温炉与左高温炉对称放置。通常情况下，其中一个高温炉炉壁装有加热片，对试件加热；另一个高温炉炉壁上装有测温陶瓷棒，对环境箱测温。目前高温环境箱的加热温度可达 1400℃。

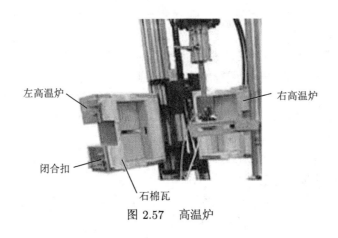

左高温炉　　　　　　　　　　右高温炉

闭合扣

石棉瓦

图 2.57　高温炉

对铁基金属材料，高温炉加热系统最大升温速度达 100℃/min。为便于安装试件和高温引伸计，实际试验中是两个高温炉配合使用。可以利用高温控制器给它们设定相同温度值或不同温度值，如设定温度相同，则试验温度恒定为该值，如设定不同值，则试验温度为上下两个温度值所确定的范围，不过这个范围是恒定不变的。试件的试验段部分置于环境箱中，如环境箱与外部空气有缝隙，可用石棉隔热。

高温炉的工作原理如图 2.59 所示。高温控制器与计算机相连，对两个高温炉发出温度控制信号，包括温度上下限以及升温速度。高温环境箱内加热元件为碳化硅加热元件，执行控制信号命令并将电能转化为热能，在炉中嵌入的石棉瓦 (轻质高温阻氧化铝) 等隔热材料保护下，将热能输出并保留在高温炉容腔中。高温炉容腔中含有上下两根感受温度的陶瓷棒，陶瓷棒将箱内温度传递到热电偶上，热电偶返回温度信息给高温控制器，高温控制器将此温度返回到计算机中。

图 2.58　高温环境箱加热系统

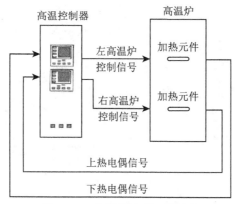

图 2.59　高温环境箱工作原理

2. 感应加热系统

感应加热系统如图 2.60 所示。感应加热系统适应于感应电势较高、表面较为光滑的导体试件，利用此系统可以进行恒高温和热机械疲劳试验。感应加热控制器一端与计算机相连，控制试件的升降温速度和温度上下限，一端直接连接到振荡器 (图 2.61)，振荡器将直流电转换为交流电，并根据试件属性自适应调节其工作频率以达到要求的升降温速度。振荡器后面板是接线板，除了与高温控制器相连的两个接线柱外，还有四根水冷柱子，两根为振荡器冷却水，用来冷却振荡器内部的电气元件，另外两根为线圈冷却水，用来冷却感应加热线圈，空心铜线圈 (图 2.62) 为热能输出的执行元件，它接在振荡器的前面板上，铜线圈表面通高频电流，内部通冷却水对线圈冷却。

图 2.63 中，试件被夹持在上下楔块之间，在试件试验段上、中、下区间，焊接有三个热电偶，其中一个热电偶为温度反馈电偶，输出信号给控制器，另外两个热电偶为温度监测使用。

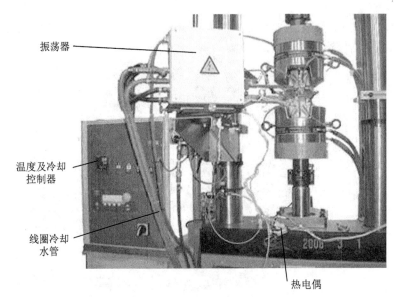

图 2.60　感应加热系统

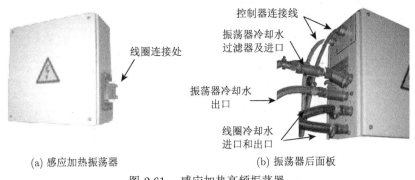

(a) 感应加热振荡器　　　　　　　　　　　(b) 振荡器后面板

图 2.61　感应加热高频振荡器

图 2.62　圆棒试件感应加热铜线圈

　　感应加热系统主要是基于电涡流原理 (图 2.64 和图 2.65)。当高频交流电流流向被卷曲成环状的铜管时，在铜管上产生磁束，将导体试件放置其中，磁束就会贯通试件，在与磁束垂直的方向产生感应电流 (旋转电流)，这就是电涡流。由于导体试件本身电阻很小，因此这种电涡流导致较大的热能损耗，这种热能损耗将电能转化为热能，从而起到加热试件的作用。

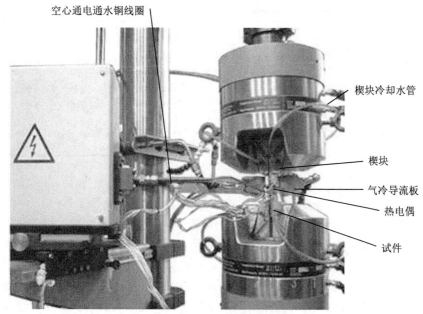

图 2.63　试件及其加热冷却附件

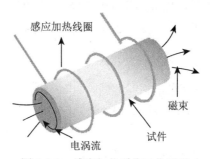

图 2.64　感应加热系统工作原理

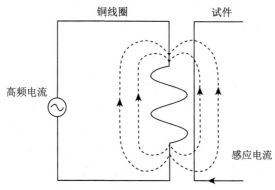

图 2.65　感应加热电涡流效应

　　增大电流和提高频率都可以增加发热效果，使加热对象快速升温，所以感应电源通常需要输出高频大电流。表 2.18 是某型高温感应加热系统的主要技术参数。

表 2.18   某型高温感应加热系统主要技术参数

部件名称	功能描述
射频发生器	5kW
频率范围	50∼450 kHz
加热速率	取决于试件的材料特性及试件几何形状
温度反馈	3 个热电偶,其中 1 个热电偶反馈用于温度控制,另外两个用于温度检测
温度控制器	自适应 PID 双模态温度控制系统,用于加热和冷却
冷却系统	主动式强制风冷
空气流量控制	比例阀控制冷却空气流量
冷却部位	试件表面或内腔

2.4.2   高温强度测试技术

高温强度测试主要有恒高温测试和热机械疲劳测试。恒高温试验的目的主要是了解材料或结构随温度变化时的力学性能。热机械疲劳是热疲劳和机械疲劳的组合,热疲劳寿命是指材料疲劳破坏前经受的热应力循环数,而热机械疲劳是指材料疲劳破坏前经受的热应力及机械应力循环数。热机械疲劳反复加热及冷却试件,同时对试件施加机械循环载荷,直至试件由于内部循环热和机械应力作用产生疲劳裂纹。热机械疲劳试验中,试件不仅承受机械载荷循环,还需要承受温度循环,即热载荷循环。

高温测试与常温测试技术相比,最主要的区别是温度的施加以及测试传感器的冷却,热机械疲劳试验还需考虑试件的降温速度,选择合理的试件冷却方式。

1. 高温静强度测试

高温静强度测试一般指恒高温下材料的静强度。与常温试验相比,高温静强度测试多了对试件的加热过程。高温测试的具体步骤如下。

(1) 安装试件。

(2) 安装高温环境箱。一般先将左高温炉靠近试件,再安装高温引伸计,最后安装右高温炉,扣上左右炉闭合扣使两炉子位置固定。安装时应使试件轴线与高温炉所组成的环境箱中心轴线重合,保证试件左右均匀加热,在右炉安装时,应小心谨慎,不要碰到引伸计。

(3) 以零载荷力控制试件载荷,保证试件升温过程中只承受热应变及热应力,而不承受机械力。

(4) 设定升温程序,打开温度控制器,对试件加热,直至达到设定温度。在设定温度环境下保持一段时间,使试件表面及内部受热均匀。

(5) 观察试件保持恒温时的位移变形或应变,当零机械力控制下试件的位移或应变保持不变时,表明试件已受热均匀,此时,将热应力引起的热应变消除,对试件的位移及应变清零。这样做的意义是,以试件当前工况作为试件承受机械载荷的零位,因为此时试件承受的机械力为零,后续试验时传感器的输出信号将消除了热输出,可真实反映试件所承受的机械力及其变形。

(6) 对试件施加机械载荷,开始静强度测试。静强度测试结果可分析出恒高温下材料的力学性能。

从以上步骤可知,恒高温测试较常温测试多了一道温度加载程序。

2. 热机械疲劳测试

既然热机械疲劳存在温度循环,就需要考虑温度循环的加载方式,为保证循环温度载荷的稳定性及高效率,除对试件加热外,还需对试件快速冷却。对试件的冷却采用气冷方式。

当对实心试件升降温时,用导流支板不间断对试件表面吹冷却空气。冷却空气并非仅在降温时施加,为调节升温速度,在升温过程中也需要对试件吹冷却空气,空气流量的大小应预调节以匹配试件升降温速度。试验中,冷却空气流量控制方式一般采用三角波循环。

当对空心试件升降温时,除利用导流支板对试件外表面吹气,还可以采用试验机作动器内部通气孔对试件空心内壁吹气,以达到更均匀的升降温效果。

热机械疲劳试验装置如图 2.66 所示,感应加热系统和机械作动系统同时工作,其操作步骤如下。

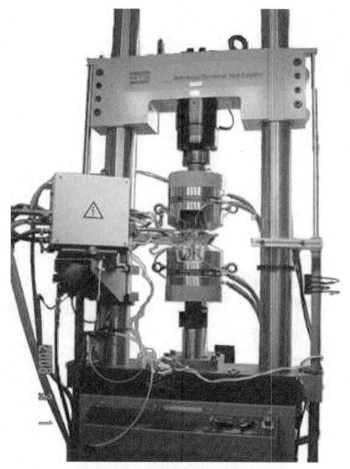

图 2.66　热机械疲劳试验装置

(1) 根据试件形状绕制感应加热空心铜线圈,线圈的形式可以为矩形截面或圆截面。

(2) 在试件试验段的上方、中部及下部焊接或用高温胶带固定热电偶,以中间热电偶为温度反馈热电偶,连接到试验机控制器,其余两个热电偶为监测热电偶,连接到温度监测仪表上。

(3) 安装楔块及线圈冷却系统，对线圈及楔块冷却。

(4) 编制试件升降温程序。

(5) 将试件上端固定在试验机夹头内，安装导流支板冷却系统，对试件升降温，不断调整线圈绕在试件上的位置及导流支板对试件的吹气位置，直至试件上三个热电偶输出的温度较为接近。这个步骤是整个试验最困难的一项工作，也是最耗时的一项工作，涉及线圈和试件形状的配合、热电偶的焊接位置、导流支板的位置及升降温时的冷气流量调节，只有这几个温度影响因素匹配度高，才能得到满意的试件热疲劳试验环境。若试件上、中、下段温度载荷不均匀，试件内部会有温度梯度，因温度梯度会产生附加梯度热应力，严重影响试件的热机械疲劳试验精度。

(6) 编制机械载荷程序，确定机械载荷与温度载荷的相位差。

(7) 将试件下端夹持于下夹头内，开始热机械疲劳试验。

(8) 试验完成后，对数据整理分析。

2.4.3　高温强度测试中的冷却技术

高温测试时，需要对夹持试件的楔块、测量应变的引伸计冷却，若是热机械疲劳试验，还需对试件和空心铜线圈进行冷却。楔块的冷却方式为水冷，引伸计可风冷也可水冷，铜线圈冷却方式为水冷，试件的冷却方式为风冷。

1. 楔块冷却

楔块的水冷装置如图 2.67 所示。电液伺服试验机楔块的冷却水源为液压油冷却水源的一个分流。

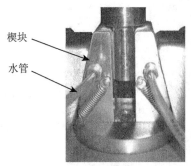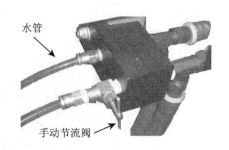

(a) 楔块冷却水管连接方式　　　　　　　(b) 楔块冷却水管与油源冷却水连接方式

图 2.67　楔块水冷装置

每个楔块上均有进出水接头 (图 2.67(a))，上下夹具两对楔块分别组成各自的冷却回路。楔块冷却水管与油源冷却水的连接处有一个专门的手动节流阀 (图 2.67(b))，用来调节水流量。对于美国 MTS809 试验机，当测试温度低于 $1000°$ 时，将该水阀逆时针转动一圈半即可。

2. 引伸计冷却

引伸计的水冷装置如图 2.68 所示。引伸计的水冷装置的工作原理如图 2.69 所示。电动机带动水泵持续吸水和压水，当水被压入水冷装置后，接入引伸计的进水口中，流经引伸计散热部位，而后从引伸计的出水口流回水箱，循环水不停地将引伸计的热量带走，以此冷却引伸计。

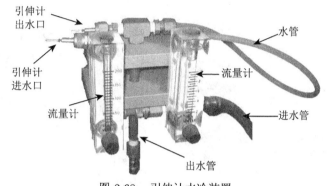

图 2.68 引伸计水冷装置

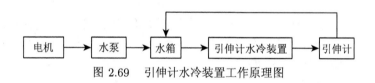

图 2.69 引伸计水冷装置工作原理图

引伸计的风冷装置如图 2.70 所示。引伸计风冷装置的工作原理如图 2.71。空气压缩机压入的空气经过分水滤气器分离压缩空气的水分后，通过节流阀达到气表设定的气压，而后通过涡流器减速降温输出到引伸计，对引伸计进行冷却。

图 2.70 引伸计风冷装置

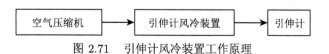

图 2.71 引伸计风冷装置工作原理

3. 试件冷却

试件的风冷装置如图 2.72 所示。对于实心试件,则只能选择外表面冷却,即外冷。内冷和外冷换向阀的意义基于这两种情况。试件的冷却速度等要受到温度控制器的控制,一个气压单向阀实现了此功能。气流速度可以通过气压表下面的旋钮进行设定。

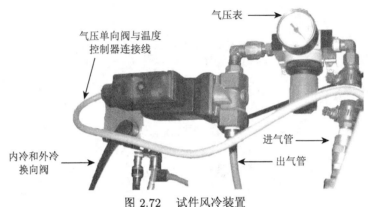

图 2.72   试件风冷装置

试件风冷的工作原理如图 2.73 所示。空气压缩机将气体输入试件风冷装置的进气管,内冷和外冷换向阀控制气体流向作动器气管 (试验机作动器结构上留出的气管) 或者导流支板,而后将气体输出到试件表面,最终冷却试件,改变升降温速度。

图 2.73   试件风冷装置工作原理

4. 空心铜线圈冷却

空心铜线圈冷却为水冷方式,冷却系统的工作原理如图 2.74 所示。在水冷系统上设定冷却温度上限及下限,冷却系统实时对回流温度测试,当线圈内水温达到上限时,水泵开始工作,对水温冷却,直至达到温度下限。

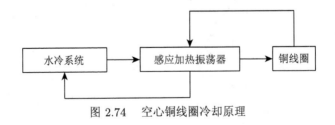

图 2.74   空心铜线圈冷却原理

2.4.4   应变片温度补偿

对结构或焊接试件,局部应变是最受关注的,此时不易用引伸计测试应变,而应该用应变片。对高温试验,应变片粘贴于试件上,除了感受机械应变外,还感受环境温度发生变化带来的指示应变。后者为虚假应变，因为它是由温度变化引起，故称为温度效应，也称为热输出。温度效应必须从测量中剔出。

1. 温度效应

应变片测试的温度效应一般由两个方面引起。

(1) 由于应变片敏感栅本身的温度系数，自身的标称电阻值发生变化，从而产生虚假应变。

(2) 由于应变片所在的测试件与应变片敏感栅的热膨胀系数不同，引起应变片的附加形变，从而产生附加电阻，导致虚假应变出现。

2. 温度补偿

为避免温度变化时引入的测量误差，在实际测试电路中要进行温度补偿。下面推导热输出的理论公式。

假设应变片敏感栅的温度膨胀系数为 a 当温度变化 Δt 时，应变片电阻的相对变化为 $\Delta R/R = a\Delta t$，以指示应变表示，则

$$\varepsilon_{11} = a\Delta t/K \tag{2.53}$$

若敏感栅和构件的热膨胀系数分别为 β_m 和 β_s，由此而产生的指示应变为

$$\beta_{12} = (\beta_s - \beta_m)\Delta t \tag{2.54}$$

由以上两式可得总的热输出为

$$\varepsilon_t = (a/K + (\beta_s - \beta_m))\Delta t \tag{2.55}$$

由敏感栅和构件的热膨胀系数导致应变片的热输出可知，相同的应变片贴于不同材料的构件上热输出不尽相同。

3. 温度补偿方法

由于环境温度的变化，一般情况下应变片的输出不只是机械应变，还混杂有热输出。这就需要对应变片进行温度补偿。常用的温度补偿方法有：曲线修正法和桥臂补偿法。

1) 曲线修正法

曲线修正法如图 2.75 所示，利用模拟温度场下应变片的热输出曲线对应变片的输出进行修正。具体要求如下：

(1) 将应变片粘贴于被测构件同材料的试件上，在试件不受力的模拟温度场中，测量应变片的热输出曲线，将这一热输出作为标准热输出线；

(2) 在真实构件的测试中，记录应变片的测试应变并测量应变片所在点的温度历程；

(3) 某一温度下真实的机械应变为测试应变减去标准热输出应变。

曲线修正法原理简单，但要求应变片热输出分散度小。

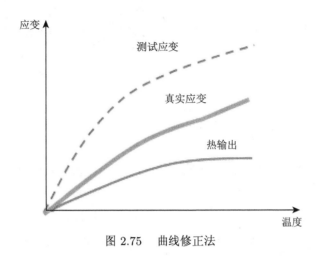

图 2.75 曲线修正法

2) 桥臂补偿法

类似于曲线修正法,不过不需要进行曲线修正法的步骤 (1),将温度补偿实现于测量电路,利用电桥的工作原理,将两个相邻应变片产生的热输出相互抵消。可以用无补偿块和有补偿块两种方案来进行温度补偿。在测量电路中将一只电阻应变片粘贴于与测试构件同样材料、不受力但感受温度变化的构件上。通过测量电路的灵活应用,可以将热输出剔除。如在图 2.76 中,可以将电阻 R_1 设为贴于构件的应变片,将 R_2 设为温度补偿应变片,则

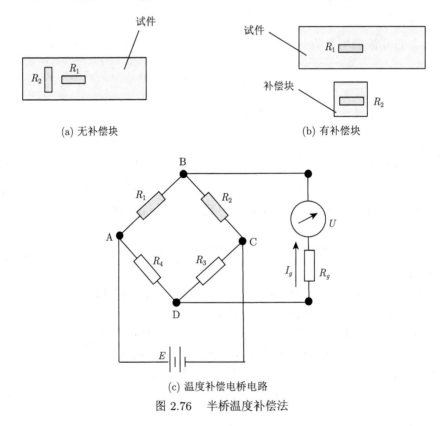

(a) 无补偿块   (b) 有补偿块

(c) 温度补偿电桥电路

图 2.76 半桥温度补偿法

根据式 (2.10)，可知应变片 R_1 的热输出被剔除。理论公式如下：

$$R_1 = R_2 \text{ 且 } \Delta R_1 = \Delta R_2$$

从而

$$(R_1 + \Delta R_1)R_3 = (R_2 + \Delta R_2)R_4 \tag{2.56}$$

式 (2.56) 表明，通过补偿，因温度效应产生的电阻增量仍然使电桥平衡。

2.4.5　高温强度测试数据处理方法

高温应变试验是耐高温材料的基本力学试验之一，在试验完成后，需对高温试验数据进行处理，其中以塑性材料的高温数据处理较为烦琐。这主要是因为高温试验所用的引伸计量程受限，不能完整采集整个高温应变数据。

塑性材料的高温应变试验中，常用的传感器包括位移传感器、力传感器及测试应变的高温引伸计。国内外材料试验机配套的高温引伸计多基于电桥电路工作原理，结构上为刀头、力臂、电路装置、引线等。高温拉伸引伸计包括 2 个刀头，刀头与试件接触，是试件应变测试的执行元件。2 个刀头之间的初始距离称为标距，当试件发生变形时，2 个刀头之间的距离随试件的变形发生变化，通过电桥电路测试 2 个刀头的距离，可以得到标距内试件的平均应变。

对于高温引伸计，刀头一般采用陶瓷或石英材料制作，这是因为这两种材料耐高温且在高温下的变形小，可以更为精确地响应试件的变形。不足的是，陶瓷和石英均为脆性材料，使得高温应变引伸计的量程受限，不能测试大变形，这导致大变形的高温塑性材料应变测试困难。

高温塑性材料变形大，颈缩明显，若用试件位移和试件长度的比值估计应变，误差往往很大。为使试验结果准确，也为物尽其用，通常将塑性材料的高温应变试验过程分两段：第一段试验，预设一个略小于引伸计满量程的应变上限值，用高温引伸计测试试件试验段的应变，直至应变达到预设值，试验机停止运动且保持当前试验状态，卸除引伸计；第二段试验中，在卸除引伸计的情况下，继续加载，直至试件断裂。这样，第一段试验可以采集到准确的应变数据，而第二段试验则无应变数据，在已有试验条件下最大限度满足了试验对应变测试的需求。

然而，高温塑性材料分段试验仍有两个问题需要解决。

(1) 估计出第二段试验的应变数据，使应变数据完整，从而预估最大工程应变、工程应力、真应变、真应力等。

(2) 对卸除引伸计导致的毛疵数据进行处理，这是因为分段试验虽然得到了部分应变数据，却因卸除引伸计而暂停加载，使原本较光滑的试验曲线出现人为毛疵 (局部间断点)，这种毛疵是冲击振动造成的局部载荷突降，继续试验加载后的一小段时间存在过阻尼振动造成的。它严重影响材料本构模型参数的计算精度，甚至导致完全错误的结果。

对第 (1) 个问题，常见的数据处理方法是用弹性模量及加载力数据估算卸除引伸计后的应变值，这种方法简单，但高温引伸计的满量程一般在 10% 左右，塑性材料大多在卸除引伸计时进入塑性段，采用弹性方式预估塑性应变会导致很大的误差。

对第 (2) 个问题, 常见的处理方法是将毛疵看作粗大误差, 从而直接将该毛疵数据删除以使曲线看起来光滑。这种方式不能从根本上消除试验数据间断点, 而间断点的存在必然导致塑性材料本构模型参数的计算误差或错误。

为解决大变形塑性材料高温试验时因陶瓷或石英刀头的高温应变引伸计量程不足而导致的应变测试数据不完整, 以及试验结果含间断点的数据处理问题, 同时解决大塑性变形材料本构模型的参数预估问题, 本节提供一种方法, 将高温大变形塑性材料力学测试数据处理过程流程化, 便于软件编程自动处理试验数据, 适用各类塑性材料的本构模型参数预估, 可显著提高试验数据的处理效率。

塑性材料高温应变试验包括第一段试验和第二段试验, 第一段试验结束后, 试验机停止运动而保持当前状态, 卸除引伸计, 开始第二段试验; 设置引伸计控制参量为表征试验机暂停运动的单参量, 试验过程中, 当程序设定的传感器响应值达到该控制参量时, 第一段试验结束, 试验机暂停运动, 试验数据采集系统从第一段试验开始到第二段试验结束以等时间间隔方式进行多个传感器的数据采集, 对于 MTS 试验机, 整个试验数据由试验系统导出为一个带题头的列格式文本文件中, 试验数据的处理方法包括以下步骤。

(1) 记录控制第一段试验结束的引伸计卸除参数, 导出所有采集数据为文本文件, 文件中的各列分别代表一个传感器变量; 其中一列代表位移, 其中一列代表力, 其中一列代表应变。

(2) 将步骤 (1) 中的试验数据文件去题头, 使其为纯数值格式。

(3) 根据引伸计卸除时的控制参量 c_0 检索数据文件, 该控制参数 c_0 在试验程序中对应于某个传感器的具体值, 设置小量 ε_1, 在数据文件中, 在 c_0 对应传感器的所在列中, 从第 1 行开始到文件最后一行, 依次寻找并记录试验数据 c_i, 使 $|c_i - c_0| < \varepsilon_1$, 得到二维集合 $\{(l_i, c_i)|i = 1, 2, \cdots, m$, l_i 为 c_i 对应的行号, m 为集合长度}。令 $N_1 = l_1$, 它的物理意义是第一段试验结束时的行号; 令 $N_2 = l_m$, 它的物理意义是第二段试验开始时的行号; 设定小量阈值 ε_2, 它的物理意义是: 第二段试验开始后因试验机停机而导致的过渡段 (毛疵) 所需的控制参量增量, 其中过渡段范围以第一段试验结束为起始点, 以加载力开始连续上升并超出毛疵局部极值为结束点; 找到控制参量 $c_0 + \varepsilon_2$ 所对应的行号 N_3, 它的物理意义是: 第二段试验启动后通过毛疵所在的过渡状态, 加载力超出毛疵局部极值且开始连续上升, 试验回归稳定运行状态时, 试验数据所对应的起始行号。

(4) 设定自然数 N_4, 它的物理意义是第二段试验启动后过渡段数据的补充行数。过渡段的试验数据总行数为 $N_3 - N_2$, 但因加载力升速较试验稳定运行时快, 需要对过渡段补充 N_4 行数据点, 以便模拟稳定运行工况。令 $N_5 = N_3 - N_2 + N_4$, 分别对 $[N_1 + 1, N_3]$ 行范围内的位移和力进行插值计算, 插值点数为 N_5, N_5 是原第二段试验启动时的过渡段数据补充 N_4 个数据行后的总数据行数。

(5) 从第 N_2 行开始搜索力第一次下降到小于或等于 0kN 的行号 N_e; N_e 反映了试验真实的结束时刻, 读取 N_e 行的位移得到试验的最大位移数据。

(6) 对数据文件中 $[1, N_1]$ 行范围内的位移数据、插值得到的 N_5 个位移数据、数据文件中 $[N_3, N_e]$ 行范围内的位移数据连接起来, 得到去毛疵后的位移数据, 共 $N_d = N_e - N_3 + N_1 + N_5 + 1$ 个数据。

(7) 对数据文件中 $[1, N_1]$ 行范围内的力数据、插值得到的 N_5 个力数据、数据文件中 $[N_3, N_e]$ 行范围内的力数据连接起来，得到去毛疵后的力数据，数据量与位移相同，均为 N 个数据；将力数据除以试件横截面积得到工程应力数据。

(8) 设定自然数 N_7 和 N_8，$N_7 < N_8$ 且使第 $N_1 - N_8$ 行数据处于塑性阶段。N_7 和 N_8 的物理意义分别为：第一段试验结束前材料处于稳定塑性阶段的终止、起始标志行数。第一段试验结束前材料处于稳定塑性阶段对应的终止、起始试验数据行号分别为 $N_1 - N_7$、$N_1 - N_8$。对 $[N_1 - N_8, N_1 - N_7]$ 行范围内的位移和应变曲线进行多项式拟合，得到卸除引伸计前材料塑性变形的位移-应变关系。根据该关系和 $[N_1 + 1, N_d]$ 行范围内位移数据，计算出第一段试验结束后的应变在 $[N_1 + 1, N_d]$ 范围内的数据。

(9) 将数据文件中的 $[1, N_1]$ 行范围内的应变数据，步骤 (8) 计算出的 $[N_1 + 1, N_d]$ 行范围内的应变数据连接，可得到完整的应变数据，最大工程应变为第 N_d 个应变值。

(10) 通过搜索算法得到最大力；根据最大力及试件试验段横截面积，可得到材料的抗拉强度。

(11) 根据工程应变与真应变、工程应力与真应力的计算公式得到材料的真应变及真应力。

(12) 选取工程应变-工程应力曲线上的弹性段，通过线性拟合计算出材料的弹性模量 E。

(13) 计算材料屈服极限。

对具有明显屈服极限的材料，计算材料屈服极限的方法如下。

(13a) 将全部应变数据乘以 E，得到辅助曲线 $\sigma_e = E\varepsilon_e$，$\sigma_e$ 为工程应力，ε_e 为工程应变；

(13b) 对定义域 $[1, N_1]$ 行的工程应变，依次计算工程应力数据与辅助曲线的差值，对差值序列进行差分计算；

(13c) 设置差分小量 ε_3，且 $\varepsilon_3 < -50\text{MPa}$，利用搜索算法寻找差分小于 ε_3 的第一个数据的行号 N_9，在定义域 $[1, N_9]$ 行范围内搜索最大的工程应力为材料的屈服极限 σ_p。

对无明显屈服极限的材料，计算材料屈服极限的方法如下。

(13d) 在应变数据中搜索与 0.2% 最接近的应变值所处的行号 N_{10}；

(13e) 设定自然数 N_{11}，且 $N_{11} > N_d/4$，它的物理意义是试验数据中材料应变超出屈服阶段的标志。从应变最接近 0.2% 的第 N_{10} 行起，在 $[N_{10}, N_{10} + N_{11}]$ 行范围内，基于应变数据寻找材料的屈服极限。对应变 $[N_{10}, N_{10} + N_{11}]$ 行组成的定义域，计算辅助曲线函数 $\sigma_e = E(\varepsilon_e - 0.002)$；

(13f) 对应变 $[N_{10}, N_{10} + N_{11}]$ 行组成的定义域，计算辅助曲线与工程应力的差值，利用搜索算法寻找绝对值最小的差值，记录该差值对应的工程应力为材料的屈服极限 σ_p；

(14) 记录 σ_p 在工程应力数据中的行号 N_{12}；

(15) 利用搜索算法寻找最大真应力所处的行号 N_{13}。设定自然数 N_{14}，使 $N_{14} < N_{13} - N_{12}$，它的物理意义是材料进入强化阶段的起始点。将 $[N_{12} + N_{14}, N_{13}]$ 行范围内的真应变和真应力数据代入材料的本构模型中，通过多项式拟合估计出本构模型中的硬化系数 α、硬化指数 n。

推荐以下参数设置方式:

步骤 (3) 中的 $\varepsilon_1 = c_0/5000$, $\varepsilon_2 = 100\varepsilon_1$。

步骤 (4) 中的 $N_4=20$, 插值方式为线性插值。

步骤 (8) 中的 $N_7=\mathrm{int}[N_e/240]$, $N_8 = 5N_7$, $N_1 - N_8 > 200$, 位移和应变曲线为线性拟合方式。

优选地,所有步骤中的搜索算法为冒泡算法。

步骤 (15) 中的 $N_{14}=\mathrm{int}[N_e/30]$。

第3章 振动测试技术

依据传感器的输出信号，机械振动测量可分为电测法 (将振动信号转变为电信号)、光测法 (将振动信号转变为相应的光信号) 以及机械法 (将振动信号转变为易测的机械信号)。

所有方法中，电测法在发动机的测试中应用最为广泛，其测量系统如图 3.1 所示。

图 3.1　电测法测量系统

振动试验系统通常由下列三部分组成。

激振系统：给试件以激振力，使试件产生振动。一般激振系统包括信号发生器、功率放大器和激振器。其中激振器又可分为电涡流激振器、电磁激振器、电动激振器等。

测量系统：主要有传感器、测量电路、测量仪器等。传感器将机械振动量 (如位移、速度等) 转换为电信号，而后输出到测量电路或仪器中进行放大、滤波、模数转换等。

分析系统：将测量结果加工处理，常用计算机进行。如绘制功率谱图、进行阻尼比计算等。

3.1　振动测试传感器

振动测试传感器种类很多，不同类型的传感器用途有差异，如电涡流位移传感器对非接触低频小振幅的测量优势明显，而压电加速度传感器以简单方便、耐用及频响范围大而应用广泛，声压传感器则在远距离非接触无损检测领域前景广阔。不过，在测试中无论选择哪种传感器，都需要掌握其技术指标。下面给出一些振动传感器通用技术指标的概念。

(1) 灵敏度。

电测传感器的灵敏度是指输出电量 (如电压) 与其所感受的机械量 (如加速度等) 之比。设传感器感受的机械量为

$$x = X \sin(\omega t) \tag{3.1}$$

传感器输出的电压信号为

$$u = U \sin(\omega t + \varphi) \tag{3.2}$$

式中，φ 为输出电压信号 u 对被测机械信号 x 的相位滞后，称为相移。

传感器的灵敏度定义为

$$S = \lim_{\Delta x \to 0} \frac{\Delta u}{\Delta x} = \frac{\mathrm{d}u}{\mathrm{d}x} \tag{3.3}$$

并不是灵敏度越高越好，某些情况下，灵敏度高会引起信噪比下降，降低测试精度。

(2) 分辨率。

与传感器灵敏度直接相关的是分辨率，即输出电压变化量 Δu 可辨认时，输入机械量的最小变化量 Δx，即系统可以辨认的机械量变化的最小值。Δx 越小，分辨率越高。显然灵敏度越高，分辨率也就越高。通俗地说，分辨率是指传感器的最小量程是多少，也就是传感器的最大识别率。如果是该参数标注为 10μm，那么分辨率就等于 10μm。

(3) 重复精度。

被测物即使在静止状态下，测量值都会有轻微的波动。静止状态下的被测物在相同位置下反复测量的误差幅度就是重复精度。显然，传感器的重复精度越高越好。

(4) 线性度。

线性度是指测量值和实际位移的误差。理想情况下，传感器的灵敏度为常量，但实际中常常有不同程度的非线性。线性度就是衡量实际传感器与理想测量系统之间的吻合程度。

设传感器满量程为 U_m，其由实验得到的标定曲线与真实测量中所用的拟合直线之间的最大偏差为 Δm (图 3.2)，则传感器的线性度定义为

$$\delta = \frac{\Delta m}{U_m} \times 100\% \tag{3.4}$$

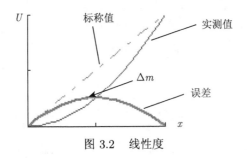

图 3.2　线性度

线性度用百分比表示，但由于量程是一段范围而且越到量程顶点越难保证测量精度，所以大多传感器都会标注量程顶点的线性度来直观反映传感器的性能。

线性度的定义中涉及拟合直线，且对此直线无明确要求，故线性度的大小也取决于对标定曲线进行直线拟合的方法。一般情况下，采用最小二乘法对标定曲线作直线拟合，该方法较精确，但稍显麻烦。另外一种方法是直接以标定曲线中的最小输出值和最大输出值 (满量程) 所确定的曲线作为拟合曲线，如图 3.2 所示。此种方法精度低，但简单快捷。

从相关定义可以看出，线性度越小，测量误差越小。

(5) 满量程。

在灵敏度允许的误差范围内，即线性度在一个容差内，传感器能测量到的输入机械量幅值的最大范围称为满量程。

由此可知，最低可测幅值取决于传感器的分辨率，最高可测幅值取决于传感器的线性度。选择传感器一定要针对需求的检测距离选择包含有效量程范围内的传感器。

(6) 频率范围。

频率是指每秒钟测量的次数，频率越高测量一次花费的时间越短，测量时间越短越适合高速移动物体的检测。频率范围是指在灵敏度允许的误差范围内，传感器每秒可采样的次数范围。

一般情况下，传感器的频率范围越宽越好，这主要取决于传感器的结构特性。传感器的频率范围还受到安装方式的影响，如有的安装方式相当于在传感器与试件间加了一个低通滤波器，则频率范围会缩小。

(7) 横向灵敏度。

横向灵敏度是衡量横向干扰效应的指标。一只理想的单轴压电传感器，应该仅敏感其轴向的作用力，而对横向作用力不敏感。如对于压缩式压电传感器，就要求压电元件的敏感轴 (电极向) 与传感器轴线 (受力向) 完全一致。但实际使用中传感器由于装配、安装不精确等种种原因，都会产生侧向效应，如图 3.3 所示。

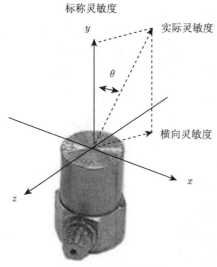

图 3.3　横向灵敏度

横向灵敏度的表示方法：

$$横向灵敏度 = \frac{S_{xy}}{S_y} \times 100\% \tag{3.5}$$

一般情况下，传感器最大横向灵敏度不大于 5%。高精度的加速度计横向灵敏度在

2%~3%范围内。

(8) 零漂。

零漂是传感器在零输入状态下，传感器输出值发生漂移的现象。零漂有时间零漂和温度零漂之分。

时间零漂是指在规定时间内，在室温条件下零输出的变化。对有源传感器，则是指在标准的电源条件下，零输出的变化情况。如压电加速度传感器在高频瞬态加速度作用下，会出现零漂现象，这对测量不利。

温度零漂又称为温漂，是指传感器在温度变化时零输出的变化。一般用零点温漂和灵敏度温漂来表示这种变化的程度，即温度每变化一度，零点输出 (灵敏度) 变化值。

3.1.1 电涡流位移传感器

与强度测试不同，振动测试所用的位移传感器一般为非接触传感器，且具有较好的动态响应能力。目前振动测试最常用的位移传感器是电涡流位移传感器。电涡流位移传感器具有以下特点：① 结构简单，非接触测量；② 线性度好，测量范围宽，测量量程范围为10~25mm；③ 灵敏度高，分辨率高，对钢制材料，分辨率可高达 1μm；④ 频响范围宽，频率响应可达 10000Hz 以上；⑤ 适用于导体材料；⑥ 不仅可以测试动态位移，也可用来测试物体间距、厚度、转速等。

1. 结构形式

电涡流位移传感器的结构形式如图 3.4 所示。电涡流位移传感器由探头和前置器组成。探头前端为精密铜线圈，其输入和输出电量通过屏蔽线缆与前置器相连。电涡流位移传感器的前置器内部为电路板，用来封装电涡流位移传感器的测量电路。根据位移传感器的量程，探头的大小不同，所测量程较大时，探头较大，反之，则探头较小。每个探头和其前置器有一致的编码，使用时需根据编码配套使用。

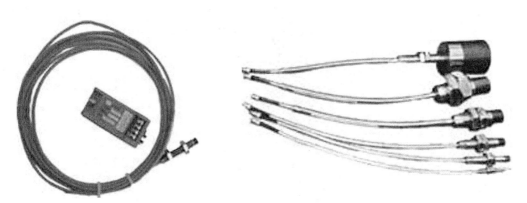

图 3.4　电涡流位移传感器结构形式

2. 技术参数

表 3.1 是常见的电涡流位移传感器主要技术指标。

表 3.1　电涡流位移传感器主要技术指标

参数	数值和描述						
型号	DWQZ 系列						
探头直径/mm	$\Phi 8$	$\Phi 11$	$\Phi 16$	$\Phi 18$	$\Phi 25$	$\Phi 32$	$\Phi 40$
线性范围/mm	2	4	6	8	14.5	18	22
灵敏度/(V/mm)	8	4	2	2	1	0.8	0.6
工作温度范围	探头及线缆/°C				$-40 \sim 150$		
	前置器/°C				$-30 \sim 70$		
线性误差/%	< 1	< 1	< 1	< 1	< 1.5	< 1.5	< 1.5
频率响应	$0 \sim 5\mathrm{kHz}$						
供电电源	$-24\mathrm{V}$ DC 或 $+24\mathrm{V}$ DC 可根据用户需要设计工作电压						
输出电流	$4\sim 20\mathrm{mA}$ 负载 $< 500\ \Omega$						
传感器电阻	$2\sim 10\ \Omega$ (一般 $5.4\ \Omega$)						
最大输出电压	约 $-22\mathrm{V}$ DC ($-24\mathrm{V}$ DC 电源供电时)						
系统电缆长度	探头电缆长度 + 延长电缆 $= 5\mathrm{m}\pm 10\%$ 或 $9\mathrm{m}\pm 10\%$						
安装螺纹	M10×1	M14×1.5	M20×1.5	M22×1.5	M30×1.5 M22×1.5	M36×1.5 M22×1.5	M22×1.5

注：以上参数是在 25°C 时，用 $-24\mathrm{V}$ DC 电源供电，45# 钢，厚度 $\geqslant 5\mathrm{mm}$ 作为被测物所得的数据。

3. 工作原理

电涡流位移传感器是利用电涡流效应进行工作的。如图 3.5 所示，通以交变电流 I_1 的传感器线圈，由于电流 $\dot{I}_1$ 的存在，线圈周围产生一个交变磁场 H_1。若被测导体置于该磁场范围内，导体内便产生电涡流 $\dot{I}_2$，$\dot{I}_2$ 也将产生一个新磁场 H_2，H_2 与 H_1 方向相反，力图削弱原磁场 H_1，从而导致线圈的电感发生变化。电感的变化与线圈到被测导体间的距离有关，它是一个非线性单值函数。这就构成电涡流位移传感器测量振动位移的依据。

电涡流位移传感器将振动位移的变化转化为自身电感的变化，还需要测量电路将电感变化转换为电压变化，测量电路封装在一个前置器内，内部大多采用调频电路，如图 3.6 所示。

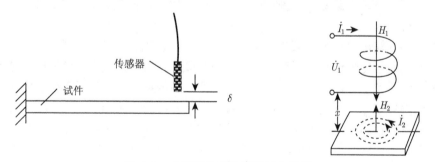

图 3.5　电涡流位移传感器工作原理

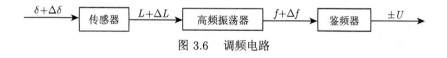

图 3.6　调频电路

传感器由线圈接入电容组成振荡回路，作为高频振荡器的一部分，线圈内输出高频电流。以振荡频率的变化作为输出信号，后接鉴频器将变频信号转换为电压输出信号，同时进行线性校正，使输出电压与试件振幅变化成正比。

图 3.7 为高频振荡器原理框图。图中 L 为传感器线圈电感，与电容 C 组成并联谐振回路，晶体振荡器提供高频激励信号。

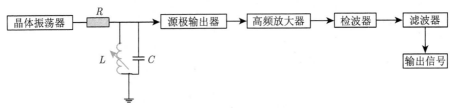

图 3.7   高频振荡器工作原理框图

对于一个 RLC 电路，其输出电压为

$$L\ddot{q} + R\dot{q} + \frac{1}{C}q = u \tag{3.6}$$

传感器的谐振频率为

$$f_n = \frac{1}{2\pi\sqrt{LC}} \tag{3.7}$$

电路的阻抗 = 电阻 + 电容抗 + 电感抗 (矢量和，因此考虑相位)，表达为

$$Z^2 = R^2 + \left(\omega L - \frac{1}{\omega C}\right)^2, \qquad \omega = 2\pi f_n \tag{3.8}$$

LC 回路的输出电压与其谐振频率相关。当被测导体无振动时，LC 并联谐振回路与晶体振荡器频率一致，回路处于谐振状态，这时回路输出电压最大。当传感器接近被测导体时，回路阻抗变大，损耗功率增大，回路失谐，输出电压相应变小。

谐振回路的输出电压为高频载波信号，信号较小，因此设有高频放大、检波和滤波等环节，使输出信号便于传输与测量。图 3.7 中源极输出器是为减小振荡器的负载而加。

根据 LC 回路的输出电压，可获得 LC 回路的谐振频率，但若要获得物体的振动位移，还需知道谐振频率 f_n 与间隙 δ 之间的关系，这需要借助鉴频器。因 f_n 与 δ 关系非线性，需利用鉴频器校正图 3.8 中的输出电压与频率的关系，使 f_n 与输出电压 U 之间的关系线性化，从而保证物体振动位移与输出电压 U 呈线性关系。通过校正，可使输出电压在较大的范围内呈线性关系。

4. 安装方式

电涡流位移传感器的探头引出线缆和前置器的接线应在断电情况下进行，否则容易烧坏前置器。前置器的接线方式通常为：红色为供电电源接头，黑色或蓝色为输出电源接头，白色或裸线为公共接地线 (COM、GND 等)。

厂家给出的位移传感器线性范围一般为峰谷值范围，而振动测试有正负位移之分，因此位移传感器的安装需要确定测试零位，以最大化地利用传感器的测试范围，避免因传感器过于接近物体时探头被碰撞。

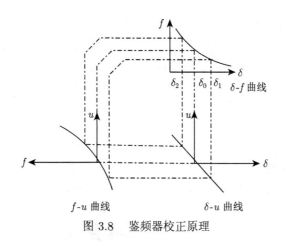

图 3.8　鉴频器校正原理

因为是非接触传感器,安装电涡流位移传感器时,主要分以下步骤:绝对零位—清零—满量程—相对零位—清零。首先需寻找绝对零位,即将探头和被测物体贴近,然后对传感器输出值清零,标记绝对零位;接着测试传感器的满量程,在已知满量程的情况下,将探头移动到与试件间距为满量程一半的位置,再次清零,此处即振动测试的相对零位,也是测试中振动物体的平衡位置。这样的操作,可最大化利用位移传感器的测量范围,也可最大限度避免探头因振动位移过大被碰撞。

在使用电涡流位移传感器时,应特别注意厂家给出的灵敏度一般针对的是试件为 45# 钢材料,而实际中的被测试件材料却不止如此。此外传感器的灵敏度还受物体表面处理的影响,如经热处理的铸铁较未处理的灵敏度下降。由电涡流位移传感器的工作原理可知,探头仅是传感器的一个组成部分,需结合被测导体才能实现物体的位移测量。通常情况下,当被测物体为非磁性导体时,传感器的灵敏度比厂家给出的要高,而当物体是磁性导体时,灵敏度则要据其磁导率而定。此外,导电性好的材料较导电性差的材料灵敏度高,如铝材较45# 钢的灵敏度要低。被测物体的形状大小对传感器灵敏度也会影响,当被测物体的面积比传感器探头面积大很多时,灵敏度基本不变;当被测试件的面积比探头面积小一半时,其灵敏度则下降一半或更多。当试件是圆环时,它的直径必须为探头直径的 1.8 倍以上;当试件为圆柱体时,其直径必须为探头直径的 3.5 倍以上,才能保证灵敏度基本不变。

虽然电涡流位移传感器可对高频振动进行测量,如高转速下物体的碰摩振动等,但需要说明的是,对简谐振动等复杂周期振动,结构在 3000Hz 以上的位移振动幅值非常小,可能在微米量级,此时物体的振动幅值低于电涡流位移传感器的分辨率,即虽然频率可测,但振幅不可测,从而该情况下并不能用电涡流位移测振。

3.1.2　激光位移传感器

相对于电涡流位移传感器,激光位移传感器具有以下特点:① 较远的测量范围起始间距,最小起始间距 10mm,这样传感器可以远离被测体,免受碰坏及被测体热辐射影响;② 有很大的测量范围,振动用的激光位移传感器可测距离范围为 10~400mm,间距 10mm 的测量精度约 20μm,间距 500mm 时的测量精度约 70μm;③ 与被测体材料无关,非透明有漫反射条件表面都能测;④ 能在恶劣环境下进行非接触式、非破坏性以及远距离测量,其抗电磁干扰，抗腐蚀、耐高温高压、电绝缘性能好；⑤ 激光斑点测量，对被测体面积尺寸几乎无要求。采取三角测量法的激光位移传感器最高线性度可达 1μm，分辨率更是可达到 0.1μm 的水平。例如，ZLDS100 类型的传感器，它可以达到 0.01％高分辨率，0.1％高线性度，9.4kHz 高响应，适应恶劣环境。与电涡流位移传感器类似，激光位移传感器也可以对物体的间距、厚度、转速等进行测量。

1. 结构形式

激光位移传感器的结构形式如图 3.9 所示，包括激光器及其线缆。激光器内部除具备激光发射、接收元件，还具备信号调理电路，如调零、教导、停止光投、外部控制等。

图 3.9　激光位移传感器结构形式

2. 技术参数

表 3.2 是常见的激光位移传感器主要技术指标。

表 **3.2**　激光位移传感器主要技术指标

参数	数值和描述	
型号	JC-85	JC-250
测量中心距离/mm	85	250
分辨率/重复精度/μm	5	20
测量范围/mm	85±20	250±150
绝对误差/线性度	±0.1%	±0.4%
光斑尺寸/mm	0.5	2.0
电源电压	12～24V DC±10%	
环境温度	工作时：0～45℃；保存时：−15～60℃，无结冰、无结露	
模拟量输出	电压：0～10V；电流：4～20mA	
开关量输出	NPN、PNP 集电极开路输出	
功能	阈值设定、输出模式设定、开关量常开常闭设定	
显示方式	LED 阵列	
外壳材料	铝合金	
环境照度	受光面照度，白炽灯：3.000lx (勒克斯) 以下	

3. 工作原理

测振用的激光位移传感器采用三角测量法，其工作原理如图 3.10 所示。激光发射器通过镜头将可见红色激光射向被测物体表面，激光被反射到接收器，而后被内部的 CCD 线性阵列相机接收。根据不同的距离，CCD 线性相机接收到的反射光阵列不同。根据接收光点阵列及已知的激光和相机之间的距离，数字信号处理器就能计算出传感器和被测物体之间的距离。

同时，光束在接收元件的位置通过模拟和数字电路处理，并通过微处理器分析，计算出相应的输出值，并在用户设定的模拟量窗口内，按比例输出标准数据信号。如果使用开关量输出，则在设定的窗口内导通，窗口之外截止。模拟量与开关量输出可独立设置检测窗口。

一般情况下，利用位移信号测量转速等用开关量，输出信号将会是方波；测量振动位移用模拟量，输出信号将会是连续振动的离散数据。

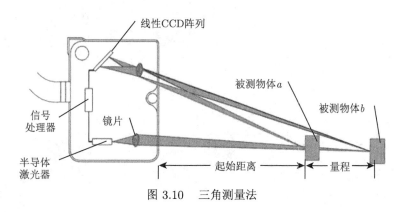

图 3.10　三角测量法

4. 安装方式

激光位移传感器对物体的反射面比较敏感，常在物体表面粘贴反光纸以便于激光位移传感器照射及采集信号，用条状反光纸即可进行振动测试。反光纸的颜色以白色或银色最佳，一般情况下，反光纸均带有背胶，若无背胶时，可用胶水粘贴，但胶水多为半透明状，粘贴时注意胶水溢出反光纸后形成新的反光带，影响激光测试信号。一般不用透明胶带粘贴反光纸，目的是防止透明胶带引起的干扰反光带。若对高速旋转的物体进行高精度的振动测量，反光纸除需要使用专门的激光反光纸外，还需根据试验要求裁剪为斑马带、马赛克等形状，以便于位移传感器分辨旋转工况下的物体振动信号。

激光位移传感器的连接线至少有 3 根，其中棕色为输入电压，蓝色为公共地线，黑色或黑灰色为输出信号，也有的位移传感器连接线较多，如图 3.11 所示，其输出线有 6 根，用户可以按使用说明选择模拟输出、开关量输出等。

激光位移传感器的安装需注意发射器和接收器方向，以便接收器可以接收到振动物体反射回来的光，表 3.3 列举了一些激光位移传感器的安装方式。

激光位移传感器出光和受光窗口透镜，容易受到粉尘和油污的污染。透镜若被污染，则会挡住一部分光或完全挡住光路，造成检测结果出现误差或完全不能检测。同时，激光位移传感器测量也会受到环境照度的影响，若环境照度太大，如强太阳光或卤光灯等，会影响振动光路的反射，引起测量误差。

表 3.3　激光位移传感器安装方式

测试工况	正确	错误
旋转物体		
材质有色差且在色差方向振动的物体		
存在段差且在段差方向振动的物体		
狭隘凹陷结构或孔洞测振		
安装在直角拐弯或固定端面测振		

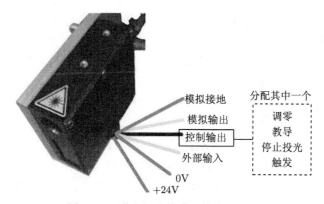

图 3.11　激光位移传感器的接线方式

3.1.3　压电加速度传感器

压电加速度传感器是应用最广泛的一种振动传感器。在众多形式的测振传感器中，压电加速度传感器使用份额占 80% 以上。压电加速度传感器具有以下特点：① 灵敏度和分辨率高，线性范围大，结构简单、牢固，可靠性好，寿命长；② 体积小，重量轻，刚度、强度、承载能力和测量范围大，动态响应频带宽，动态误差小；③ 型号多，技术成熟，便于选用、使用和校准；④ 可单向及三向振动测试；⑤ 可测稳定范围广，高温压电加速度传感器可测温度达 200℃ 以上；⑥ 测量距离长，有线测量距离可达百米，也有无线压电加速度传感器。

1. 结构形式

压电加速度传感器的结构形式如图 3.12 所示。前三个为单向加速度传感器，可测振动方向为传感器基座垂直方向。后两个为三向加速度传感器，X、Y、Z 接线柱 (或芯线) 对应的方向依次如传感器壳体上的标识所示。压电加速度传感器的尺寸可根据试验要求选择。尺寸小的传感器壳体材质有钢、铝镁合金或钛合金之分，价格更高，灵敏度偏低且更易损坏，但其附加质量小，频响范围高，对物体的固有频率影响小，适合于轻小型物体的振动测量。试验时，应根据测试结构及精度要求选择传感器，传感器尺寸并非越小越好，而是合理选择传感器量程、型号及尺寸。

图 3.12　压电加速度传感器结构形式

压电加速度传感器利用压电材料工作，压电材料是一种可逆型换能器，它既可以将机械能转换为电能，又可以将电能转化为机械能。它的工作原理是基于某些物质的压电效应，如石英、铁酸钡等，当受到外力作用时，不仅几何尺寸会发生变化，而且内部也会被极化，表面会产生电荷；当去掉外力时，又重新回到原来的状态，这种现象称为压电效应。相反，如果将这些物质 (物体) 置于电场中，其几何尺寸也会发生变化，这种由外电场作用导致物质 (物体) 产生机械变形的现象，称为逆压电效应或电致伸缩效应。具有压电效应的物质 (物体) 称为压电材料 (或称为压电元件)。

压电材料的压电效应只在某一温度范围内会出现，它有临界温度，通常将这个临界温度称为居里温度。目前广泛使用的是陶瓷压电材料，如图 3.13 所示，居里温度在 270℃ 左右，这限制了其使用温度。陶瓷型压电加速度传感器的使用温度一般不超过 150℃。

图 3.13　陶瓷压电晶片

陶瓷压电晶片价格低廉，压电常数较石英压电材料高出几十倍，因此灵敏度高，但其测试结果受温度影响较大。

对高温试验、标准或要求较高的传感器试验，应选用石英晶片材质的压电加速度传感器。石英晶体在几百摄氏度的温度范围内，其介电常数和压电系数几乎不随温度而变化。但是当温度升高到 573℃ 时，石英晶体将完全丧失压电特性，这就是它的居里点。石英晶体的突出优点是性能非常稳定，它有很大的机械强度和稳定的机械性能。石英材料价格昂贵，且压电系数比压电陶瓷低得多。

2. 技术参数

表 3.4 是常见的压电加速度传感器主要技术指标。AD100T 是一种 ICP 传感器，其内部结构含有电压调理元件，输出为电压信号，而 LC0402T 为普通的压电加速度传感器，其输出为电荷信号。压电加速度传感器的量程等一般用多少个重力加速度 (g) 表示。

3. 工作原理

压电加速度传感器是一种惯性式传感器，直接固定于被测试件上，不需要相对固定点。压电加速度传感器内部结构如图 3.14 所示，利用弹簧质量系统的强迫振动特性进行振动测量。

设振动体的位移为 $y = y_m \sin(\omega t)$，由此引起的传感器质量块相对于外壳的位移为 $x(t)$，则质量块的绝对位移为 $x + y$。取质量块 m 为分离体，由牛顿第二定律得

$$m(\ddot{x} + \ddot{y}) + c\dot{x} + kx = 0 \tag{3.9}$$

从而有

$$\ddot{x} + \frac{c}{m}\dot{x} + \frac{k}{m}x = -\ddot{y} = \omega^2 y_m \sin(\omega t) \tag{3.10}$$

表 3.4　压电加速度传感器主要技术指标

参数	数值和描述	
型号	AD100T	LC0402T
灵敏度	$100\ \mathrm{mV}/g$	$20\mathrm{pC}/g$
量程/g	± 50	$\pm 1000(\pm 10\%)$
频率范围/Hz	$0.3\sim 15000(\pm 10\%)$	$0.2\sim 10000(\pm 10\%)$
分辨率/g	0.001	1
安装谐振频率/kHz	27	30
重量/g	31	15
线性度	$\leqslant 1\%$	$\leqslant 1\%$
横向灵敏度	$\leqslant 3\%$	$\leqslant 5\%$
温度范围/°C	$-40\sim +80$	$-40\sim +150$
激励电压/V DC	24	24
安装力矩/(kgf·cm)	$20\sim 30$	$10\sim 20$
安装螺纹	M5	M5

注：1kgf ≈ 9.8N。

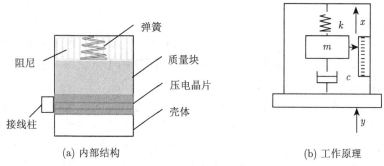

(a) 内部结构　　　　　　　　　　　　(b) 工作原理

图 3.14　压电加速度传感器内部结构及其工作原理

式 (3.10) 可写成

$$\ddot{x} + 2\zeta\omega_0\dot{x} + \omega_0^2 x = \omega^2 y_m \sin(\omega t) \tag{3.11}$$

上述方程的稳态解为

$$x = \frac{\lambda^2 y_m}{\sqrt{(1-\lambda^2)^2 + (2\zeta\lambda)^2}}\sin(\omega t - \varphi), \quad \lambda = \frac{\omega}{\omega_0} \tag{3.12}$$

$$\varphi = \arctan\frac{2\lambda\zeta}{1-\lambda^2} \tag{3.13}$$

由 $y = y_m\sin(\omega t)$ 可知，被测试件的加速度振幅 $\ddot{y}_m = y_m\omega^2$。

若质量块的相对位移振幅为 x_m，可得

$$\frac{x_m\omega_0^2}{\ddot{y}_m} = \frac{x_m\omega_0^2}{y_m\omega^2} = \frac{1}{\sqrt{(1-\lambda^2)^2 + (2\zeta\lambda)^2}} \tag{3.14}$$

式 (3.14) 反映了质量块的相对位移和被测试件的加速度之间的关系, 依据它绘制压电加速度传感器的加速度幅频特性如图 3.15 所示。

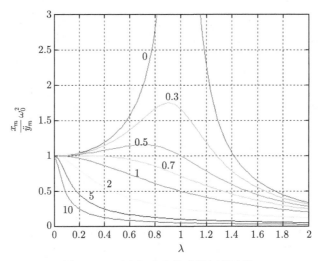

图 3.15　压电加速度传感器幅频特性

由图 3.15 可知以下几个方面。

(1) 当 $\zeta < 1$ 且 $\lambda \ll 1$ 时, $\ddot{y}_m \approx x_m\omega_0^2$, 特别是在 $\zeta = 0.7$ 时, 被测试件的加速度振幅可以用传感器质量块的位移振幅乘以传感器固有频率的平方获得。因此, 压电加速度传感器内部结构的阻尼比通常被调节到 0.7 附近。

(2) 压电加速度传感器有一个使用上限频率, 即被测最大频率应远小于加速度传感器的固有频率。为了提高传感器的工作频率范围, 除了选择 $\zeta = 0.7$ 左右外, 应尽可能地提高传感器的固有频率。但固有频率越高, 传感器的分辨率会随之下降。

从图 3.15 可知, 压电加速度传感器的幅值灵敏度随频率的变化而变化。压电加速度传感器的频率范围很宽, 可以从 10Hz 到 10kHz。产品中所提供的频率范围仅为压电加速度传感器频率特性中的线性部分, 其上限远低于压电加速度传感器本身的固有频率, 一般为压电加速度传感器固有频率的 1/3, 此时测得的最大误差不大于 12%。一些小型压电加速度传感器的固有频率可以高达 180kHz, 可测频率达 60kHz。但并不是可测频率越高越好, 对于重复性且线性度要求不高的测量, 可以在压电加速度传感器固有频率的基础上且在误差允许的范围内适当提高工作频率上限。

除了上述压电加速度传感器幅频特性外, 当 $\zeta = 0.7$ 左右且 $\lambda \ll 1$ 时, 压电加速度传感器相频特性也会影响压电加速度传感器的精度, 图 3.16 是在满足上述压电加速度传感器幅频特性要求的情况下压电加速度传感器的相频特性。

分析可知, 对于只含有一个频率分量的简谐振动, 相位对位移或速度的测量没有影响。对于含有多个不同基频分量的简谐振动, 相位可能会引起测量波形发生畸变。如当 $\lambda_{\max} = 0.35$, $\zeta = 0.7$ 时, 对于简谐信号:

$$x = \sin(200t) + \sin(500t) + \sin(700t) \tag{3.15}$$

其加速度测试波形与真实值比较结果如图 3.17 所示，测量结果与真实结果的最大误差为 2.8%，这说明相位影响压电加速度传感器的测试精度，尤其是对于复杂周期振动。

4. 安装方式

压电加速度传感器安装时，首先根据被测物体选择传感器类型、安装位置，然后选择传感器固定方式，将传感器固定后，再通过导线连接到采集调理设备上。

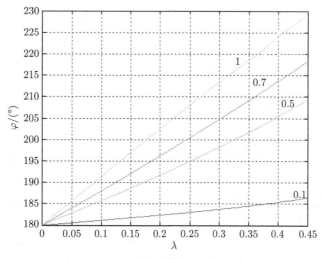

图 3.16　压电加速度传感器相频特性

在选择传感器时，应保证传感器质量远小于试件质量。此时试件对传感器的耦合影响或传感器对试件的负载影响可减至最小。对刚度、质量和接触面小的试件，只能用微小型压电加速度传感器测量。

传感器的安装位置即测量位置，因此安装位置的总原则是：能反映出被测结构的振动特性，满足测试要求。

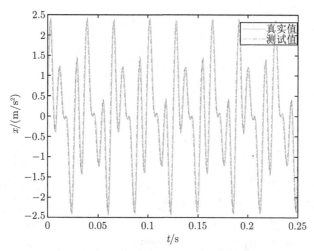

图 3.17　相位对压电加速度传感器精度的影响

对物体的振幅测量时，传感器安装位置应位于振动明显的关键位置，这些关键位置包括输入输出位置、轴承及轴承座位置等。如测量旋转机械振动，测量位置应靠近轴承座，更明确地，应尽量靠近轴承中心线上，如图 3.18 所示。对于结构上的薄弱位置，如转子防护罩，此位置振动量级肯定大，但这不是我们关心的位置，应避免将传感器安装在这样的位置。

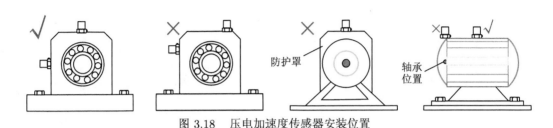

图 3.18　压电加速度传感器安装位置

确定好传感器安装位置后，需考虑如何固定传感器。常见的传感器固定方式有钢螺栓连接、磁铁安装、粘贴安装，手持式探针等。应根据承载能力和频响特性所要求的安装谐振频率，选择合适的安装方式。

钢螺栓安装刚性好，谐振频率高，但常需要在试件上钻孔，且螺栓不能全部拧入基座螺孔，以免引起基座变形，影响传感器性能。因此，在钢螺栓固定时，可通过在试件表面涂上一层硅脂来增加不平整表面的连接可靠性。

磁座安装可以快速改变安装位置和方向，也可以使传感器与试件之间绝缘。而且，磁座安装不仅适合于平面，目前已有适合一定直径范围的可调节曲率的磁座，使压电加速度传感器通过磁座安装于具有一定曲率的弧面。不过，磁座安装会导致谐振频率下降，且只适用于铁磁性试件。当使用磁座安装时，由于磁座有吸力，因此安装传感器时应十分小心。若通过磁力垂直吸附在结构表面，由于瞬时的磁力，会导致传感器受到冲击，影响精度。正确的做法是使磁座倾斜一定角度靠近安装表面完成安装，如图 3.19 所示。

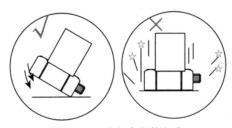

图 3.19　磁座式安装方式

胶粘法简单快捷，但刚性低，适用于振动幅值不大的情况。常用的胶水为 502 胶，在高温测量时，可选择瞬干 D4 胶等。胶水涂层不易过厚，以免在试件和传感器之间形成一个刚度不高的弹簧，从而降低测试谐振频率，影响传感器的高频性能。502 胶质地较脆，抗剪性差，在拆卸传感器时，可先用丙酮擦拭胶粘处，几分钟之后再用扳手沿传感器径向方向轻扳，不要垂直拔卸，以免引起传感器基座变形。D4 胶抗剪力强，拆卸时应用乙醇擦拭胶粘处，然后用扳手轻扳。

手持式探针法方便简单，常用于频率低，精度或测量时长要求不高的加速度测振试验。

图 3.20 为几种不同的安装方式所对应的频响曲线。从图中可以看出，使用手持式探针安装时，在 550Hz 处，幅值已偏离了 5%(0.22dB)。用螺栓安装，且有硅脂时，在 5.5kHz 处幅值才偏离了 5%。因而不同的安装方式，可用的频响函数带宽是不同的。安装刚度越大，可用的频带越宽。

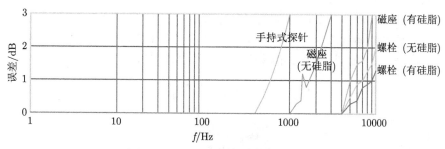

图 3.20　安装方式对测振频率的影响

当传感器安装好后，需考虑其连接设备。由表 3.4 可知，压电加速度传感器有电压灵敏度和电荷灵敏度之分，即压电加速度传感器的输出电信号可以为电压或电荷信号，这决定了传感器后续连接的仪器类型。电压输出的加速度传感器也称为 ICP 或 IEPE 加速度传感器，它直接接入电压输入型采集调理设备，而电荷输出的加速度计则需要接入电荷放大器，由电荷放大器将电荷信号调理为电压信号后输出给电压输入型采集调理设备。图 3.21 是两种输出类型的电路图。

从功能上讲，压电器件实际上是一个电荷发生器。从性质上讲，压电器件实质上又是一个有源电容器，通常其绝缘电阻大于 $10^{10}\Omega$，具有的电容 C_a 与相对介电常数和极化面积成正比，与极面间距离 (压电片厚度) 成反比。

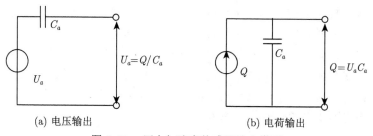

(a) 电压输出　　　　　　　　　　　　(b) 电荷输出

图 3.21　压电加速度传感器输出类型

当需要压电器件输出电压时，可把它等效成一个与电容串联的电压源，如图 3.21(a) 所示。在开路状态，其输出端电荷 U_a 和电压灵敏度 S_v 分别为

$$U_a = Q/C_a, \quad S_v = U_a/a(\text{mV}/g) \tag{3.16}$$

式中，a 表示作用在压电器件上的振动加速度。

当需要压电器件输出电荷时,则可把它等效成一个与电容相并联的电荷源,如图 3.21(b)所示。同样，在开路状态，输出端电荷和电荷灵敏度为

$$Q = C_a U_a, \quad S_q = Q/a = C_a S_v (\mathrm{pC}/g) \tag{3.17}$$

式中，U_a 为极板电荷形成的电压。

需要说明的是，电压输出对后接设备的输入阻抗有频率要求，对电压输出的传感器，被测频率越高，误差越小，反之越大，使用时需注意这种传感器的下限使用频率，而且对于电压输出的加速度传感器，因长距离的信号传输会引起电压降，其测试精度会变差。虽然电荷输出的加速度传感器在使用过程中需配套电荷放大器 (图 3.22) 才能将电荷转换为电压，但对于远距离信号传输，这种方式低频性能好，不会因导线长度引起误差。

图 3.22　电荷放大器

在上述工作完成后，根据传感器及输出设备选择连接导线。信号传输导线应固定，同时传感器与导线的接头应拧紧，测试过程中不能出现松动，如图 3.23 所示。固定导线时，接头处的导线应处于舒展状态，不应拉紧受力。导线固定有三个方面的好处，第一，当传感器松动，与被测结构松开时，不会直接摔到地上，损坏传感器，因为有导线拉着。第二，不固定的传输导线在测量过程中发生晃动，会拍打被测结构，导致出现新的振源，这一点特别是模态测试时，需要特别注意。第三，传输导线出现弯曲，拉伸等可能会引起导体与屏蔽层之间局部电容或电荷的变化，引入噪声。

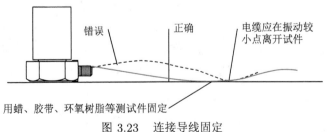

图 3.23　连接导线固定

除此之外，压电加速度传感器应避免噪声及环境影响。噪声方面，最需注意的是接地噪声。接地噪声是压电加速度传感器接入二次测量线路或仪表而构成测试系统后，由于不同电位处的多点接地，形成了接地回路和回路电流所致。克服接地噪声的根本途径是消除接地回路。常用的方法是在安装传感器时，使其与接地的被测试件绝缘连接，并在测试系统的末端一点接地。这样就显著消除了接地噪声。环境方面，高温环境主要涉及隔热，电磁环境应注意屏蔽及绝缘，有的时候在试件和传感器之间垫上一层云母垫片加绝缘螺栓以固定传感器。环境湿度主要影响压电元件的绝缘电阻，使其明显下降，造成传感器低频响应变坏。因此在高湿度环境中工作的压电加速度传感器，必须选用高绝缘材料，并采取防潮密封措施，如用塑料薄膜包裹传感器等。

综上，传感器安装的总原则如下：

(1) 传感器的安装位置应能体现结构的振动特性；

(2) 应该仔细地检查安装表面是否有污染及表面是否平滑，如有需要应加工使之平整；

(3) 使传感器的测振方向和测量方向的偏差减到最小，否则将导致相当于横向灵敏度所引起的误差；

(4) 尽量减少安装工件带来的影响；

(5) 安装时安装刚度应尽量大，这样可用的频带会越宽；

(6) 信号电缆应固定于结构表面；

(7) 避免接地噪声及环境影响；

(8) 安装表面的状态和安装方式应在实验记录中进行记录。

3.1.4　磁电速度传感器

受振动幅值的影响，位移传感器一般用于低频测振，加速度传感器用于高频测振，而速度传感器则用于中低频的测振。在有的试验中，如非线性振动试验时，常需要利用速度绘制物体的振动相图，此时也需要用到振动速度传感器。

常见的速度传感器包括压电速度传感器、激光速度传感器及磁电速度传感器。压电速度传感器的工作原理与压电加速度传感器类似，仅是在信号调理时将加速度积分为速度。激光速度传感器利用多普勒效应对物体的振动速度测试，通过物体反射光的频移获得物体的振动速度，这种传感器需借助激光多普勒设备，价格非常高。此处仅介绍磁电速度传感器，它是一种惯性接触式传感器。

1. 结构形式

磁电速度传感器的结构形式如图 3.24 所示。这类传感器一般比较重，常规的速度传感器质量约 90g，因此主要安装在各种旋转机械装置的轴承座上，如高低压转子轴承座、附件传动机匣等上。因其是惯性式传感器，在传感器内部存在质量较重的活动元件，存在疲劳可靠性要求，这类传感器的可测频率范围较低，一般在 1000Hz 以下。

不同于位移或加速度传感器，磁电速度传感器具有方向性，根据测量方向的不同，磁电速度传感器可分为水平、垂直或通用型。选购时应确定好测试及安装方向，防止出错。

图 3.24   磁电速度传感器结构形式

2. 技术参数

表 3.5 是常见的磁电速度传感器主要技术指标。

表 3.5   磁电速度传感器主要技术指标

参数	数值和描述	
型号	ZHJ-2	CZ810-A00-B00-C01
灵敏度/(mV/(mm·s))	30	20
频率范围/Hz	10～1000	10～1000
线性度	< 5%	< 3%
最大可测位移振幅/μm, P-P	⩽ 2000	⩽ 2000
最大可测加速度振幅/g	10	10
测量方向	垂直或水平 (通用)	垂直
谐振频率/Hz	10	80±5%
重量/g	350	90
温度/°C	−20～+80	−30～85
阻尼比	—	0.6±0.05
外形尺寸/mm	$\Phi 35 \times 80$	$\Phi 28 \times 52$
安装螺栓	M10	M10

3. 工作原理

磁电速度传感器的工作原理为：线圈处于闭合磁路的工作气隙中，当线圈相对于磁场做直线运动时，线圈切割磁力线，在线圈中产生感应电动势，电动势的输出与线圈的运动速度成正比，且有

$$e = -W\frac{\mathrm{d}\varphi}{\mathrm{d}t} = -WBLv \tag{3.18}$$

式中，B 为工作气隙的磁感应强度；L 为线圈每匝平均长度；W 为线圈匝数；v 表示线圈相对磁场的运动线速度。

因此，若要了解传感器的工作特性，就需知道线圈运动线速度 v 与振动物体速度之间的关系。

图 3.25 为一动圈型磁电速度传感器内部结构。磁钢用不导磁的支架与壳体连接，芯轴上装有线圈和阻尼环，两端用弹性元件支承，形成一个有阻尼的弹簧质量系统。

测振时，传感器通过螺栓固定于被测系统，装在芯轴上的线圈和阻尼器组成惯性系统的质量块并在磁场中运动。弹簧径向刚度很大、轴向刚度很小，使惯性系统既得到可靠的径向支承，又保证有很低的轴向固有频率。阻尼器一般采用紫铜制成，一方面可增加惯性系统质量，降低固有频率，另一方面在磁场中运动产生的感应电涡流使振动系统具有合理的阻尼，在传感器壳体内，还可以注入阻尼液以调节整个系统的阻尼，从而调节传感器内部振动系统的阻尼比。

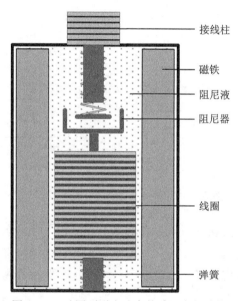

接线柱

磁铁

阻尼液

阻尼器

线圈

弹簧

图 3.25 动圈型磁电速度传感器内部结构

对动圈型磁电速度传感器分析可知，其力学工作原理与压电加速度传感器一致。从式 (3.12) 可以推导出，传感器质量块的速度振幅与被测试件的速度振幅之间的关系为

$$\frac{\dot{x}_m}{\dot{y}_m} = \frac{x_m \omega}{y_m \omega} = \frac{\lambda^2}{\sqrt{(1-\lambda^2)^2 + (2\zeta\lambda)^2}} \tag{3.19}$$

因此传感器输出 (质量块) 的速度振幅与试件速度振幅之间的关系只与 ζ 和 λ 有关。根据式 (3.19) 绘制速度传感器的幅频和相频特性曲线如图 3.26 所示。

由速度幅频特性曲线可知以下几个方面。

(1) 当 $\zeta < 1$ 且 $\lambda > 3$ 时，$\dot{x}_m \approx \dot{y}_m$，此时可以用传感器质量块的速度振幅替代被测试件的速度振幅。

(2) 惯性式速度传感器有一个使用下限频率，即被测最小频率不能接近传感器本身的固有频率 ω_0。为了扩大传感器的使用频率范围，一般将传感器的质量做得相对大一些，以

降低 ω_0。但是由于惯性式速度传感器与试件为接触式安装方式，故传感器的质量越大，给试件造成的影响也就越大，如附加质量、不平衡等。

(3) 惯性式速度传感器必须有一定大小的阻尼比。如果 ζ 太小，如 $\zeta = 0.1$，位移 (或速度) 幅值衰减较慢，自由振动因此被叠加到测试信号中，这种情况对于瞬态振动如冲击、爆炸等的影响非常明显。如果 ζ 太大，如 $\zeta = 2$，位移振幅因为阻尼而显著衰减，以致测量结果完全不能被采用。一般取 $\zeta = 0.6 \sim 0.7$。

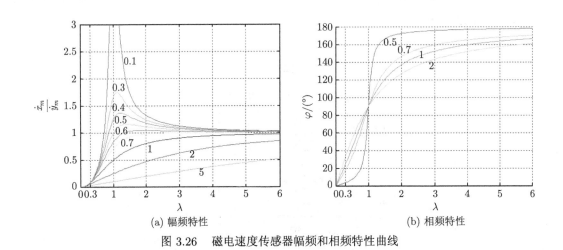

(a) 幅频特性　　　　　　　　　　　　　　　(b) 相频特性

图 3.26　磁电速度传感器幅频和相频特性曲线

综上，根据惯性式速度传感器电学及力学工作原理，当被测振动频率远大于传感器的固有频率 ($\lambda \gg 1$) 时，线圈中产生的电势与被测振动体的速度成正比，从而速度传感器的输出电压与被测物体的速度成正比，以此可以利用速度传感器测试物体的振动速度。

4. 安装方式

惯性式速度传感器因质量较重，底座尺寸大，往往用螺栓或磁座固定到被测物体表面。其选型、安装位置、固定方式等与压电加速度传感器类似。

3.1.5　声压传感器

航空发动机的噪声主要有三个来源：空气动力噪声、机械噪声和电磁噪声。其中，机械噪声又称为结构噪声，它是固体振动所产生的，主要是在撞击、摩擦和交变力作用下，压气机和涡轮叶片、转子、轴承、附件传动齿轮等产生振动而引起的噪声。机械噪声中包含着物体的正常运行及振动故障信息，因此声测也是一种重要的振动测试手段。在发动机修理厂，常用声压传感器检测转子的碰摩故障。

声压传感器又称为传声器或话筒，用来采集声音的压强。声压传感器测振具有以下特点：① 非接触测量，无损检测，测量距离能根据试验情况而定，近场的声测距离最小 2mm，远场声测距离可达数百米甚至更远；② 结构简单，便于安装，不受试件材料限制，可根据试验场地布置传感器安装位置；③ 受结构影响小，能从结构外部检测其内部振动故障；④ 频率范围宽，最大可测频率 20kHz 以上；⑤ 线性范围宽，1/8″ 的声压传感器最高可测幅值达到 180dB。

1. 结构形式

声压传感器及其放大器的结构形式如图 3.27 所示，这是一种典型的 ICP(IEPE) 传感器，输出信号为电压。声压传感器包括驻极体极头、前置。有的工况下，为过滤环境风噪声干扰，在传感器极头上套风罩。

所谓驻极体，是指极化后能长久保持极化强度的电介质，是一种具有持久性极化的固体电介质，在驻极体的两面可以"永久"存在正电荷和负电荷。许多有机材料 (如石蜡、硬质橡胶、碳氢化合物、固体酸等) 和无机材料 (如钛酸钡、钛酸钙等) 都可用来制备驻极体。

传声器的前置主要起阻抗变换作用，并不具备信号放大功能。

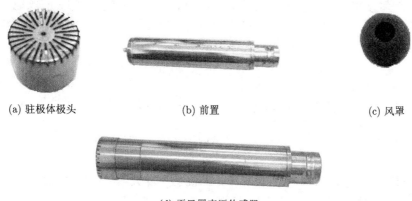

(a) 驻极体极头	(b) 前置	(c) 风罩

(d) 无风罩声压传感器

图 3.27　声压传感器结构形式

2. 技术参数

表 3.6 是常见的声压传感器主要技术指标。

表 3.6　声压传感器主要技术指标

参数	数值和描述
型号	INV9206
自由场灵敏度/dB	-26 ± 1.5 (50mV/Pa)
频率范围/Hz	20~20000
线性范围/dB	20~146
指向性	强指向性
最大输出电压/V, RMS	5 或 134dB
温度系数/(dB/℃)	-0.008 ($-20°$ ~$+60°$)
工作环境/℃	-35~80
电噪声/μV	< 2.0
供电方式	ICP(IEPE) 2~20mA
接线方式	BNC
外形尺寸/mm	极头：Φ12.7 (0.5″)，放大器：Φ13.2，总长度：85

实际使用中，根据使用环境，厂家会给出不同类型的传声器灵敏度。传声器的灵敏度有三种：声压灵敏度、自由场灵敏度及扩散场灵敏度。

声压灵敏度是应用最广泛的传声器灵敏度, 它是指传声器输出端开路电压和作用在传声器膜片上的声压的比值, 表达为

$$S_p = \frac{U_0}{p_1}(\text{V/Pa}) \tag{3.20}$$

式中, U_0 为传声器输出端的开路电压 (V); p_1 为作用在传声器膜片上的电压 (Pa)。与声压级一样, 传声器灵敏度也常用相对灵敏度表示, 即

$$L_p = 20\lg\frac{U_0}{p_1}(\text{dB}) \tag{3.21}$$

自由场灵敏度也称为声场灵敏度。自由场是指四周无声音反射的空旷场地 (或消音室)。传声器在自由场中输出端的开路电压和传声器所在位置的自由场声压的比值, 称为自由场灵敏度, 表达式为

$$S_f = \frac{U_0}{p_0}(\text{V/Pa}) \tag{3.22}$$

式中, p_0 为传声器所在位置自由场的电压 (V)。自由场相对灵敏度表示为

$$L_f = 20\lg\frac{U_0}{p_0}(\text{dB}) \tag{3.23}$$

扩散场灵敏度是指无规入射场灵敏度, 即混响声场灵敏度, 声音在所有方向上的声能密度相同, 单位面积上平均功率一样的声场中的灵敏度, 表达为

$$S_s = 0.018(S_{0^\circ}^2 + S_{180^\circ}^2) + 0.129(S_{30^\circ}^2 + S_{150^\circ}^2) + 0.224(S_{60^\circ}^2 + S_{120^\circ}^2) + 0.258S_{90^\circ}^2 \tag{3.24}$$

式中, S_{0°, S_{30°, S_{60°, $\cdots$ 分别表示与传声器轴向成 0°, 30°, 60°, $\cdots$ 声入射角的传声器自由场灵敏度。因此, 扩散场灵敏度是自由场灵敏度的合成。

传声器的灵敏度受到声音入射方向的影响, 即传声器测振具有指向性, 在购买传声器时还需要考虑其指向性。传声器的指向性是指在某一指定频率下, 随着声波入射方向的不同传声器灵敏度的变化特性, 以声波沿入射方向时的传声器灵敏度与声波轴向灵敏度的比值来表征。常用向性图 (极坐标形式) 和指向频率响应曲线表示传声器的指向性。

振动测试主要用强指向性传声器。强指向性传声器又称为枪式传声器, 是专门为了拾取一定方位的音源声音的传声器。它将左、右两侧和后面的声音排斥在传声器拾取空间之外, 其最佳收音角度为正前方的小范围锥形区域。利用声波相互干涉的原理, 采用声波干涉管制作的一只细长的管状传声器。图 3.28 是强指向性传声器不同方向的频响曲线。

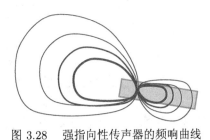

图 3.28   强指向性传声器的频响曲线

此外，声音信号的频率以及传声距离也会影响传声器灵敏度，使用时应保证被测音频在传声器的工作频率范围之内，且保证传声距离不要太远，否则声音在到达传声器时会变得微弱或完全被衰减掉。

3. 工作原理

在介绍传声器工作原理之前，先了解下跟声压传感器相关的一些概念。

声波具有疏密性，它使空气时而变密，压强增高，时而变疏，压强降低。若空气中无声波传播时的静压强为 p_0，称此声压为基准声压，一般情况下，p_0 是指 1000Hz 时人耳的可听阈声压，也就是正常人耳刚能听出来的声音声压，大小为 $20\mu Pa$。当有声波传播时，空气中的压强与静压强有一个差值，将压强差值称为声压 P，它的单位是 Pa。

因正常人耳听觉范围为 $20\mu Pa \sim 20Pa$，其绝对值量级相差数百万倍，用声压表示声音强弱很不方便，一般常用声压级 P_L 表示声音的强度，其表达式为

$$P_L = 20\lg\frac{p}{p_0}(\text{dB}) \tag{3.25}$$

由式 (3.25) 可知，人耳的听觉范围在 $0\sim120\text{dB}$。

传声器类型很多，而驻极体电容传声器是一种精度、灵敏度及稳定性较好的换能器，可以将电容容抗的变化转换为电压变化，在航空发动机振动、噪声测试领域拥有诸多应用。本节仅对该类型传声器的工作原理进行分析。

驻极体电容传声器内部结构如图 3.29 所示。当声压作用于膜片时，膜片振动而使背极与膜片的间距改变，电容量改变。在电容两极输出端产生一个交变的电压，由于电容量变化微小，在传输低频声压时，内阻抗很高。

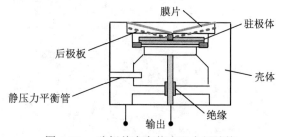

图 3.29　驻极体电容传声器内部结构

为将电容阻抗变换并放大，需用到场效应管 (FET)。场效应管是利用控制输入回路的电场效应来控制输出回路电流的一种电压控制型半导体器件，具有输入电阻高 ($10^7\sim10^{15}\Omega$)、噪声小、功耗低、动态范围大、易于集成、没有二次击穿现象、安全工作区域宽等优点。

驻极体电容传声器测量电路如图 3.30 所示。当声波作用在膜片上时，就会引起膜片的振动，使得膜片与后极板的间距发生变化，即电容量发生变化，从而引起驻极体上的电荷发生变化，也就是在极间形成音频，电流流过电阻时，会将音频信号转换为电压信号，再经过 FET 放大，从而完成声波到电信号的转换。因电容变化量跟膜片尺寸相关，因此传声器极头直径越大，灵敏度越高。不过，电容太大时，传声器的固有频率降低，因此，尺寸较大的传声器，其使用频率上限会较低。

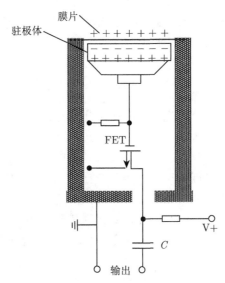

图 3.30　驻极体电容传声器测量电路

4. 安装方式

传声器是非接触传感器,其安装方式与电涡流传感器类似,需要用支架固定,如图 3.31 所示。

图 3.31　传声器安装方式

因为声音的反射,高精度的声测试验应在消声室进行。若不具备消声条件,需要进行信号处理以提取有用的振动信号,常用的声压信号的提取方法包括自相关法、波束形成阵列法等。此外,传声器信号会受到环境噪声及反射噪声的干扰,通常用信噪比表示传声器受干扰的程度。传声器的信噪比是指有用的信号功率和噪声功率之比,分输入信噪比 SNR_x 和输出信噪比 SNR_y。输入信噪比和输出信噪比的比值称为噪声系数,即

$$F = \frac{\text{SNR}_x}{\text{SNR}_y} = \frac{\bar{x}^2/\bar{N}_x^2}{\bar{y}^2/\bar{N}_y^2} \tag{3.26}$$

式中，$\bar{x}^2$、$\bar{y}^2$ 分别表示输入和输出信号的均方值；$\bar{N}_x^2$、$\bar{N}_y^2$ 分别表示输入和输出噪声的均方值。

3.1.6 光电转速传感器

转子动力学是振动领域中一个重要的分支，航空发动机转子的振动多与转速相关，在信号分析时需用到阶次分析，这需要知道转子的转速。转速虽然也是速度的一种，但它是角速度，与前述振动线速度的测试手段有本质区别。本节介绍在实验室中常用的一种转速测量传感器：光电转速传感器。

光电转速传感器具有以下特点：① 非接触测试，不会对被测量轴形成额外负载；② 测速范围宽，最高转速可以达到 200000r/min；③ 测速精度高，普通传感器的线性度在 1%以下，高性能光电转速传感器的线性度可以达到 0.1‰；④ 测量距离范围广，测距范围 10~500mm；⑤ 体积小，重量轻，一般重量不会超过 200g，便于携带、安装和使用；⑥ 适应性好，适用于具备漫反射能力的材料；⑦ 抗干扰性好，光电转速传感器多采用 LED 作为光线投射部件，极少会出现光线停顿的情况，也不会存在灯泡烧毁等故障危险，也不会受普通光线的干扰。

1. 结构形式

光电转速传感器的结构形式如图 3.32 所示。光电转速传感器前端有两个凸镜，分别调理发送光及反射光。外部壳体可以是螺纹或光滑圆柱体，使用时用支架固定即可。光电转速传感器的伸出线缆为三线制导线，导线长度可根据试验需要延长至数十米以上。光电转速传感器需要另外加装直流供电电源，供电电源一般为 12V 或 24V，不过厂家往往给出一个供电电压范围，只要供电电压在给定范围即可。

图 3.32　光电转速传感器结构形式

2. 技术参数

表 3.7 是常见的光电转速传感器主要技术指标。

3. 工作原理

光电转速传感器基于光电效应测试旋转体的转速。物质 (金属或半导体) 在光作用下发射电子的现象，称为光电效应。简单地说，当用光照射某一物体，可以看作一连串带有一定能量的光子轰击在这个物体上，此时光子能量就传递给电子，并且是一个光子的全部能量一次性地被一个电子所吸收，电子得到光子传递的能量后其状态就会发生变化，从而使受光照射的物体产生相应的电效应。

表 3.7　光电转速传感器主要技术指标

参数	数值和描述
型号	DK890
工作电压/V DC	+10~+36
测速范围/(r/min)	1~60000
触发形式	反光条
测量方式	反射式
应用距离/mm	10~500
使用温度/℃	-40~100
接线方式	三线制
尺寸/mm	$\Phi 18 \times 70$, M18×1.0
安装方式	M18×1.5
壳体材料	金属

　　由于被光照射的物体材料不同，所以不同旋转体产生的光电效应也不同，通常，光电效应分为外光电效应和内光电效应。目前市面上常见的光电转速传感器利用的是内光电效应原理，即受光照物体的电导率发生变化或产生光电动势的效应。

　　光电转速传感器将转速的变化变换成光通量的变化，再经过光电元件转换成电量的变化，根据其工作方式可分为反射式和直射式两类。航空发动机测速用到的光电转速传感器多为反射式传感器。

　　如图 3.33 所示，光电转速传感器主要由发送器、接收器、检测电路三部分构成，有时还包括发射板和光导纤维等。发送器由振荡电路和发光二极管组成，振荡回路采用不稳定多谐振荡方式产生一个高频调制频率，利用该频率控制发光二极管的开关频率，用以对转子提供光照。接收器由光电二极管、交流放大器、振荡电路三部分构成，用以接收发送器所发射的光束并将其转换为电信号。检测电路检测由接收器输出的电信号，通过检波及整形，检波输出的直流电信号与一定的直流电压相比较，高于此值，输出为高电平，低于此值，输出为低电平，从而将有效电信号整形为方波信号，最终将方波信号输出给计算机。

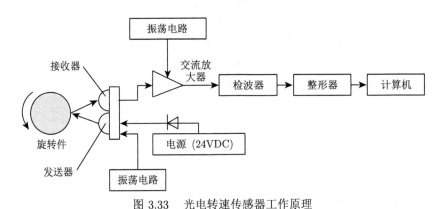

图 3.33　光电转速传感器工作原理

　　测试时，转子材质均匀且为圆柱面，接收器接收的光信号不变；若在转子周向位置粘贴反光条，则当反光条通过光电传感器对准面时，接收器收到的光通量发生变化，检测电信号被调制。

反光条的周向个数称为键相数。当转子旋转一周时，接收器接收光的次数等于轴上的键相数，若键相数为 m，记录过程时间为 t 秒，总脉冲数为 N，则转子转速为

$$n = \frac{60N}{mt} (\text{r/min}) \tag{3.27}$$

由式 (3.27) 可知，当键相数是 60，即转子周向有 60 个反光条时，转子转速每秒通过的脉冲数 N，即传感器输出方波的频率为 $N(\text{Hz})$，此时转子转速也为 $N(\text{r/min})$。在航空发动机中，经常利用这一特征设计测试齿盘。

4. 安装方式

光电转速传感器的供电电压通常为 24V DC，其伸出线一般为三根，分别为棕线、蓝线及黑线。接线时，棕线接正极，蓝线接地，黑线为输出，如图 3.34 所示。

图 3.34　光电转速传感器接线方式

光电转速传感器状态指示可分为四种：NPN 常开，NPN 常闭，PNP 常开，PNP 常闭。

常开 (NO) 与常闭 (NC) 主要是根据接收器有无外来因素 (感应信号) 的状态来区分。常开是平常状态下信号输出线为断开状态，无信号输出，当感应到反光条时才闭合并输出信号。常闭是平常状态下信号输出线为闭合状态，持续信号输出，当感应到反光条时才断开并关闭信号。在有的光电转速传感器尾部，配备了状态指示灯，常开是未感应到反光条时，指示灯一直亮，反之则是常闭。

NPN 是指平常不动作 (不感应) 时，输出是高电位 (如输入 24V，输出 24V 左右)，感应时，输出是低电位 (0V)。PNP 则相反，是指平时不动作 (不感应) 时，输出是低电位 (如输入 24V，输出 0V)，感应时，输出高电位。NPN 输出常被称为负极输出，PNP 输出常被称为正极输出。

综上，NPN 常开就是指不感应时，状态指示灯常亮，传感器输出高电平；其他工作方式以此类推。

测试中，光电转速传感器应按照其说明书的测试距离安装于被测转子附近，超出测试距离范围，传感器的响应性能显著降低，可测频率范围也缩小。最佳测试距离，即传感器最佳安装位置可根据状态指示灯的开关辨别。不当的安装距离会使传感器转速测试误差大，若转子转速需要反馈且通过反馈控制转子转速，传感器的安装距离一定要校正，使其测试结果满足转子工作转速范围的测量精度。

3.1.7　霍尔转速传感器

霍尔转速传感器是一种磁电式转速传感器，因性能稳定，可测转速高，价格较光电转速传感器低廉，也广泛应用于航空发动机转速测量中，尤其是控制转速的测量。常规的霍

尔转速传感器可测转速范围较光电转速传感器低，最高可测转速在 5000r/min 以下，但高性能的霍尔转速传感器可测转速上限达 200000r/min，可以与光电转速传感器媲美。不同于光电转速传感器对转子材质无要求，霍尔转速传感器适用于金属导电材料，主要应用于齿轮、齿条、凸轮和特质凹凸面等设备的运动转速测量。霍尔元件灵敏又抗干扰，基本消除了外界因素 (如振动、电机磁场、外界杂散电磁场等) 的干扰，同时使输出信号强度与转速无关，始终保持最佳状态，可以测量出非常低的转速 (甚至静止的物体)。

1. 结构形式

霍尔转速传感器的结构形式如图 3.35 所示。传感器探头与电涡流传感器非常类似，不过其前端是霍尔元件，在传感器内部有永久磁铁和电子电路。霍尔转速传感器的外部壳体为螺纹结构，其固定方法跟电涡流位移传感器及螺纹式光电转速传感器一致，可用支架固定。霍尔转速传感器与光电转速传感器的伸出线缆一致，均为三线制，导线长度可根据实验需要延长至数十米以上，同样霍尔转速传感器需另外加装直流供电电源，供电电源一般为 24V，实际上厂家往往给出一个供电电压范围，只要供电电压在给定范围即可。

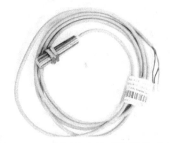

图 3.35   霍尔转速传感器结构形式

2. 技术参数

表 3.8 是常见的霍尔转速传感器主要技术指标。除了表中给出的适用对象外，对被测转子的周向结构安装磁钢或扰磁附件，霍尔转速传感器也可用于其他材料或结构的转子转速测量。

表 3.8   霍尔转速传感器主要技术指标

参数	数值和描述
型号	N1H-5A-100
测试范围	0~4000r/min
响应频率	0~15kHz
测量距离	0.2~3mm (常规 1.5mm)
适用对象 (铁磁体)	齿轮：模数 $M > 2$，齿面宽度 > 5mm；孔：直径 $d > 5$mm，间隔 > 2mm，深度 > 4mm；沟槽：宽度 $w > 4$mm，间隔 > 2mm，深度 > 4mm
最小可探测齿轮模数	$M > 1$ (工作间隙需缩短，建议 0.8mm)
供电电源	电压直流 5~32V
信号类型	脉冲方波
接线方式	NPN 或 PNP

续表

参数	数值和描述
推荐电缆长度	< 100m/kHz
工作温度	−40∼ +105℃
安装方式	M18×1.5
壳体材料	黄铜
重量	100∼300g

3. 工作原理

霍尔转速传感器是基于霍尔效应工作的。对位于均匀磁场中的半导体施加一个电流，该磁场的方向垂直于所施加电流的方向，则在既与磁场垂直又和所施加电流方向垂直的方向上产生另一个电压 (U_H)，将这个电压称为霍尔电压，这种现象被称为霍尔效应。

霍尔效应产生的原因是，半导体在磁场力 (也称为洛伦兹力) 的作用下，电子被推向半导体的一侧，并在该侧面形成电子积累，而另一侧形成正电荷积累，从而在半导体的两侧面产生静电场。这就好比一条路，本来大家是均匀地分布在路面上，往前移动。当有磁场时，大家可能会被推到靠路的右边行走。故路 (导体) 的两侧，就会产生电压差。

由非金属的具有霍尔效应的半导体制成的电子器件称为霍尔元件。图 3.36 是霍尔元件的基本电路。激励电流由电源 E 提供，可变电阻 R 用于调节激励电流的大小。电阻 R_L 是霍尔电压的负载电阻，通常它是放大器或采集装置的输入阻抗。

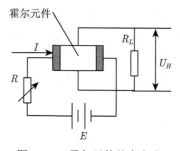

图 3.36　霍尔元件基本电路

霍尔转速传感器的工作原理如图 3.37 所示。传感器由一个带有霍尔元件的传感芯片和永磁体构成。永磁体产生的固定磁场在霍尔元件上产生一个恒定的电场。霍尔转速传感器在测量机械设备的转速时，被测量机械的金属齿轮、齿条等运动部件会经过传感器的前端，引起磁场的相应变化，当运动部件穿过霍尔元件产生磁力线较为分散的区域时，磁场相对较弱，而穿过产生磁力线较为集中的区域时，磁场就相对较强。霍尔转速传感器就是通过磁力线密度的变化，在磁力线穿过传感器上的感应元件时，产生霍尔电势。

霍尔转速传感器的霍尔元件在产生霍尔电势后，会将其转换为交变电信号，最后传感器的内置检波和整形电路会将信号调整和放大，输出矩形脉冲信号。由上述分析可知，脉冲信号的频率与转子转速成正比，齿轮的外形决定了输出脉冲占空比。对于标准齿轮来说，占空比约为 50%。将齿轮的模数作为键相数，则霍尔转速传感器转速的计算公式与光电转速传感器一致，均可通过式 (3.27) 计算得出转子的转速。

霍尔转速传感器的输出电路既可以为 NPN，又可以为 PNP，输出方波信号的电压与电源电压有关，最高可测频率由霍尔元件的响应速度、齿轮齿形及线路延迟决定。通常探头尾部带状态指示灯的传感器响应转速低，因而可测频率较低。

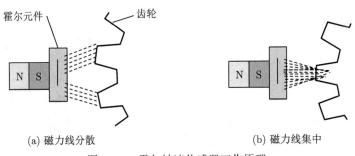

图 3.37   霍尔转速传感器工作原理

4. 安装方式

霍尔转速传感器的供电电压通常为 24V DC，其输出导线与光电转速传感器一致，大多为三线制，接线方式也一致，如图 3.34 所示。

虽然大多数霍尔转速传感器内置有永磁体，但若想获得较为稳定精确的转速结果，有的测速齿轮会采用软磁材料，如小型教练机所用的活塞式航空发动机测速齿盘。若被测转子非齿轮，可在旋转件上加工一圈斑马带状的磁钢或扰磁材料的附件装置，如图 3.38 所示，同样可以用霍尔转速传感器进行测速。

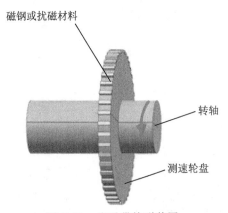

图 3.38   斑马带扰磁装置

3.1.8   光电编码转速传感器

光电编码转速传感器，常用于汽车动平衡机、燃气轮机等，因频响快、转速精度高、安装方便、价格低廉、可将旋转工况下的振动信号传输到静态测试设备等优势，近年来光电编码器也常用于转子瞬时速度及扭振的测量。

1. 结构形式

光电编码器的结构形式如图 3.39 所示。编码器由中心旋转轴和外部静止壳体组成。从结构上来说，编码器有实心、环形两种结构。实心编码器较环形编码器尺寸小，其中心旋转轴直径更小，小型编码器的中心轴直径不到 4mm，轴的输出端可以是外螺纹，也可以是含切面的柱体。

(a) 实心　　　　　　　　　　　　　　　　　　　　(b) 环形

图 3.39　光电编码器结构形式

2. 技术参数

表 3.9 是常见的光电编码器主要技术指标。光电编码器的分辨率用 PPR 表示，它是指每转通过的脉冲数。

表 3.9　光电编码器主要技术指标

参数	数值和描述	
型号	E6B2-CWZ6C	E6B2-CWZ5B
分辨率/PPR	60, 100, 200, 300, 360, 1000 等	
最高可测转速	6000r/min	6000r/min
供电电源	5~24V DC	12~24V DC
输出方式	NPN 常开	PNP 常开
径向最大轴负载	30N	
轴向最大轴负载	20N	
输出相	A(黑)，B(白)，Z(黄)	
输出相位差	A 相、B 相的相位差 $90°\pm45°$	
工作温度	$-10\sim+70℃$	
材料	壳体：ABS；本体：铝；轴：SUS41012	
质量	约 100g	
振动 (耐久)	10~500Hz 上下振幅 2mm 或 150m/s², X，Y，Z 各方向 扫频 11min/次，共 3 次	
冲击 (耐久)	1000m/s²，X，Y，Z 各方向 3 次	

3. 工作原理

用于转子转速测量的光电编码器也称为增量式光电编码器，它主要由发光二极管、棱镜、码盘、检测光栅、光敏管、放大器等组成，如图 3.40 所示。

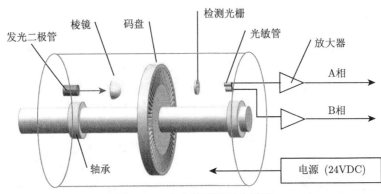

图 3.40   光电编码器工作原理

码盘上刻有周向均匀分布的透光间隙，相邻两个透光间隙代表一个增量周期。

检测光栅上刻有 A、B 两组光栅，用以通过或阻挡光源与光敏管之间的光线。A、B 两组光栅在相对位置上错开 1/4 节距，使得光线通过码盘和检测光栅时，它们的光路存在 90° 的相位差，如图 3.41 所示。

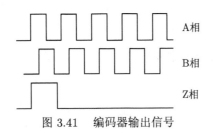

图 3.41   编码器输出信号

测试时，码盘随转子同步转动，检测光栅固定在编码器外壳上不动，码盘上透过的光线被检测光栅拾取后，通过光敏管将光信号转换为电信号，而后经放大器调理后输出，编码器输出的信号为矩形方波。

光电编码器的响应频率主要由光敏管的灵敏度及放大器等电子元件的响应速度决定。当编码器的码盘高速旋转时，光敏管输出信号的频率较高，若电子元器件灵敏度低，则输出信号的幅值会由于 PN 结电容较大而降低，加大后续电信号的调理难度。当电子元件的响应速度较码盘输出信号低时，传感器会出现信号畸变、丢失脉冲等问题。计算编码器的最大响应频率 $f_{\max}$，可以用以下公式表示：

$$f_{\max} = \frac{R_{\max}N}{60}(\mathrm{r/min}) \tag{3.28}$$

式中，$R_{\max}$ 为转子最高转速；N 为编码器分辨率。

了解上述编码器工作原理后，下面接着介绍编码器的测速理论。常见的编码器测速方法有两种：定时测角法 (M 法) 和定角测时法 (T 法)。有的传感器会采用这两种测速方法的结合，采集设备可根据实验信号手动或自适应切换，如传统的 M/T 法，变异 M/T 法等。本节仅介绍 M 法和 T 法测速理论。

M 法的测速原理如图 3.42 所示。对恒定的高频时钟周期 T_s，计算该周期内通过的脉冲数 m 并计算转速，称为 M 法。转子转速的计算公式如下：

$$\omega = 2\pi \frac{m}{NT_s}(\text{rad/s}) \tag{3.29}$$

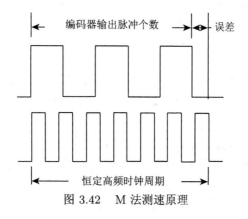

图 3.42　M 法测速原理

由式 (3.29) 计算 M 法的测试分辨率 Q，表达为

$$Q = 2\pi \frac{m+1}{NT_s} - 2\pi \frac{m}{NT_s} = 2\pi \frac{1}{NT_s}(\text{rad/s}) \tag{3.30}$$

这说明 M 法测速精度与转子转速无关，与编码器分辨率和给定的高频时钟周期成反比。因此，为提高测速精度，可提高编码器的分辨率 N，也可以适当增加高频时钟周期 T_s。

T 法的测速原理如图 3.43 所示。对编码器输出信号的一个脉冲周期 T_c，计算其花费的时间，这种测速方法称为 T 法。为精确估计微弱的脉冲时间段，需用高频时钟脉冲的个数表示该花费时间。若编码器单位脉冲周期 T_c 输出所花费的时间为 n 个高频时钟脉冲，则转子转速的计算公式如下：

$$\omega = 2\pi \frac{1}{nNT_c}(\text{rad/s}) \tag{3.31}$$

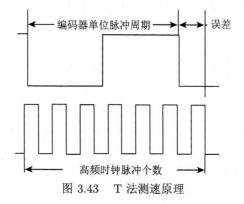

图 3.43　T 法测速原理

由式 (3.30) 计算 T 法的测试分辨率 Q, 表达为

$$Q = 2\pi \frac{1}{nNT_c} - 2\pi \frac{1}{(n+1)NT_c} = 2\pi \frac{1}{n(n+1)NT_c} (\text{rad/s}) \tag{3.32}$$

这说明 T 法测速精度与转子转速引起的编码器单位脉冲周期、编码器输出脉冲分辨率、高频时钟周期成反比。为提高编码器测速精度, 需提高编码器分辨率及高频时钟计数器频率。

4. 安装方式

输出端为螺栓的编码器, 在安装时需要在被测转子轴向方向上加工相应的内螺纹, 通过螺纹连接编码器和转子, 使中心轴与转子同步旋转。输出端有切面的编码器, 需要在转子连接部分的轴向方向加工通孔, 在径向方向加工螺纹孔, 将编码器中心轴伸入通孔后, 再用机米螺丝将中心轴压紧在通孔中。环形编码器的中心轴内径由被测旋转件决定, 转子和编码器的内轴紧配合连接, 在要求不高或转速不高的情况下, 也可以用弹簧箍的方式将中心轴固定于转子轴上。

小型实心编码器的外壳无须固定, 可以悬臂安装, 也可以设计静子支架固定其外壳。环形编码器外壳尺寸较大, 通常置于转子轴段的中部, 也可安装在不易钻孔的转子轴端部, 除内轴需紧配合安装外, 还应设计静子外壳的固定支架, 如图 3.44 所示。当转子转速较高时, 均应设计编码器固定支架, 将编码器外壳固定。对箍抱式或机米螺丝顶紧式编码器, 应防止转子变形引起的编码器脱离。

图 3.44 编码器安装

有的编码器的输出线较多, 但若利用其测转速, 通常仅用到三根线, 分别为 Vcc (电源, 棕色)、0V (COM 或 GND, 黑色) 及 A(负极输出, 蓝色), 供电电源与光电转速传感器类似, 一般为 24V。大多数编码器存在一个供电电源范围, 供电电源在厂家给出的范围内即可。有的编码器输出线为三线制, 且颜色与光电转速传感器一致, 对于这类编码器, 其接线方式可参考图 3.34。

需要注意的是, 若仅测试转子转速, 分辨率 N 不用太大, 30PPR 已经可以得到较为理想的转速测试值; 若用编码器测试转子扭振, 分辨率 N 也并非越高越好, 过高的分辨率

意味着更高的信号采样频率，对后续采集设备的采样频率等信号要求高，同时对信号的存储要求也会过高，严重时可能采集不到良好的扭振信号，造成采集设备或计算机卡滞，推荐扭振测试的分辨率为 128PPR。

3.1.9　导电滑环

前述各类传感器，对旋转件振动的测量均为非接触式。但很多参量的测试必须用接触式电测才可实现，如轮盘、叶片、轴件、齿轮等部件旋转状态下的振动应变等。应变片的工作原理等在第 2 章已介绍过，但对这些旋转件的振动应变测量，因应变片及其导线随被测件旋转，故需要采用专门的中间仪器将旋转导线上的信号传递到静止不动的仪器上。这种中间仪器一般是导电滑环，也称为集电器、引电器。导电滑环是一种将旋转构件上的信号准确传递到静止测量仪器上的中介传感器，它可以传递旋转试件的应变、温度等电信号。

1. 结构形式

导电滑环的结构形式如图 3.45 所示。从导电滑环的安装方式分类，常用的导电滑环有以下两种结构：小型帽式、过孔环式。与光电编码器结构类似，导电滑环中心轴将被固定在被测转子上，跟随转子一起转动。中心轴上嵌有导线，这些导线与应变片、热电偶等旋转测振元件的引出线接线，并与传感元件一起旋转。导电滑环的外部壳体是静止件，用来与静止设备连接。导电滑环的中心轴上导线与静止外壳的电信号传输方式分为刷环式、感应式及无线式三种，本小节后续将对这些传输方式逐一介绍。

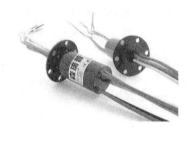　　　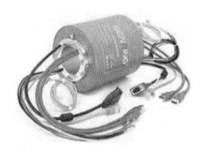

(a) 小型帽式　　　　　　　　　　　　　　　(b) 过孔环式

图 3.45　导电滑环结构形式

2. 技术参数

表 3.10 是常见的导电滑环主要技术指标。因可安装导电滑环的转子轴段长度、转子直径、转子转速、测试电路引出线个数、信号采集设备的要求不同，航空发动机测振中，大多数用到的导电滑环都需定制。

转子对分布质量非常敏感，导线布置虽然质量小，但也对转子的动平衡性能造成影响，尤其是对于高速小型转子，定制导电滑环的好处是可以设计导电滑环的环路数及转子转速，以便满足实际工况需求。

表 3.10 导电滑环主要技术指标

参数	数值和描述
型号	森瑞普定制系列
环路数	2~96 路 (可定制 2~300 路, 任选环路数)
电压范围	0~600V DC/V AC
工作转速	250r/min (可定制, 最高转速可达 12000r/min)
工作温度	−40~85℃
工作方式	刷环式
导线长度	300mm (可定制)
电流	信号 2A, 电流 10A/路
动态电阻变化范围	< 10mΩ
电气噪声	< 6mΩ
扭矩	0.01N·m/6 路
绝缘强度	1000MΩ
轴承	高精密滚珠轴承
接触材料	贵金属
外壳材料	铝合金
接口方式	USB、网线、HDMI、光纤、射频、组合传输视频 (可定制)

3. 工作原理

导电滑环有接触式和非接触式, 常见的接触式导电滑环为刷环滑环, 非接触式包括感应式滑环和无线滑环。

刷环滑环由旋转的集流环、静止的电刷和连接弹簧等组成。按其接触的方向不同分为端面式和径向式两种, 如图 3.46 所示。从结构上看, 径向式滑环的稳定性较好, 电刷和连接弹簧的接触不会因滑环中心轴的振动而脱离, 接触电阻也不会因此而波动太大, 但端面式滑环的电阻噪声则会因中心轴振动而变大。因此仅在安装轴段较短的情况下采用端面式滑环, 一般应采用径向式滑环。

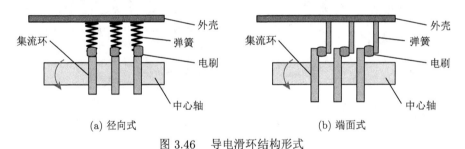

(a) 径向式   (b) 端面式

图 3.46 导电滑环结构形式

测试时应变片粘贴于旋转构件上, 当试件受力 (离心力、气动力、热应力) 变形时, 应变片感受的应变信号由自身引脚传递到随试件一起旋转的集流环上 (每个集流环互不依赖, 彼此绝缘), 通过与集流环接触的电刷, 经由弹簧, 传递到应变仪等上。

影响刷环滑环性能的主要因素有三个: 电刷与集流环之间的接触压力, 电刷、集流环和弹簧的材料以及刷环内部结构形式。

(1) 电刷与集流环之间的接触压力

接触压力大, 则电刷与集流环的接触电阻波动小, 故因接触压力引起的误差小, 但两者由于接触压力产生了较大的摩擦力, 从而造成导电滑环的磨损严重。

　　接触压力小，则电刷与集流环的接触电阻波动大，故因接触压力引起的误差大，但导电滑环的磨损不大。

　　接触压力要兼顾波动电阻及使用寿命，合理选取。

　　(2) 电刷、集流环及弹簧的材料

　　电刷与集流环的材料对导电滑环的接触电阻、热电势和耐磨性影响很大。一般用银铜合金作为集流环，用银石墨作为电刷较为理想，其中银的含量根据摩擦速度而定，速度大时，石墨的比例大一些。可以在刷环材料中加入其他元素或化合物，以增强材料的耐磨性或减小接触电阻的波动。

　　对弹簧的要求是弹性好、疲劳极限高、抗磁好、导电率高，通常采用铍青铜制成。

　　(3) 刷环内部结构形式

　　同一个集流环上的电刷一般为 2~4 个，过多的刷子虽然可能进一步减少接触电阻波动，但会增加磨损，且结构也会复杂。同一个集流环上与各个电刷对应的压紧弹簧最好固有频率有些差异，否则会引起共振，导致接触不良。

　　对于径向式刷环，同一集流环的电刷应该按圆周均布，且使电刷的接触点和旋转中心的连线成一定角度 (一般 7°~10°)，以减小电刷的侧向力，使其在弹簧作用下自由活动。

　　端面式导电滑环优于径向式，因为试件在旋转过程中，导电滑环上用的轴承有径向间隙，工作时有径向跳动。而且旋转件的径向振动远大于轴向振动，从而使径向式导电滑环产生较大的电噪声。

　　接触式导电滑环因通过触点传递信号，若转速高或轴的尺寸太大，会导致触点处的线速度很高，从而导致接触电阻波动大，温度效应也很严重，从而使导电滑环性能难以保证，寿命因此减少。因此有必要采用非接触式导电滑环进行测量。

　　感应式导电滑环利用电磁感应原理，如图 3.47 所示，将旋转件上的应变信号通过电磁线圈耦合，传递到静止仪器上。静止线圈与高频振荡器相连。通过转动的感应线圈，传递该高频电压给电桥作为供电电源，应变片感受的应变信号与该高频信号耦合，经转动部分的输出线圈传递给静止的感应输出线圈，经放大、检波后输出到计算机。

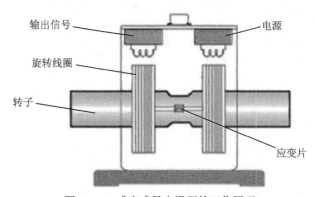

图 3.47　感应式导电滑环的工作原理

　　感应式导电滑环的传输效率与静、转子线圈之间的径向间隙成反比，而空气的磁阻很大，故在不产生相互摩擦的前提下，该间隙越小越好。合理选取线圈匝数比，也可以提高传输效率。

感应式导电滑环允许的转速高、寿命长、结构简单，维护方便。但各感应线圈之间存在互感，造成干扰，降低了信噪比。增大各组线圈之间的轴向距离，并采取铜或铝制屏蔽环，可以减少干扰和轴向串音，提高信噪比。同时，转动部分和静止部分之间的工作气隙造成互感和接触电阻的波动，为此需在安装时提高各组线圈的同心度以保持互感和接触电阻的稳定性。

另一种非接触滑环为无线滑环。该种导电滑环是一种无线遥测装置，其收发信号原理类似于无线网络、手机或收音机，以天线耦合实现信号的发送与接收，工作原理则与应变仪一致。无线滑环不仅可传输应变信号，也可传输加速度、温度等信号，其信噪比高，能耐冲击和振动，使用方便，可以在恶劣的环境下进行振动参数的测量。

无线滑环将旋转件上的应变信号转化成电压信号，并经过放大后输出到载波振荡器 (射频振荡器上)，对载波进行调制，使电压信号转换成频率变化的信号 (调频)，由天线发射出去。天线内置谐振电路，当发射信号频率与天线内电路谐振频率一致或落在谐振频率共振区时，天线接收器因电路共振接收到高频发射信号，输出信噪比较高的响应电压，经采集设备内置放大、检波、滤波电路后，输出给计算机。

无线滑环系统含有发射和接收两部分，见图 3.48。

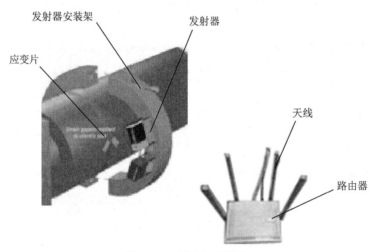

图 3.48   无线滑环系统

无线滑环发射部分的电源、支架要跟转子一起转动，这些附件的质量要尽量轻，周向分布均匀或对称，防止引起转子的不平衡。

4. 安装方式

转子测振中常规用到的滑环都是刷环滑环。图 3.49 是一种典型的端面无封装导电滑环安装方式。应变片按 0° 和 180° 周向对称的方式沿转子轮盘径向粘贴，并用硅胶密封，避免高速旋转下应变布线引起的动不平衡过大，同时防止应变片脱开。应变片引出线通过空心轴周向上的小孔穿进空心联轴器，与导电滑环的中心轴相连 (图中还未连接)。导电滑环通过支架固定在转子的左端部，其中心轴伸入联轴器并通过顶丝固定，中心轴上的滑环接线头与应变片引出线相连。在导电滑环的外壳，焊接了一排导线，这些导线的编号与中心轴内导线的编号一一对应，因此电桥电路等测量电路可根据应变片、导线编号等组线。图 3.50 和图 3.51 是有封装环形滑环和端部滑环的安装方式。

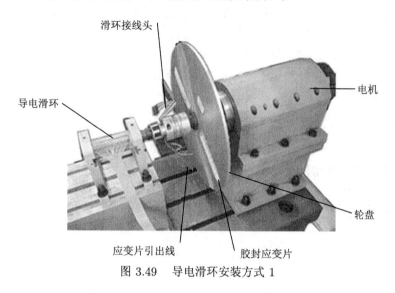

图 3.49　导电滑环安装方式 1

图 3.50　导电滑环安装方式 2

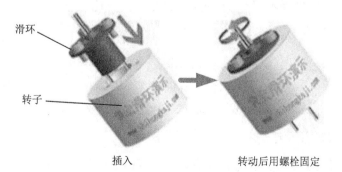

图 3.51　导电滑环安装方式 3

在旋转件振动测量中，跟滑环连接的应变片安装还需注意以下几点。

(1) 应变片安装要牢固。由于试件高速旋转，应变片及其导线承受着很大的离心力和高速气流的冲刷，故常需要在应变片和导线外表面涂保护胶或焊金属箔片的盖层。

(2) 应变片的安装和导线走向不应破坏旋转件的动平衡。多个应变片同时测量时，注意导线排布方式在周向方向尽量对称均匀。

(3) 应变片需要温度补偿。旋转件的热输出除结构热传导外，还来源于旋转件与空气的摩擦，因此旋转件本身的温度与周围环境的温度并不一致，故通常用温度自补偿方式避免温度效应导致的热输出。

3.1.10　位移、速度和加速度之间的转换

振动测试中，因结构尺寸、测量环境等限制，位移、速度、加速度传感器并不能随便选择，实验可能需要振动位移响应，但测试环境却仅能选择加速度传感器，此时需要将加速度信号转换为位移信号。

位移、速度、加速度的转换关系可通过以下方程实现。

振动位移：

$$x = A\sin(\omega t + \varphi) \tag{3.33}$$

振动速度：

$$v = \omega A\sin\left(\omega t + \varphi + \frac{\pi}{2}\right) \tag{3.34}$$

振动加速度：

$$a = \omega^2 A\sin(\omega t + \varphi + \pi) \tag{3.35}$$

比较以上三式可得：

(1) 位移、速度、加速度的振动频率和振动形式都是一样的；

(2) 速度振幅为位移振幅的 ω 倍，加速度振幅为位移振幅的 ω^2 倍；

(3) 速度相位超前位移 90°，加速度相位超前位移 180°。

若选用位移、速度、加速度中的一种传感器，其余两个振动参量即可通过微分或积分得到。但应注意：

(1) 离散信号的微积分会受到严重的初始零位和微弱电噪声干扰，仅从数值方法产生的微积分信号误差非常大；

(2) 传感器的频响特性不同，如加速度传感器对高频比较敏感，而位移传感器对低频敏感，因此加速度传感器的低频响应误差较大，积分为速度或位移后的误差会更大，反之也如此。

综上，在振动频率已知的情况下，通过式 (3.33)～ 式 (3.35)，通过一种振动参量可简单估计另外一种振动参量，但无论用微积分计算还是振幅预估，对传感器不敏感的频率范围，误差都可能过大。在传感器安装环境允许时，尽量选择与测量参数一致的传感器。

3.1.11　传感器的动态标定

与静态标定过程类似，但传感器动态标定的目的是检测传感器的动态性能指标。动态性能指标是通过传感器的线性工作范围、频响函数、幅频及相频曲线以及阶跃响应曲线来

确定传感器灵敏度、频率范围、幅值及相位误差等。本节介绍加速度传感器灵敏度、转速传感器灵敏度、声压传感器灵敏度的动态标定方法。

1. 加速度传感器

一般用振动传感器标定仪 (图 3.52) 进行加速度传感器标定。加速度传感器标定实验装置如图 3.53 所示。

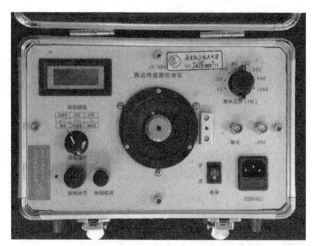

图 3.52　振动传感器标定仪

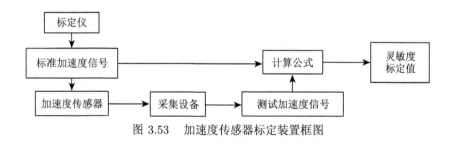

图 3.53　加速度传感器标定装置框图

将加速度传感器安装于标定仪中心的小振动台面，在标定仪上设置激励频率及激励幅值，给传感器一个标准振动加速度 $A_0 \sin(\omega_0 t)$。

传感器的输出线连接到采集设备 (电荷输出的传感器需在采集设备前加装电荷放大器)，设置一个测试灵敏度 $K_测$，忽略相位差，若采集设备输出结果为 $B_0 \sin(\omega_0 t)$，则频率 ω_0 下传感器的灵敏度 K_0 计算公式为

$$K_0 = \frac{K_测 B_0}{A_0} \tag{3.36}$$

对传感器频率范围内的频率分级标定，分级方式可为对数或级数方式，如取标定频率为：10，20，$\cdots$，100，200，$\cdots$，1000，2000，$\cdots$，10000，$\cdots$。标定幅值可根据频率大小调整，频率较大时，加速度幅值应尽可能以频率的平方幂次增加，以保证标定精度。在

得到一系列的标定值后，绘制频率-灵敏度曲线，用最小二乘法拟合该曲线，得到最优灵敏度。图 3.54 是三向加速度传感器 Z 轴灵敏度标定得到的结果。

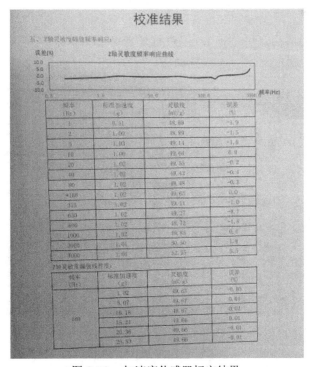

图 3.54　加速度传感器标定结果

上述标定仪和标定方法也可用来标定速度传感器。

2. 转速传感器

转速传感器转速的标定如图 3.55 和图 3.56 所示。给一个恒定转速，电机带动旋转盘以标准转速旋转，旋转盘端面上粘贴反光条，用转速传感器对准反光条所处半径，测试旋转盘转速，然后根据测算结果计算转速传感器测试误差。

标定时，仍然需要选定传感器量程范围的多个转速，如图 3.57 所示。

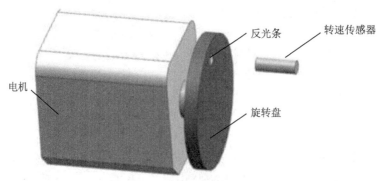

图 3.55　转速传感器标定方式

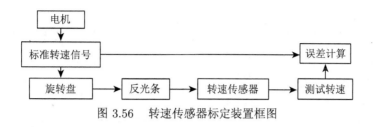

图 3.56　转速传感器标定装置框图

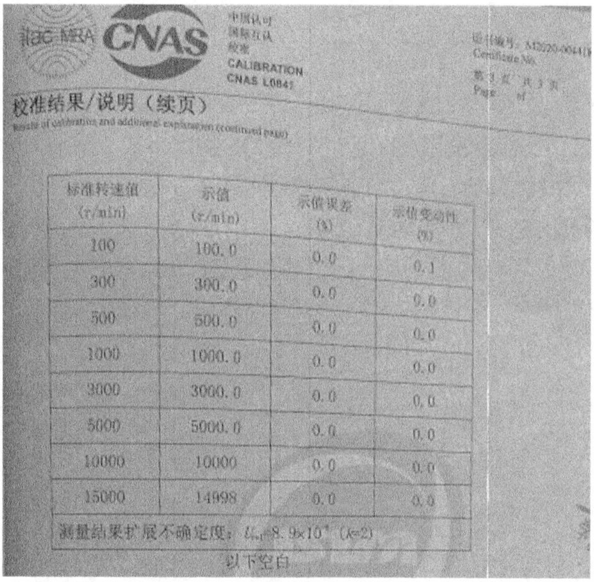

图 3.57　转速传感器标定结果

上述标定方法对光电式、霍尔式转速传感器均适用，但不能用于光电编码器的标定。

3. 声压传感器

声压传感器的标定要用到声校准器，声校准器如图 3.58 所示，其主要技术指标见表 3.11。对于声校准器，其准确度等级越高，测试结果可靠性越好。

图 3.58　声校准器及传声器

表 3.11　声校准器主要技术指标

主要技术性能	AWA6223F 型	AWA6224F 型
准确度	1 级	2 级
标称声压级/dB	94	74、84、94、104
标称频率/Hz	1000,500,250,125	1000
适用范围	1″ (Φ23.77 mm)、1/2″ (Φ12.7 mm)、1/4″ (Φ6.35 mm) 传声器	
外形尺寸	155mm×50mm×40mm	
质量	240g	

　　声压传感器标定装置如图 3.59 所示。通常用 1000Hz、94dB 的声压信号作为被标定传声器的标准输入信号,传声器输出信号接入声采集设备,如 LMS、东方所振动采集仪,这些采集设备均具有标定功能,在其对应软件的标定模块中输入标准声压信号的声压级大小和频率,软件会计算出声压传感器的灵敏度。

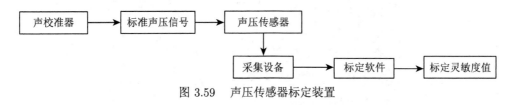

图 3.59　声压传感器标定装置

3.2　激振设备

　　为提高航空发动机零部件疲劳可靠性,各零部件的工作应力不能过大,这就需知道关键零部件的振动性能,避免零部件在其固有频率、共振区或响应较高的危险频率工作。为了解航空发动机关键零部件的振动性能,如叶片固有频率、叶片振动幅值响应、鼠笼弹支的动刚度、挤压油膜阻尼器、螺旋桨、高低压转子的动态特性及阻尼比等,需设计工装,对这些部件人为施加激励力,通过振动参量的测试了解它们的动态特性。常用的激振设备有力锤、电动式激振器、振动台、电涡流激振器、压电晶片、磁吸式激振器等。激振器常用于叶片等小型部件振动试验,振动台常用于振动疲劳试验以及振动传感器、测振仪的标定等。本节对这些激振器及其性能、工作原理等进行阐述。

3.2.1　力锤

　　力锤是一种简单方便的激励工具,小到印刷电路板,大到桥梁的振动测试,都可以看到力锤的身影。力锤无须安装,工作频率范围宽,通过变换锤头,力锤还可具有一定的激励频率滤波功能。力锤对物体施加锤击力,使物体的初始速度不为零,从而引起物体的自由振动,力锤被广泛应用于跟自由振动相关的振动参量测量,如固有频率、阻尼比、振动模态等的测试。

　　1. 结构形式

　　力锤结构形式如图 3.60 所示,由锤头、压电式力传感器、配重、锤柄以及导线构成。测量时,用力锤对试验对象进行敲击,压电式力传感器就输出与激励力成比例的电荷,通过电荷放大器，可将锤击力转变为电压信号并输出到计算机。

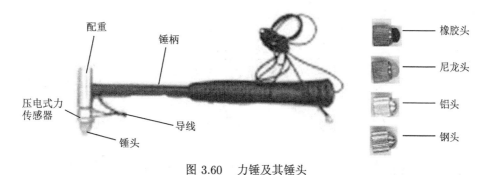

图 3.60　力锤及其锤头

锤头的刚度决定可测频率上限。锤头越软，刚度越小，冲击时间越长，可用上限频率越低，从而高频噪声也就越小，可更换锤头以适应不同试件对频率和刚度的要求。几种常用的锤头材料及其适用频率范围如下。

橡胶：500Hz 以下。

尼龙：500Hz 左右。

铜或铝：1~3kHz。

钢：2~5kHz。

力锤敲击力的大小跟配重相关，配重越大，力锤的敲击力越大，适用的被测物体可以越大。一把敲击力 500N 的力锤，从 4t 载重量卡车车架的一个角落敲击，可以在对角线方向的角落测量出车架的自由振动。但是，力锤的敲击力并非越大越好，力锤施加在试件上的敲击力为点接触力，应力较为集中，对于小型试件，一般建议敲击力轻且快，过大的敲击力可能会敲伤试件，在试件表面留下永久变形的凹点。而且，敲击力过大或过慢时，试件振动位移瞬时内反弹到锤头的概率增加，因此更易产生"连击"现象，也就是，单次敲击实质变成了多次敲击。对于航空发动机，力锤敲击点不能落在转子的轴承轨道上，敲击后的叶片也不宜再用于服役发动机。

力锤的敲击力一般为接近高频半正弦波，偶尔也会是三角波。良好的力锤信号如图 3.61所示，其谱线在锤头测试上限频率以下应为近似均匀分布的水平线，在可测频率上限之后缓慢衰减，如图 3.62 所示。

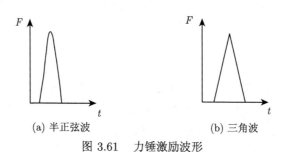

图 3.61　力锤激励波形

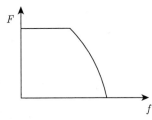

图 3.62　力锤信号谱线

2. 技术参数

表 3.12 是常见的力锤主要技术指标。力锤的激励力有上限，其输出信号有电荷和电压之分，不同信号后续连接的测力仪表不同。

表 3.12　力锤主要技术指标

参数	数值和描述	
型号	SALC00KE	SALC02KE
测量范围/N	200	2000
灵敏度	4pC/N	3.5mV/N
谐振频率/kHz	≥ 70	≥ 40
锤头直径/mm	$\Phi17$	$\Phi17$
锤柄长度/mm	110	240
输出方式	L5	BNC

3.2.2　电动式激振器

对于小型试件的简谐激励，当激励力不大时，可采用电动式激振器。电动式激振器具有以下特点：① 体积小、重量轻，便于安装和搬运；② 激励频率范围广，小型激振器的最低激励频率约 10Hz，最高激励频率可达 9000Hz；③ 激振力幅值范围宽，可根据激振力要求选择合适的激振器，最高激振力可达 50kg。

1. 结构形式

电动式激振器的结构形式如图 3.63 所示，电动式激振器以顶杆式居多，即激振器与物体为点接触，通过螺栓将激振器和物体相连。激振器顶杆上有螺纹孔，物体上也需加工螺纹孔。有的激振器为台面式，类似于加速度标定仪，被测物体可通过螺纹固定在台面上方。实质上，加速度标定仪也是一种激振器，它可以对加速度传感器或其他小型物体施加标准激振频率及激振幅值。

2. 技术参数

表 3.13 是电动式激振器主要技术指标。激振器的最大激振力和激振频率范围往往是客户最关心的两个技术指标。若被测物体顶杆点接触位置难以确定，可采用台面式激振器。从激励方式及激励原理上看，台面式激振器与振动台工作原理一致，只是结构更为简单，无须复杂的随机谱激励功能，也无须冷却装置等。

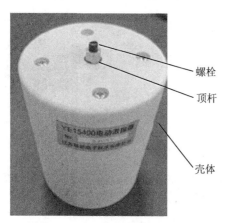

图 3.63　电动式激振器结构形式

表 3.13　电动式激振器主要技术指标

参数	数值和描述	
型号	KDJ-5	KDJ-10
最大激励力/N	50	100
最大振幅/mm	±4	±10
最大加速度/g	7	10
激振频率范围/Hz	10~9000	10~5000
可动部件质量/kg	0.22	0.335
外形尺寸/mm	$\Phi138 \times 160$	$\Phi158 \times 190$
安装孔尺寸/mm	150×128 $\Phi4$~ $\Phi8$	172×148 $\Phi4$~ $\Phi8$
重量/kg	8.1	15
连接方式	台面 $\Phi60$/M5	顶杆/M5

3. 工作原理

如图 3.64 所示，信号发生器调节激振器的激励频率，功率放大器通过控制输出电流调节激振器的激振力幅，但激振器的激振力需通过阻抗头或力传感器测试，激振器及其输入装置并不能给出激振力的幅值。阻抗头 (图 3.65) 是力和加速度复合传感器，其上有两个接线柱，标有字母"F"的为力输出信号，另外一边标有字母"A"的为加速度输出信号。一般情况下阻抗头信号输出方式是电荷，输出接口为 L5，后续需连接电荷放大器，通过采集设备测试激励力和激励加速度幅值。

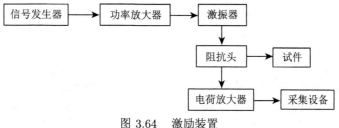

图 3.64　激励装置

图 3.65　阻抗头

　　电动式激振器内部结构如图 3.66 所示。它主要由顶杆、支撑弹簧、可动线圈、铁心、永磁体 (含磁极和磁钢)、壳体组成。可动线圈和顶杆连成整体，组成可动部分，由弹簧支撑于壳体上。

　　电动式激振器的工作原理是电磁感应原理。工作时，磁极、磁钢和铁心在壳体气隙内形成密闭的恒磁场，可动线圈通以交流电源，于是载流动圈便处于恒磁场作用下，从而在动圈及顶杆上产生交变激振力，顶杆将振动传递给被激励试件。

　　电动式激振器激振力的大小和频率主要取决于输入电信号的强弱和频率，它能产生的最大激振力主要受可动线圈允许电流的限制，电流超过一定值，将烧毁线圈。

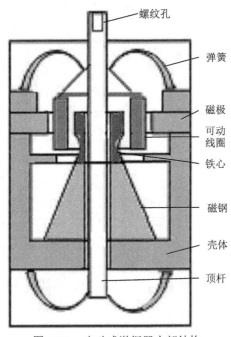

图 3.66　电动式激振器内部结构

4. 安装方式

　　激振器采用激振杆与被激励物体连接，这是一种点接触连接方式。由于电动式激振器内部有弹簧元件，激振器与物体间串联了一个弹簧，激振器和被测物体间形成一个振动系统，这个系统的固有频率称为接触共振频率。当激振力频率等于该共振频率时，系统产生共振，施加在物体上的激振力远大于驱动线圈的力，容易损坏激振器。

　　顶杆与试件之间的连接主要靠弹簧的预紧压力，若激振力超出弹簧的预紧静压力，则弹簧将周期性地脱离试件，并在一定频率的振动下对试件产生撞击，因此激振器的激振力不能太大，同样，顶杆的可测位移也不能超过预紧压力产生的弹簧位移。

　　对于顶杆式电动激振器，为了保证顶杆与物体不脱离，在安装激振器时，对激振器内部弹簧施加一定的预压力，预压力既需大于激振器运动部分的惯性力，又不能超过内部弹簧的限位范围的一半，否则，激振器激励力将超出其使用范围，激振力被单边削波。激振器连接预压力严重不当时，测试系统的固有频率可能是激振器和物体两者组成的系统的固有频率，而不是被测物体的固有频率。

　　电动式激振器属于接触式激振器，在试件的接触点处，激振器会对试件附加一定的质量、刚度、阻尼以及预压力，这对试件会造成影响，特别是质量轻、刚度小的试件。安装不当时，可能改变振动系统结构，导致被测物体的共振频率完全错误；一般仅用于简谐激励，对复杂周期激励时，需增加电路调理装置。

　　激振器的安装位置也影响试件的振动特性。当激振器安装于试件节线附近时，影响最小。但实际中为获得较大的振动位移，常将激振器安装于振动位移的峰值点附近。

3.2.3　振动台

　　相较电动式或其他类型的激振器，振动台质量大，难以搬运或安装，控制系统及振动台体较为复杂、激励频率较低，但其激振力大、稳定性好、适用性强，特别适合大型试件、复杂谱激励、振动疲劳或传感器标定等，如航空发动机螺旋桨、转子基础激励、叶片振动疲劳等。

1. 结构形式

　　振动台的结构形式如图 3.67 所示。振动台属于接触式激振，又称基础激振。振动台一般为成套设备，包括台体和控制台两大部分组成，台体通常由底座、磁缸和台面组成。

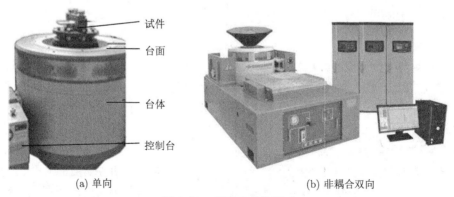

(a) 单向　　　　　　　　　　　　　　　　　(b) 非耦合双向

图 3.67　振动台结构形式

　　振动台有单向、非耦合双向及耦合双向振动台之分，单向仅水平或垂直方向激励，非耦合双向可以在水平或垂直单方向激励，耦合双向可以在水平、垂直两个方向同时激励。

操纵控制台主要包括与台体配套的信号发生器、功率放大器、各种电源、测试仪器以及冷却设备等。

2. 技术参数

表 3.14 是常见的振动台主要技术指标。振动台不仅可以开展简谐激励试验，也可以通过控制软件对物体施加冲击激励、随机激励及复杂周期谱激励，因此在振动台技术指标中，通常给出了这些复杂激励的技术参数。振动台动圈质量大，功率大，激励频率高，因此在激励过程中会散发大量热量，大型振动台一般需配套冷却塔，以水冷方式对活动部件冷却。

表 3.14　振动台主要技术指标

参数	数值和描述	
型号	ES-25WLS3-340	ES-50WLS4-445
额定正弦/随机激振力/kN	25	50
冲击激振力/kN	50/75	100/150
频率范围/Hz	2~2800	1~2400
最大加速度/(m/s^2)	1000	800
最大速度/(m/s)	2	2
最大位移 p-p/mm	76	100
最大负载/kg	300	800
运动部件等效质量/kg	25	60
工作台面直径/mm	340	445
重量/kg	1700	4500
隔振频率/Hz	2.5	2.5
尺寸/mm	1240×715×1071	1730×1104×1334
冷却方式	水冷	水冷
台面结构		

3. 工作原理

电磁振动台的工作原理是电磁感应原理。如图 3.68 所示，交流驱动线圈以导体 (一般为衔铁) 为芯构成动圈，与台面刚性连接，并以支撑弹簧连接在磁缸的间隙中。工作时，励磁线圈通以直流电源，在磁缸的工作气隙中形成恒磁场，同时交流驱动线圈通以交流电源。于是载流动圈便在恒磁场作用下产生交变激振力，从而带动工作台面振动。

由于振动台面也振动，而试件通过夹具固定于振动台面上，因此整个振动系统为二自由度系统，其力学模型如图 3.69 所示。m_1、k_1、x_1 分别为振动台动圈的质量、刚度和位移；m_2、k_2、x_2 分别为试件的质量、刚度和位移。振动台内部无专门的阻尼元件，故忽略阻尼影响，系统的振动微分方程为

$$\begin{cases} m_1\ddot{x}_1 + k_1x_1 + k_2(x_1-x_2) = F_0\sin(\omega t) \\ m_2\ddot{x}_2 + k_2(x_2-x_1) = 0 \end{cases} \tag{3.37}$$

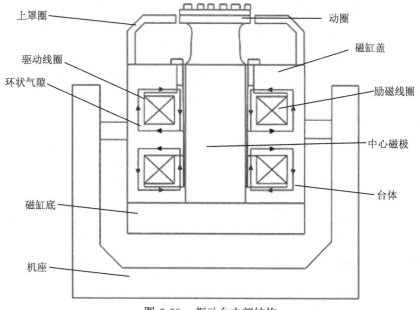

图 3.68　振动台内部结构

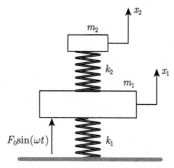

图 3.69　电磁振动台力学模型

设 m_1、m_2 均做简谐振动，且

$$x_1 = a_1 \sin(\omega t), \quad x_2 = a_2 \sin(\omega t) \tag{3.38}$$

将式 (3.38) 代入式 (3.37) 得

$$\begin{aligned}
\left(p_1^2 + \frac{m_2}{m_1} p_2^2 - \omega^2 \right) a_1 - \frac{m_2}{m_1} p_2^2 a_2 &= \frac{F_0}{m_1} \\
-p_2^2 a_1 + (p_2^2 - \omega^2) a_2 &= 0
\end{aligned} \tag{3.39}$$

式中

$$p_1 = \sqrt{k_1/m_1}, \quad p_2 = \sqrt{k_2/m_2}$$

称 p_1、p_2 分别为质量块 m_1、m_2 单独作用在弹簧 k_1、k_2 上的自振频率。

求解可得动圈和试件的振幅：

$$\begin{cases} a_1 = \dfrac{F_0}{m_1} \dfrac{p_2^2 - \omega^2}{(p_1^2 - \omega^2)(p_2^2 - \omega^2) - (m_2/m_1)p_2^2\omega^2} \\ a_2 = \dfrac{F_0}{m_1} \dfrac{p_2^2}{(p_1^2 - \omega^2)(p_2^2 - \omega^2) - (m_2/m_1)p_2^2\omega^2} \end{cases} \tag{3.40}$$

a_1、a_2 随激振频率 ω 的变化曲线如图 3.70 所示。

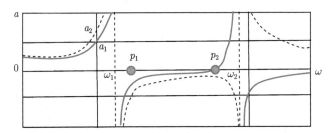

图 3.70   动圈及试件振幅随激励频率的变化

当 a_1、a_2 振幅最大时，求得振动系统的固有频率为

$$\begin{aligned} \omega_{2,1}^2 &= \frac{1}{2}\left(\left(p_1^2 + p_2^2\left(1 + \frac{m_2}{m_1}\right)\right) \pm \sqrt{\left(p_1^2 + p_2^2\left(1 + \frac{m_2}{m_1}\right)\right)^2 - 4p_1^2 p_2^2}\right) \\ &= \frac{1}{2}p_1^2\left(\left(1 + \left(\frac{p_2}{p_1}\right)^2\left(1 + \frac{m_2}{m_1}\right)\right) \pm \sqrt{\left(1 + \left(\frac{p_2}{p_1}\right)^2\left(1 + \frac{m_2}{m_1}\right)\right)^2 - 4\left(\frac{p_2}{p_1}\right)^2}\right) \\ &= \frac{1}{2}p_1^2((1 + \lambda^2(1 + \mu)) \pm \sqrt{(1 + \lambda^2(1 + \mu))^2 - 4\lambda^2}) \end{aligned} \tag{3.41}$$

式中，$\lambda = \dfrac{p_2}{p_1}$；$\mu = \dfrac{m_2}{m_1}$。

对振动台工作特性进行分析，可得以下几个方面。

(1) 两个质量块的自振频率处于系统的两个共振频率之间，即 $\omega_2 > p_1 > p_2 > \omega_1$ 或者 $\omega_2 > p_2 > p_1 > \omega_1$，且如果 p_1 确定，ω_1、ω_2 仅与频率比 λ 和质量比 μ 有关。

(2) 因质量块 m_1 为激振器的组成部分，要测得试件的固有频率，理想的情况应该是系统的固有频率 ω_1 或 ω_2 等于试件的自振频率 p_2，但从分析 (1) 可以得出，这是不可能的。

(3) 要减小误差，应使 $p_2 - \omega_1$ 或者 $\omega_2 - p_2$ 接近于 0。图 3.71 是 $p_1 = 80\text{Hz}$ 时，$p_2 - \omega_1$ 和 $\omega_2 - p_2$ 随频率比 λ 和质量比 μ 变化的图形。从图中可以看出，前者在频率比很宽的范围内有更多的区域接近于 0，而后者的频率范围相当窄，故一般的电磁振动台按 $p_2 - \omega_1$ 接近于零的方案设计。此时，为获得较大的工作频率范围，应使 μ 尽量小，这要求振动台质量块 m_1 尽量加大，从而获得较大的测试精度。不过，m_1 并非可以无限增大，实际中还要考虑振动台台架的载重限制。

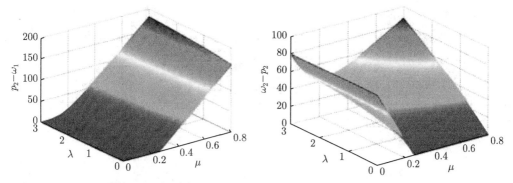

图 3.71 振动台测试误差随频率比 λ 和质量比 μ 的变化

3.2.4 电涡流激振器

电涡流激振器是一种非接触式激振器，在工厂对小试件的检验以及学校教学实验中应用广泛，尤其适合平板试件和圆管构件的测振试验及振动疲劳试验。

电涡流激振器的特点如下：① 非接触激励，无谐振，不会对试件本身的振动特性造成影响；② 频响范围宽，一般为 50~15000Hz；③ 适用于一切导电材料 (无论导磁与否)；④ 结构简单，过载能力强，维护方便。

1. 结构形式

发动机振动试验中常用的电涡流激振器有 JDF-1 型、JDF-3 型和 78 型，图 3.72 是叶片振动教学实验中常用的 JDF-1 型电涡流激振器。JDF-1 型电涡流激振器是阶梯敞开型，高的阶梯部分内部为永磁体，矮的阶梯部分中心是带交流线圈的衔铁，在激振器左上角的缺口处，是叶片等小型试件叶尖放置的位置，因此电涡流激振器的激振位置为叶片端部。

电涡流激振器的激振力产生于试件本身，某种意义上讲，试件也是激振器的一部分，没有试件，激振力也消失；同样，不同材料的试件，即使形状相同，激励力也不一定相同。因此电涡流的激振力通常是需要专门测量的。

线圈匝数调节孔

图 3.72 电涡流激振器结构形式

2. 技术参数

表 3.15 是电涡流激振器主要技术指标。电涡流激振器的激振力与被测试件材料及安匝数相关。对同一试件，安匝数越大，激振力越大。

表 3.15　电涡流激振器主要技术指标

参数	数值和描述
型号	JDF-1
频率范围	10~5000Hz
安匝数	3000A
适用材料	导电材料
重量	< 1.5kg
噪声	< 70dB

3. 工作原理

电涡流激振器是基于电涡流效应工作的。电涡流激振器内部结构如图 3.73 所示。

JDF-1 型激振器内置永磁体，涡流感应头采用 C 型铁心，使激振器上方完全敞开，方便了观测试件振型，而且使得激振器结构非常简单。但是这种激振器不利于试件相对于被激振位置的自由移动。

JDF-3 型激振器主要是为圆型和管型试件设计的。它采用对称的交流磁感应头，使交变磁场诱发的电涡流控制在一个狭长的区域内，克服了圆管试件周边电涡流边界不确定的现象。圆管周边电涡流是圆弧面，以增大负载电涡流的导体面积，故随感应头的位置移动而移动，配合永磁体，可以得到理想的激振力。

78 型激振器恒磁路采用直流磁路，交流磁路采用半封闭式，试件置于交变磁路的气隙中。激振器对叶片的宽窄无限制，叶片相对于激振器的位置可以自由移动。

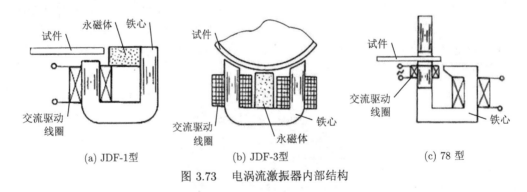

(a) JDF-1型　　　　　　(b) JDF-3型　　　　　　(c) 78 型

图 3.73　电涡流激振器内部结构

根据电磁感应定律，交变磁通穿过导体时，产生感应电流，并形成电涡流，电涡流流场分布如图 3.74 所示。

根据安培定律，试件受到的激振力为电磁力，即

$$F = BIL \tag{3.42}$$

式中，B 为恒磁场的磁感应强度；I 为导体内的感应电涡流；L 为导体的有效作用长度。

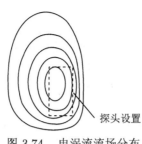

图 3.74　电涡流流场分布

电涡流激振器主要由交、直流磁路组成。交流磁路给试件提供交变磁通，使试件中产生电涡流；直流磁路给试件提供恒磁场。这样，试件本身既有电流存在，又处于恒磁场中，由式 (3.42) 可知，试件上存在交变的激振力。

测试时，将被测试件水平置于电涡流激振器直流和交流磁路的相交处，并与激振器保持一定的气隙。交流磁路的感应线圈可通入一定频率的交流电，交变磁通垂直穿过试件，试件便感应出与交流电频率同频的电涡流。与此同时，直流磁路与试件水平并保持一定气隙，其磁力线从试件宽度方向穿过并水平通过试件轴线方向，因此带有交变电涡流的试件便处于了恒磁场中，从而受到了电磁力的作用。电涡流交变，使得电磁力交变，从而试件受到了交变电磁力而产生强迫振动。

电涡流与其他激振器最大的不同在于它本身没有运动部分，因而不存在谐振，所以电涡流激振器的频响范围很宽。

由式 (3.42) 可知，激振力与电涡流成正比，与恒磁场磁感应强度成正比。要改变激振力大小，就需要改变电涡流的大小以及恒磁场磁感应强度的大小。

电涡流的大小取决于穿过试件的交变磁通和试件的物理参数。由于试件本身的物理参数不可改变，因此只能改善交变磁通的大小来改变电涡流的大小。影响交变磁通的因素主要有三个：交流磁路的结构设计、交流激磁的强度、试件与激振器之间的距离。

恒磁感应强度的大小主要取决于直流磁路的安匝数。

对交流线圈磁路，以 78 型和 JDF-1 型结构作比较。78 型采用半封闭结构，而 JDF-1 采用敞开式结构，因此 78 型结构磁阻小，在相同的激磁能量下，78 型的交变磁通量大，激振效果好。

交流激磁的强度，即交流安匝数 (IW) 越大，输入功率越强，从而感应电涡流也就越大，激振力越大，如图 3.75 所示。但是并不是安匝数越大越好，特别是电阻率较大的试件 (如钛合金叶片)，试件被输入的功率越大，电涡流太强会使试件过热，引起测量误差，严重时会烧伤叶片。

对于测试距离，JDF-1 型和 JDF-3 型激振器的交流磁路是敞开的，感应头距离试件越远，则交变磁通下降越多，从而激振力会越小。使用时，使试件与激振器之间的间隙越小越好，但不能使试件振动时碰到激振器。

对于恒磁场磁感应强度，从式 (3.42) 可以看出，磁感应强度 B 越大，则激振力越大。但是当 B 增大到一定程度时，激振力增加得相当缓慢。这主要是因为试件本身在恒磁场中振动，不断切割磁力线，从而产生切割电势，由这种电势产生的电涡流抵抗被交变磁场诱

发的电涡流。切割电势为

$$E = BLv \tag{3.43}$$

式中，v 为试件的振动速度，在一定的激振频率下，其大小与激振力成正比。可以看出磁感应强度越大，则该切割电势越大，试件上的电涡流也就越小，最终导致激振力增加缓慢。

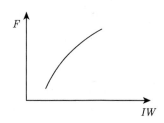

图 3.75   激振力与安匝数的关系

一般取直流磁路的安匝数为 3000A 左右。

综上所述，实际中电涡流激振器激振力为多个因素综合作用的结果。要得到最大的激振力，可采取以下手段。

(1) 使电涡流密度最大的区域和磁感应强度最大的区域重合。除了设计交流磁路外，激振力的大小主要取决于试件与涡流感应头的相对位置。使用时，应尽量调整该相对位置以使电涡流密度最大的区域与较强的恒磁感应强度重合。

(2) 一般情况下，激振力的大小与试件的电阻率 ρ 成反比。若试件电阻率高，如耐热合金材料，则很难获得较大的激振力。

3.2.5   压电晶片

与压电式传感器相反，压电晶片利用逆压电效应对物体进行激振，它属于接触式激振器，一般用于叶片、轮盘等轻小零件的振动特性测量。压电晶片激励具有以下特点：① 工作频段宽，高频性能好，激励频率范围可从几百 Hz 到几十 kHz；② 安装方式如应变片一样，激振位置可根据试验要求自由调整；③ 激励电路简单，可根据控制电压对被测件施加复杂激励；④ 通过多个压电晶片并联，激振力大小可在较大的范围内调整。

1. 结构形式

压电晶片的结构形式如图 3.76 所示。激励用的压电晶片为矩形薄片，极化分界面在晶体片的同一表面。对压电晶片输入电压信号，其中黑色线焊接在压电晶片深色表面，为电源负极；红色线焊接在压电晶片浅色表面，为电源正极。

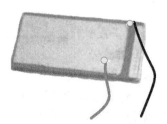

图 3.76   压电晶片结构形式

2. 技术参数

表 3.16 是压电晶片主要技术指标。

表 3.16 压电晶片主要技术指标

参数	数值和描述
型号	2010mm
尺寸 (长 × 宽 × 厚)	20mm×10mm×1mm
谐振频率	3900~4000Hz
谐振阻抗	180~260Ω
压电陶瓷材料	P5-3B
自由电容	79~91 nF

3. 工作原理

将压电晶片粘贴于被测试件表面，通以交流电压信号至晶片的两个电极，则逆压电效应将使晶片产生周期性的长度变形，试件也随之一起变形，从而使试件产生强迫振动。

在输入电压、频率和温度相同的情况下，长方形压电晶片输出的激振力与自身的长度成正比，与厚度成反比，而宽度 b 对其影响甚微。故压电晶片以薄而长为好，一般长 12~20mm，宽 5~6mm，厚 0.8~1.0mm。试件尺寸小，则应选用小型晶片。

压电晶片激励装置如图 3.77 所示。压电晶片的阻抗是容性的，因此它的阻抗随着激励频率变化，所以需要采用功率放大器和变压器供电。

激振功率与输入电压的关系如图 3.78 所示。晶体材料为锆钛酸铅，输入电压小于 350V 时，输出功率与输入电压基本呈线性关系。当输入电压高于 350V 时，输入电压会超过极化电压而将压电晶片击穿，输出功率不变，达到了压电晶片输出功率的饱和状态。

若需要较大激振力，可以使用多片压电晶片并联，并联晶片的输入线只要接入其中的任一晶片即可。

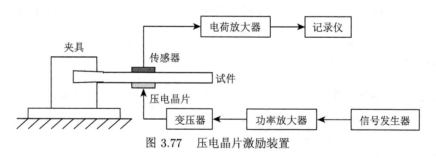

图 3.77 压电晶片激励装置

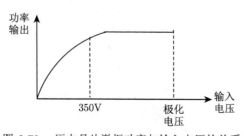

图 3.78 压电晶片激振功率与输入电压的关系

4. 安装方式

压电晶片对试件的激振是利用其机械变形，即其本身在交变电压下的应变，故对于试件的某一振型而言，应将压电晶片贴于试件应变最大的地方，如此激振与拾振效果较佳。如果存在多种振型，为兼顾多种振型的激振效果，一般将晶片贴于叶片根部。

压电晶片的粘贴质量直接影响激振效果，如绝缘不好，既会消耗能量，也会引入干扰电噪声。

压电晶片的频率范围很宽，其高频性能良好。当输入电压与工作频率的乘积不变时，输出功率也基本不变。若保持输入电压不变，则输出频率越高，晶片的输出功率也就越大。实际中，输出功率并非越高越好，太高的功率会影响压电晶片的输出稳定性及其使用寿命。

因压电晶片为接触式测量，故晶片的质量和尺寸都会对测振产生影响 (类似于应变片)。一般晶片的质量越小越好，特别是对于小试件。

压电晶片多为陶瓷或石英晶体材料，易碎，使用时注意防摔。

3.2.6 磁吸式激振器

前述激振器大部分为接触式激振器，仅电涡流激振器为非接触激振器，但它的激振力较小，通常仅用于小型试件的激振。对大型旋转机械等难以安装或拆卸的被测物体，或者滑油管道、拉杆等不易接触式加载激励力的物体，还需要利用其他类型的非接触激振器，此处介绍一种磁吸式非接触激振器。

磁吸式激振器也称电磁激振器，它将被测试件磁化，通过改变磁吸力引起物体振动，也就是说被测物体必须为导磁体，激振器和物体配合，共同完成激励工作。这与电动式激振器不同，电动式激振器对被测物体的材料无限制，它直接将激励力传输给被测物体。

磁吸式激振器工作原理与电涡流激振器类似，但有所不同，并不是任何导体试件都可以用它，它适用的对象是软磁材料 (导磁性材料，如钢、铁等) 的试件，试验中需要对试件进行磁化。

1. 结构形式

图 3.79 是一种小型的磁吸式激振器的结构形式，这种激振器经常被用于弦丝的振型测试。大型被测物体的磁吸式激振器需要定制生产。

图 3.79   磁吸式激振器结构形式

2. 技术参数

表 3.17 是一种典型的磁吸式激振器的主要技术指标。

表 3.17　磁吸式激振器主要技术指标

参数	数值和描述	
型号	YE15401	DJ-20 型
最大激励力	1N	20kgf(100Hz)
频率范围	10~5000Hz	10~1000Hz
激振器与物体间隙	0.5~1mm	
激振力波形失真度	< 5%	

注: 1kgf ≈ 9.8N。

3. 工作原理

磁吸式激振器直接利用电磁力作为激振力,常用于非接触激振场合。特别是对回转件的激振,其结构形式如图 3.80 所示。励磁线圈包括一组直流线圈和一组交流线圈,当电流通过励磁线圈时便产生相应的磁通,从而在铁心和试件之间产生电磁力,实现两者之间无接触的相对激振。

用力检测线圈实时检测激振力,通过调节直流或线圈的输入电压控制激振力大小。磁吸式激振器的激振力大小主要取决于直流和交流电流的强弱以及试件与激振器之间的间隙。但是电流不能太大,以免烧坏线圈。激振力的波形还与交、直流磁化电流的比例有关。

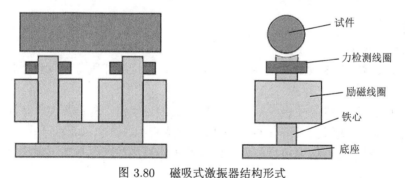

图 3.80　磁吸式激振器结构形式

铁心对试件产生的激振力计算公式为

$$F = \frac{B^2 A}{2\mu_0} \tag{3.44}$$

式中, B 为气隙磁感应强度 (Wb/m^2); A 为导磁体截面积 (m^2); μ_0 为真空磁导率,且

$$\mu_0 = 4\pi \times 10^{-7} (\text{H/m}) \tag{3.45}$$

若直流励磁线圈电流为 I_0,交流励磁线圈电流为 I_1,则铁心内产生的磁感应强度为

$$B = B_0 + B_1 \sin(\omega t) \tag{3.46}$$

式中，B_0 为直流电流 I_0 产生的不变磁感应强度；B_1 为交流电流 I_1 产生的交变磁感应强度的峰值。

由上述两式可得电磁吸力为

$$F = \frac{A}{2\mu_0}\left(B_0^2 + \frac{B_1^2}{2}\right) + \frac{AB_0B_1}{\mu_0}\sin(\omega t) + \frac{AB_1^2}{4\mu_0}\sin(2\omega t) \tag{3.47}$$

从式 (3.47) 可看出电磁力 F 由三部分组成：固定分量 (静态力)、一次分量 (交变分量) 和二次分量。它们分别为

$$F_0 = \frac{A}{2\mu_0}\left(B_0^2 + \frac{B_1^2}{2}\right), \quad F_1 = \frac{AB_0B_1}{\mu_0}\sin(\omega t), \quad F_2 = \frac{AB_1^2}{4\mu_0}\sin(2\omega t) \tag{3.48}$$

如果直流电流 $I_0 = 0$，即 $B_0 = 0$，此时工作点在 $B = 0$ 处，则 $F_1 = 0$，即力的一次分量消失。由于 B-F 曲线的非线性，且无论 B_1 是正是负，F 总是正的，因此 B 变化半周而力变化一周，后者的频率为前者的两倍，波形又严重失真，幅值也很小。当加上直流电流后，直流磁感应强度 B_0 不再为零，将工作点移到 B-F 近似直线的中段 B_0 处，这时产生的电磁交变吸力 F_1 的波形与交变磁感应波形基本相同。由于存在二次分量，电磁吸力的波形有一定失真，二次分量与一次分量的幅值比为 $B_1/(4B_0)$，若取 $B_0 \gg B_1$，则可忽略二次分量的影响。

磁吸式激振器的特点是与被激对象不接触，因此没有附加质量和刚度的影响。

4. 安装方式

主要安装步骤如下。

(1) 用塞尺调整电磁激振器相对于物体的位置以保证工作间隙，调整激振器与被测构件的距离为 0.5~1mm。

(2) 调节直流稳压电源使直流回路工作电流达额定电流，各激振器所需工作电流按产品出厂时的测试报告规定。正常情况下为 1A，最大电流不大于 1.5A。

(3) 调节交流线圈的供电电压，调节信号发生器频率和功率放大器输出以满足试验要求的激励力。

(4) 激振器安装时，其电磁铁表面应与被激物相对表面保持平行，两边电磁铁平面与被激物平面的间隙不平衡偏差应控制在 0.1mm 以内，否则可能会改变力常数和力波形。

3.3 振动参量测试

航空发动机测振有非旋转及旋转状态下的振动测试之分，行业内也称物体非旋转状态下的振动测试为静态测振，物体旋转状态或工作工况下的振动测试为动态测振。例如，压气机转子叶片非旋转状态下由激振器激励去测试固有频率、阻尼比等属于静态测振，而它在旋转状态下测试固有频率等属于动态测振。

实际中，航空发动机压气机和涡轮叶片有静频和动频之分。静频是指非旋转状态下叶片的自振频率；动频是指发动机叶片在实际工作状态下的自振频率。静频和动频实际中并

不相等, 这主要是由离心力、气体力、温度以及榫头连接刚性等造成的。但是静频和动频之间有一定的关系, 可以根据试验获得, 也可根据经验估计。

防止叶片共振的有效措施是对叶片进行调频, 如在叶片上切角、修边、改变叶片材料、叶身厚度, 提高叶片抗振阻尼 (如叶冠、减振凸台、箍带等)。同时减小叶片频率的分散度, 可以使所有叶片的频率集中一个窄带范围中, 便于振动控制和故障调试。

虽然动态振动测试更接近实际工况, 但动态测试耗费的资源较大, 测试复杂, 所以一般采用与动态测试相关的非旋转工况试验来了解物体动态性能。典型的如叶片动频测试, 常采用静频试验来调整叶片动频和控制分散度等, 在生产、检验和维修中, 也是通过静频反映叶片振动特性是否合格。本节首先介绍非旋转工况下叶片的静频、衰减率、阻尼比及振动模态测试方法, 然后介绍旋转工况下叶片的动态应变及动频测试方法。

3.3.1　静频测试

叶片静频测量方法有自振法 (自由衰减法)、共振法和实验模态分析法。三种方法皆常用, 实际中可以根据实际情况进行选择。由于计算机测试技术的迅速发展, 三者中以共振法的系统较为麻烦, 不过了解了共振法, 三种方法的试验系统基本可以掌握。以下以共振法为例进行说明。

叶片静频的共振法测试系统如图 3.81 所示。试件在可调频率的简谐激振力作用下, 产生强迫振动, 当激振力的频率等于叶片的固有频率时, 叶片达到了共振, 此时振幅急剧增大, 通过测试仪器可准确得到此共振频率。

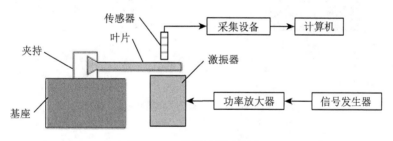

图 3.81　共振法测试系统

除激励和采集设备, 叶片静频测试系统还需要考虑试件的夹持方式, 包括夹紧力的设置及基座类型的选择。

航空发动机叶片为燕尾榫或枞树型结构, 夹具对叶片的夹持应符合叶片的工作状态。实际中, 叶片受到很大的切向力作用, 叶根接近于完全固持, 因此静频测试中要求叶根完全固持。这要求合理的夹紧力以及夹具结构。

夹紧力是反映叶片固持状态的重要参数。如图 3.82 所示, 随着夹紧力的增高, 静频逐步升高, 当夹紧力达到并超过一定值时, 静频不再升高, 称这种状态为固持状态。测频时, 要求夹紧力尽可能大于此值。通过限力扳手或液压控制系统可以保证此夹紧力。

夹具的结构设计主要考虑加工精度, 特别是榫头结合面处的精度应当符合要求, 夹紧力的传力线路应合理且刚性要好。否则, 叶根不能达到固持状态, 试验的重复性差, 结果不稳定。

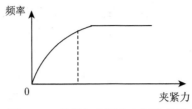

图 3.82　静频与夹紧力之间的关系

基座有刚性基座和柔性基座两种形式，如图 3.83 所示，其中，图 (a) 为刚性基座，图 (b) 为柔性基座。

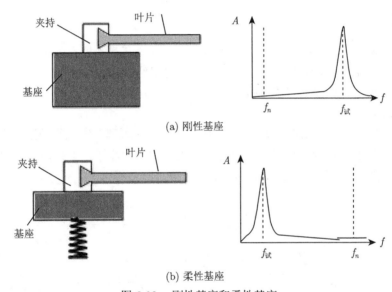

(a) 刚性基座

(b) 柔性基座

图 3.83　刚性基座和柔性基座

刚性基座是指夹具和基座组合系统的自振频率高于被测叶片的自振频率。从图 3.83(a) 可以看出，基座频率越高越好。试验中，对叶片的激振频率远小于基座频率，这相当于对高自振频率的基座施加了低频激励，故基座的响应很低，基座位移很小，从而基座对测振的影响很小。基座和叶片的振动类似于整体与局部的关系，整体不动，但局部在低频振动。这种基座形式常用于测频和振动疲劳试验中。

柔性基座是指夹具和基座组合系统的自振频率低于被测叶片的自振频率。从图 3.83(b) 可以看出，基座频率越低越好。试验中，对叶片的激振频率远大于基座频率，这相当于对低自振频率的基座施加了高频激励，故基座的响应很低，近似于不动，从而基座对测振的影响非常小。基座和叶片的振动类似于整体与局部的关系，整体不动，但局部在高频振动。这种基座形式在实际中常用绳索悬挂或柔软海绵作为整个夹持系统的弹簧元件，在被测物体不易被夹持或夹持工装设计费用太高的情况，用于固有频率测试，如高低压转子、螺旋桨桨叶、整体叶盘、机匣等。

在了解测试装置后，以下阐述静频测试的力学理论。

假设激振器给试件的激振力为 $F_0 \sin(\omega t)$，则单自由度有阻尼系统的振动微分方程为

$$m\ddot{x} + c\dot{x} + kx = F_0 \sin(\omega t) \tag{3.49}$$

其稳态振动位移为

$$x = B \sin(\omega t + \varphi) \tag{3.50}$$

$$B = \frac{F_0}{k} \frac{1}{\sqrt{(1-\lambda^2)^2 + (2\zeta\lambda)^2}}$$

$$\phi = \arctan \frac{-2\zeta\lambda}{1-\lambda^2}$$

根据上述公式可得，当 $\lambda < 1$ 时，相位为负，相位差大于 $90°$，此时李萨如图形向左倾斜；当 $\lambda > 1$ 时，相位为正，相位差小于 $90°$ 时，李萨如图形向右倾斜。

为得到位移最大时叶片的频率，即位移共振，以 ω 为自变量，利用导数对位移表达式 (3.48) 求极值，可得位移共振时激振力频率和叶片固有频率的关系为

$$\omega_d = \omega_n \sqrt{1 - 2\zeta^2} \tag{3.51}$$

同理，对速度和加速度表达式求极值，速度共振和加速度共振分别为

$$\omega_v = \omega_n, \quad \omega_a = \omega_n \sqrt{1 + 2\zeta^2} \tag{3.52}$$

因此有以下结论成立：

(1) 位移共振频率、速度共振频率和加速度共振频率各不相同，且速度共振频率与叶片的固有频率相等。即利用位移、速度、加速度传感器测得的共振不一定是叶片的固有频率，只有速度传感器测得的才是固有频率。

(2) 如果阻尼比很小，三者差异不大，也常用位移共振或加速度共振代替试件的固有频率。

3.3.2　衰减率测试

对数衰减率表征物体的减振性能和抗振性能。不同材料以及不同结构的对数衰减率是不同的，如复合材料的衰减率比钛合金要大 10 倍左右，固支梁比悬臂梁的衰减率要大。为了提高叶片的抗振能力，提高叶片疲劳寿命，需要对叶片的对数衰减率进行研究。常用的测试方法为自由振动衰减法。

用力锤锤击叶片，使叶片的初始速度非零，则叶片处于自由衰减振动状态，用计算机记录下叶片位移衰减过程，如图 3.84 所示。由机械振动理论可知，对数衰减率表达式如下：

$$\delta = \frac{1}{n} \ln \frac{y_i}{y_{i+n}} \tag{3.53}$$

式中，y_i 与 y_{i+n} 表示相邻 n 个自然周期的正弦波峰值。特别地，当 $n = 1$ 时，y_i 与 y_{i+1} 分别表示相差一个自然周期 T_d 的两个振幅。

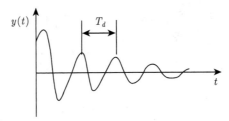

图 3.84　振幅衰减率

因有

$$\delta = \frac{2\pi\zeta}{\sqrt{1-\zeta^2}} = \frac{\pi c}{\sqrt{mk(1-\zeta^2)}} = \frac{\pi c}{m\sqrt{\omega_n^2(1-\zeta^2)}} = \frac{\pi c}{m\omega_d} \tag{3.54}$$

式中，ω_d 为自然周期，此处为振幅自由衰减的周期，故振幅衰减率与阻尼系数 c 成正比，与振动体的固有频率 ω_n 和质量 m 成反比。

3.3.3　阻尼比测试

阻尼比是振动控制的重要参数。涡轮叶冠、叶片凸肩都有提高阻尼比降低叶片振幅的作用。为降低转子过临界转速时的振幅，提高转子工作转速，转子系统经常会采用专门的阻尼部件 (如挤压油膜阻尼器) 来提高支承阻尼。本小节采用半功率法测试系统的阻尼比。首先了解半功率点与阻尼比之间的关系。

对频率为 f 的叶片简谐振动，其速度振幅放大因子 β 为

$$\beta = \frac{1}{\sqrt{(1-\lambda^2)^2 + (2\zeta\lambda)^2}} \tag{3.55}$$

式中，频率比 $\lambda = f/f_n$，f_n 为振动系统的固有频率。半功率点是指系统的共振区，即振动功率为物体共振时功率一半的频率，此时振幅放大因子为 $\sqrt{2}/2\beta(0.707\beta)$。由式 (3.55) 可知，半功率点有两个，分别记为 f_A、f_B，如图 3.85 所示，与它们对应的频率比分别为

$$\lambda_A = \sqrt{1+\zeta^2} - \zeta, \quad \lambda_B = \sqrt{1+\zeta^2} + \zeta \tag{3.56}$$

或者频率为

$$f_A = \lambda_A f_n, \quad f_B = \lambda_B f_n \tag{3.57}$$

推导可知半功率带宽为

$$\Delta\lambda = \lambda_B - \lambda_A = 2\zeta \quad 或 \quad \Delta f = f_B - f_A = \Delta\lambda f_n \tag{3.58}$$

因此有

$$\zeta = \frac{1}{2}\frac{\Delta f}{f_n} \tag{3.59}$$

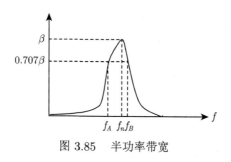

图 3.85 半功率带宽

从式 (3.55) 可知，要得到系统的阻尼比，需测出系统的固有频率 f_n 及半功率点 f_A、f_B。测量时可以用描点法，即得到共振区的三个点：(f_n, β)、$(f_A, 0.707\beta)$、$(f_B, 0.707\beta)$。首先根据固有频率振幅极大值的特性，得到 (f_n, β)，然后计算 0.707β，在固有频率的前后寻找半功率点 f_A、f_B。若激振力幅不变而频率微调，当向下微调到某一频率时，其振幅响应等于 0.707β，则该频率为 f_A；若向上调节频率，则得到的半功率点为 f_B。

理论上振幅放大因子 β 是速度响应的放大系数，它与速度振幅相差一个系数，但在实测中，常使激振力幅恒定不变，用速度振幅替代 β，这样可以简化测试过程，无须知道激励力的大小。

航空发动机多数部件的阻尼比在 5% 以下，在这种小阻尼比情况下，位移、速度、加速度的频差很小，因此工程上也常通过位移或加速度放大因子去获得半功率点，以此简化阻尼比的测试过程。但是，与阻尼比大于 10% 且需要精确的阻尼比时，尽可能用速度传感器去获得 f_n、f_A、f_B，若难以实现，也应修正测试结果，分析因传感器类型不同引起的计算误差。

3.3.4 振动模态测试

模态是多自由度或无限自由度振动系统固有频率和固有振型的统称，振动模态测试就是指系统各阶固有频率及其对应的固有振型的测试。除此之外，各阶固有频率所对应的固有阻尼比也可通过模态测试获得。

航空发动机叶片实质为无限自由度系统，即存在无限个固有频率和固有振型。但是，因低频位移振幅大，变形能大，而高频位移振幅小，因此对发动机影响较大的多数是前面的几阶模态。航空发动机部件测试模态一般不超过 10 阶，少数部件仅需前三阶模态即可。这样，我们可以利用网格划分将无限自由度系统简化为多自由度系统，从而用多自由度理论测试无限自由度系统的振动模态。此处，介绍多自由度系统的模态测试理论。

1. 固有频率

n 自由度线性振动系统的振动微分方程为

$$M\ddot{u} + C\dot{u} + Ku = F_0 \sin(\omega t) \tag{3.60}$$

n 自由度线性振动系统可以被解耦，位移向量 u 被表示为

$$u = \phi q(t) = [\varphi_1 \quad \varphi_2 \quad \cdots \quad \varphi_n] \begin{bmatrix} q_1(t) \\ q_2(t) \\ \vdots \\ q_n(t) \end{bmatrix} = \varphi_1 q_1(t) + \varphi_2 q_2(t) + \cdots + \varphi_n q_n(t) \quad (3.61)$$

式中，ϕ 为系统的固有振型；$\varphi_i = [\varphi_{i1}, \varphi_{i2}, \cdots, \varphi_{in}]^{\mathrm{T}}$ 为第 i 阶固有振型，即 n 自由度系统第 i 阶固有频率的特征值；φ_{ij} 表示第 j 个质量块在第 i 阶固有振型时的位移相对值。$q(t) = [q_1(t), q_2(t), \cdots, q_n(t)]^{\mathrm{T}}$，$q_i(t)$ 对应的是系统的第 i 阶模态坐标，有 $u_i(t) = \phi q_i(t)$。

振动系统的频响函数表示为

$$H(\omega) = (K - M\omega^2 + \mathrm{j}C\omega)^{-1} \quad (3.62)$$

推导可知，任一频响函数元素可以表达为

$$H_{lp}(\omega) = \sum_{i=1}^{n} \frac{\varphi_{li}\varphi_{pi}}{-\omega^2 M_i + \mathrm{j}\omega C_i + K_i} = \sum_{i=1}^{n} \frac{\varphi_{li}\varphi_{pi}/M_i}{-\omega^2 + \omega_i^2 + 2\mathrm{j}\zeta_i\omega\omega_i} \quad (3.63)$$

式中，ω_i 是系统的第 i 阶固有频率；ζ_i 是系统的第 i 阶阻尼比。令

$$M_i = \phi^{\mathrm{T}} M \phi, \quad C_i = \phi^{\mathrm{T}} C \phi, \quad K_i = \phi^{\mathrm{T}} K \phi \quad (3.64)$$

当激励频率 ω 在第 i 阶固有频率 ω_i 附近时，元素 $H_{lp}(\omega)$ 可写成

$$H_{lp}(\omega) \approx \frac{\varphi_{li}\varphi_{pi}}{-\omega^2 M_i + \mathrm{j}\omega C_i + K_i} \approx \frac{\varphi_{li}\varphi_{pi}/M_i}{-\omega^2 + \omega_i^2 + 2\mathrm{j}\zeta_i\omega\omega_i} \quad (3.65)$$

$$\mathrm{Re}(H_{lp}(\omega)) \approx \frac{\omega_i^2(1 - \lambda_i^2)}{K_i((1 - \lambda_i^2)^2 + (2\zeta_i\lambda_i)^2)} \quad (3.66)$$

$$\mathrm{Im}(H(\mathrm{j}\omega)) \approx \frac{-\omega_i^2 \cdot 2\zeta\lambda}{K_i((1 - \lambda_i^2)^2 + (2\zeta_i\lambda_i)^2)} \quad (3.67)$$

$$\omega_i = \sqrt{\frac{K_i}{M_i}}, \quad \lambda_i = \frac{\omega}{\omega_i}, \quad \zeta_i = \frac{C_i}{2\sqrt{M_i K_i}}$$

由式 (3.65)～式 (3.67) 可以得到频响函数元素与第 i 阶固有频率 ω_i 的关系，如图 3.86 所示。$H_{lp}(\omega)$ 的幅值、相位、实部与虚部在固有频率 ω_i 处存在明显的特征，其幅值和虚部极值对应的横坐标为 ω_i，相位在 $-90°$ 对应的是 ω_i，实部的零点对应的是 ω_i。也就是说，对频响函数元素 $H_{lp}(\omega)$ 的频率-幅值曲线，依次记录频率从小往大的极值横坐标，则可以依次得到振动系统的各阶固有频率，ω_i 是第 i 个极值对应的横坐标。

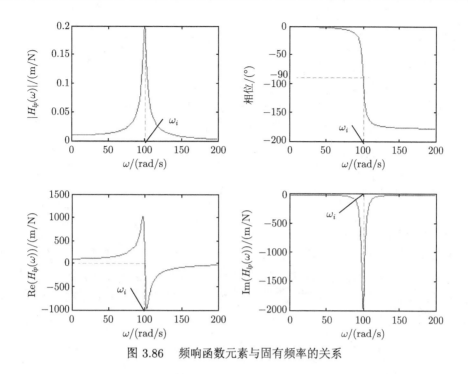

图 3.86　频响函数元素与固有频率的关系

2. 固有振型

由式 (3.62) 可知，系统的频响函数可以展开成 $n \times n$ 的方阵，简写为

$$
H = \begin{bmatrix}
H_{11} & H_{12} & \cdots & H_{1n} \\
H_{21} & H_{22} & \cdots & \vdots \\
\vdots & \vdots & & \vdots \\
H_{n1} & \cdots & \cdots & H_{nn}
\end{bmatrix}
\tag{3.68}
$$

式 (3.68) 可以列或行的形式表示，例如：

$$
H = \begin{bmatrix}
H_{11} & \cdots & H_{1l} & \cdots & H_{1n} \\
 & & H_{2l} & & \\
 & & \vdots & & \\
 & & H_{ll} & & \\
 & & \vdots & & \\
H_{n1} & \cdots & H_{nl} & \cdots & H_{nn}
\end{bmatrix}
\tag{3.69}
$$

由式 (3.63) 知，当激励频率 ω 在第 i 阶固有频率 ω_i 附近时，频响函数的第 l 列可写成

$$
H_{1l} = \frac{\varphi_{1i}\varphi_{li}/M_i}{-\omega^2 + \omega_i^2 + 2\mathrm{j}\zeta_i\omega\omega_i}
$$

$$\vdots$$

$$H_{ll} = \frac{\varphi_{li}\varphi_{li}/M_i}{-\omega^2 + \omega_i^2 + 2j\zeta_i\omega\omega_i}$$

$$H_{nl} = \frac{\varphi_{ni}\varphi_{li}/M_i}{-\omega^2 + \omega_i^2 + 2j\zeta_i\omega\omega_i} \tag{3.70}$$

因此可得系统的第 i 阶固有振型：

$$\varphi_i = [\varphi_{1i} \ \varphi_{2i} \ \cdots \ \varphi_{ii} \ \cdots \ \varphi_{ni}] = [H_{1i} \ H_{2i} \ \cdots \ H_{ii} \ \cdots \ H_{ni}] \tag{3.71}$$

3. 固有阻尼比

由式 (3.63)~ 式 (3.65) 可以得到频响函数元素与第 i 阶半功率点 f_A、f_B 的关系，如图 3.87 所示。$H_{lp}(\omega)$ 的幅值、相位、实部与虚部在半功率点 f_A、f_B 处存在明显的特征，根据图示可知半功率点 f_A、f_B 的辨识方法，然后可用式 (3.58) 和式 (3.59) 计算出系统的第 i 阶阻尼比。

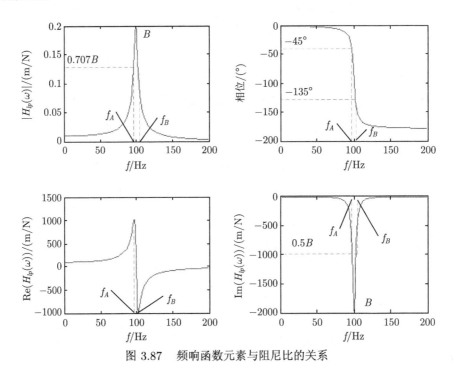

图 3.87　频响函数元素与阻尼比的关系

3.3.5　动态应变测试

动态振动应变测量是指试件在旋转状态下，进行振动应变测量。其测试目的是考核叶片在工作转速范围内的应力与转速之间的关系以及叶片在各种工作状态下的载荷谱 (如涡轮叶片在发动机启动和升速时的载荷情况)，为研究叶片寿命和可靠性提供依据，并据此设置报警阈值，保证发动机安全工作。

叶片动态应变测试主要测试叶片在实际工况下的响应，它最直接的目的是：通过测量沿叶高分布的振动应变，特别是各特征点的振动应变，绘制振动应力分布曲线，从而确定叶片最大振动应力截面和最大振动应力点及其方向，获得最大应力点对应的工作状态参数 (如转速和频率)。

在测试时，首先需要确定应变片的粘贴位置。应变片应粘贴于最大应力点或较为关注的位置上，其粘贴方向应为主方向或比较关心的应力方向。

由发动机叶片型面的特点，从强度振动分析可知，其截面最大应力点可能发生在离中性轴最远的前后缘 A、C 及叶背 B 处 (图 3.88)，故应变片应粘贴于这些点上。沿着叶高选择 5~6 个截面布点，可得出危险截面和最大应力点。

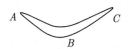

图 3.88　动态应变测试位置选择

其他部件的应变测量，一般根据静态测试结果，粘贴于某个最大应力处。在排故过程中，应变片通常粘贴于故障产生的部位。

如果不明确主应力方向，可采用应变花进行测量。应变片的安装应特别注意工作环境温度，合理设计安装方式和温度补偿办法。若工作温度大于 500℃，宜采用喷涂法固定应变片。由于受到导电滑环的限制，只可以在少量叶片上测少数点的动态应变，也可以在关心的叶片上多布几个应变片。测量时需要参阅有关规范。

图 3.89 是动态应变测试的实验装置框图。

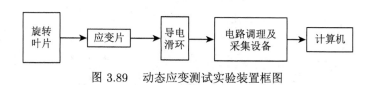

图 3.89　动态应变测试实验装置框图

3.3.6　动频测试

动频是指压气机和涡轮叶片在实际工作状态下的自振频率，用 f_D 表示。对转子叶片，动频和静频 f_0 具有一定的关系，可以表达为

$$f_D^2 = f_0^2 + Bn^2 \tag{3.72}$$

式中，B 为动频系数；n 为工作转速 (Hz)。

由于静频与动频之间有一定关系，而静频测试方便，故常用静频作为研究叶片振动特性的基础。但实际中通常只有一阶弯曲振动的动频系数可以近似地用经验公式估计，而高阶或复杂振型，动频系数 B 很难确定，只能通过试验来直接测定动频。

表 3.18 为发动机风扇叶片在静频为 $f_0 = 962\text{Hz}$ 时测得的叶片一阶弯曲动频，利用它求得动频系数的平均值 $B = 1.16$。

表 3.18　转速与动频的关系

转速 n/(r/min)	动频 f_D/Hz
2000	962
3000	964
4000	965
6000	970
7000	972
8000	976
9000	981
10000	992
12000	999

　　要准确地测定动频, 必须在发动机实际工作状态下进行试验, 因此需要考虑高温对系统固有频率的影响。随着温度升高, 材料的弹性模量下降, 从而使叶片的刚度下降, 叶片的自振频率也因此而下降, 因此动频试验需要进行温度场的模拟。

　　叶片动频测试方法主要有调频法、调速法等。

1. 调频法

　　调频法与静频测试的共振法相似, 所不同的是在叶片旋转状态下进行共振测试。如图 3.90 所示, 叶片动频调频法测试装置主要有动力传动系统 (电机、增速器)、试件支撑系统 (轮盘及叶片、真空箱等)、激振系统 (压电晶片、变压器等) 和测试系统 (应变片、导电滑环、动态应变仪等) 组成。

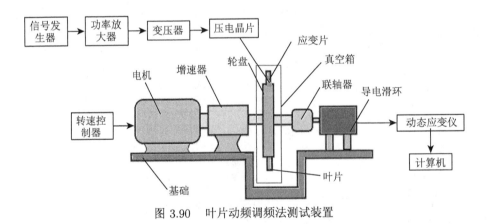

图 3.90　叶片动频调频法测试装置

　　测试时, 先将试件调节到某一转速, 如 $n = n_1$, 而后调节信号发生器输出给压电晶片激振器的频率, 当该频率达到叶片的自振频率时, 叶片发生共振, 记录此时的共振数据, 如位移、加速度幅值等, 可以得到转速为 n_1 时叶片的动频。继续调节其他的转速, 可以得到动频随转速变化的曲线 (图 3.91), 利用该曲线可以确定式 (3.72) 中的动频系数 B。

2. 调速法

　　与调频法一样, 都是利用共振法测频, 不同的是这种方法是在激振构造因素 K 不变的情况下, 调节转速使叶片产生共振。该方法采用压缩空气对叶片进行激振。

测试时，先选定压缩空气激振器的喷嘴数目 K_1，通过压缩空气对叶片激振。同时，调节转速，于是激振频率随转速成比例改变 ($f_{激} = K_1 n$)，叶片动频也随转速而变，当调节到某一转速 n_A 时，$f_D = f_{激}$，此时叶片发生共振，记录此时的转速以及激振频率，可以得到该转速下的动频。不断调节喷嘴数目，可以得到动频随转速变化的曲线，如图 3.92 所示。

压缩空气激振能量很大，可以满足很多种试验，但无法抽真空，驱动功率需很大。

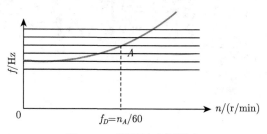

图 3.91　调频法动频测试

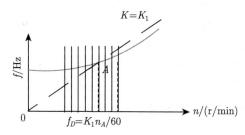

图 3.92　调速法动频测试

第4章 结构的强度与振动测试技术

航空发动机零部件和整机的设计、研制和排故工作中，需根据实际或模拟条件进行实验应力分析及结构振动和响应特性分析，两者相辅相成。当理论计算方法通过试验验证已做得比较完善时，仅通过计算就可设计结构等，此类情况可以节约零部件的研发时间及经费；当理论计算虽有方法但尚不完善，需由试验数据提供输入参数、中间参数或者根据试验数据才可确定理论建模及计算方法时，应理论与试验相结合，共同完成整个零部件的设计研制；当理论计算困难或理论计算结果与实际工况结果相差较大时，主要依靠实验数据提供可靠的数据。

航空发动机结构的强度振动测试主要针对以下几种情况：① 必须考核的结构项目，如主轴疲劳寿命、转子动平衡等；② 易发生故障的结构，如我国某型发动机压气机轮盘服役过程中曾经发生轮盘破裂故障，则该轮盘模拟服役环境下的应力-应变等需要测试；航空发动机曾经发生因鸟撞、叶片掉块等事故或故障，严重威胁机体安全，为降低发动机对飞机造成的二次事故，需要开展发动机机匣的包容试验，利用机匣吸收高速冲击能量，为飞机和发动机之间设计一道安全屏障；③ 可能引起发动机安全问题的结构，如军用舰载发动机弹射起飞过程中，发动机转子承受基础冲击激励后的动力学响应、转子的弯扭耦合振动等。

航空发动机结构测试是非常复杂的过程，从编制试验大纲到完成试验报告，有的试验花费几年时间才能完成。在对发生故障的结构进行试验时，故障复现、故障归零是非常困难的事情。本章综合前三章的强度振动测试方法及信号处理知识，介绍几种典型的航空发动机零部件强度振动测试技术，其中既包含经典的部件测试技术，如主轴的疲劳寿命测试技术，又有最新的前沿测试技术，如高转速下航空发动机螺旋桨轴的扭振测试等。

4.1 轮盘的应力测试

如前所述，轮盘破裂仍然是我国航空发动机经常出现的故障，轮盘又是高温旋转件。在轮盘设计或改型过程中，其强度校核是航空发动机的考核项目之一。通过对轮盘以及转子等部件进行测试可以得出数据，从而了解到设计是否合理。除此之外，对其应力的测试也有助于排查故障、分析问题。

虽然目前的测试方法众多，但针对实际运作的轮盘的测试方法较为有限，在目前常用的方法中较为普适的是电阻应变片测量法，适用于逐点测试轮盘的应力数据。本节将对轮盘高速高温旋转工况下的应力测量方法进行介绍。

4.1.1　测试原理

轮盘应力测试的最直接的目的是求解轮盘的当量应力。通常情况下，轮盘视为平面应力状态，使用应变花测定主应力状态数值。

根据应变片测试获得的主应力计算结果，可以通过以下公式确定轮盘各截面的当量应力：

$$\sigma_{dl} = \sqrt{\sigma_{\max}^2 + \sigma_{\min}^2 - \sigma_{\max}\sigma_{\min}} \tag{4.1}$$

根据当量应力，便可确定轮盘的强度储备，为轮盘强度考核提供依据。

4.1.2　试件模型设计

通常情况下直接使用实物轮盘进行测试，如果目标轮盘不能够进行实际测试，则选用几何形状、应力分布、边界条件、结构因素等方面相似的模型轮盘进行测试。

1. 几何尺寸模拟

通过缩比模型设计试验轮盘 (图 4.1)，按比例 m 将实物缩小后即可获得模型尺寸，其中 m 为长度之间的比例关系。

$$\frac{h}{h_m} = \frac{R}{R_m} = m \tag{4.2}$$

式中，h、h_m 分别为实物轮盘与模型轮盘的厚度。

2. 应力集中模拟

偏心孔及平衡孔情况：

$$\frac{d}{a} = \frac{d_m}{a_m}, \quad \frac{R_1}{R_2} = \frac{R_{1m}}{R_{2m}} \tag{4.3}$$

榫槽底部圆角应力情况：

$$\frac{r}{b} = \frac{r_m}{b_m} \tag{4.4}$$

3. 离心力场模拟

为了使模型对应处离心应力相同，对应点线速度应相等，即模拟轮盘角速度 n_m 等于实际轮盘对应点处角速度 n 乘以 m，也就是

$$n_m = mn \tag{4.5}$$

4. 轮盘外载荷模拟

按与真实叶轮在工作转速下轮缘承受的应力相同的条件确定模型叶片 (或轮缘) 的几何尺寸。

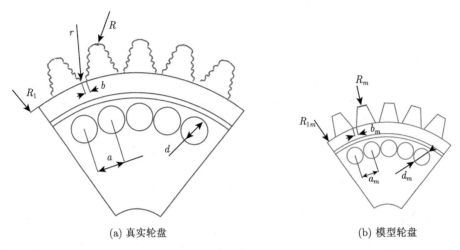

(a) 真实轮盘   (b) 模型轮盘

图 4.1   模型轮盘设计

4.1.3   测量过程

对不同的测试工况, 轮盘应力 (应变) 测试过程是不同的。下面介绍三种应变测量方法。

(1) 快速升降法测量应变。这是使盘面温度变化造成的影响减到最小的有效措施。试验时, 将轮盘转速上升到规定值并读取应变读数, 然后立即减速停车测取后读数。第二次测量时, 另行平衡应变测量仪, 并将第二次停车后读数作为该次测量的修正值。以此类推, 每一应变片读取六次以上的数值, 以利于进行误差分析。

(2) 高转速时的应变测量。这种工况常因集流环失效, 应变片、热电偶及其引线固定不牢而被甩脱, 造成测试失败。作为补数办法, 可在中低转速下录取足够多而准确的数据。利用在弹性范围内轮盘应力与转速平方成正比的关系:

$$\varepsilon_2 = \varepsilon_1 \left(\frac{n_2}{n_1} \right)^2 \tag{4.6}$$

可以由已测得的较低转速 n_1 时的应变 ε_1 来外推高转速 n_2 下的应变 ε_2。不过, 这种方法不适合塑性应变轮盘。

(3) 循环测试。本法是基于使轮盘在持续运转中内外温度渐趋一致, 从而使测量应变值得到恒定的温度修正值。实践表明试验在低转速时, 带叶片转子在较低的转速如 2000r/min 左右会产生致冷轮盘的鼓风, 故低转速要调节适当, 使轮盘在此转速下既不升温, 也不降温。试验在低转速与测试转速之间反复循环, 并在高转速下保持一段时间, 然后读数。随着循环次数的增多, 轮盘内外温度渐趋均衡, 读取的应变及温度数值也就越趋稳定。此时便迅速停车, 读取数据 (这时的盘温下降尚不显著), 此值便是所读应变的修正值。显然, 本方法与快速升降测量法是对立的。方法 (1) 是使轮盘因鼓风摩擦升温来不及传播, 而本方法却是想让轮盘里外热透，形成一个恒温区。但二者的实质是一样的，都是使温度变化造成的影响减至最小。但本方法耗时较长，转速越高需时越久，一般结合转子的循环疲劳试验进行测量。

此外，旋转轮盘的热输出应变测量很难测试。主要难点在于轮盘的温度场难以重复，高温应变片性能不够稳定。这样就使所测应变的分散度较大。目前常用的测量方法是静态测量加常温旋转应变测量。

由轮盘应力分析可知，在弹性范围内，盘上任一点的应力等于离心应力与热应力的代数和。因此，可以分别对二者进行测量，换算出应力后再叠加，从而可将实验简化。在进行静态热应变测量时，关键是使轮盘周向温度均匀，这可通过在加热过程中慢慢来回转动轮盘 $1 \sim 2$ 圈实现。当达到给定的径向温差后，测取热应变值，经热输出修正后算出热应力，再与在常温下轮盘旋转实验时测出的离心应力代数相加，便可得到旋转轮盘的工作应力。使用该方法时，由于加温不均匀以及轮盘各处导热不均匀等因素限制，静态热应力不能测量准确，整个方法测量精度不会太高。

整个应变测试过程中，由于温度影响，需要在每轮实验后重新调平衡应变仪，或者记录下未回零的应变值。除此之外，同样需要记录下每次停转之后的数值。处理数据时，要将每一轮实验的应变测量值减去该次运转结束后的数值，从而获得该转速的下一组应变测量值。同时，需要剔除所有明显不合理的测量值。根据最终应变结果计算应力并绘制应变-转速、应力-转速曲线。

4.2　主轴疲劳寿命测试

航空发动机主轴包括高低压涡轮轴及高低压压气机轴，它们的主要作用是传递功率和连接各转动部件，是非常重要的航空发动机零部件。在飞行中，主轴上承受着较大的扭矩、弯矩、轴向力、离心力及振动载荷，因此航空发动机的主轴所承受的高、低循环载荷主要分为工作扭矩、振动扭矩、轴向载荷和径向载荷四种。此外，工作在发动机高温区的轴段还承受高温载荷，必要时还需进行高温疲劳试验。

主轴需要连接各类转子零部件，其在结构有台阶、孔、槽及花键等，这些结构形状突变的部位很容易引起应力集中，可能产生疲劳裂纹。主轴断裂是十分危险的航空发动机事故。

主轴的疲劳寿命试验一般在试验器上而非发动机台架上进行，这是因为后者无法模拟飞行过程中的扭矩、机动飞行载荷 (弯矩、扭矩、陀螺力矩等)。主轴疲劳寿命测试主要包括以下工作：主轴使用载荷谱统计分析、使用载荷谱简化成试验载荷谱、在主轴试验器上开展疲劳试验等，如图 4.2 所示。全尺寸轴的疲劳寿命试验主要包括如下步骤。

(1) 由飞行载荷谱转换为考核截面的应力谱，从而确定标准应力循环及对应的标准循环载荷。

(2) 将标准循环载荷乘以恰当的系数得到试验载荷谱，然后按此载荷在疲劳试验器上进行寿命试验。

(3) 处理所得数据，得出主轴的预定安全标准循环寿命。

(4) 由飞行剖面统计和计算损伤数求飞行换算比；将预定安全标准循环寿命除以飞行换算比得出预定安全小时寿命。

(5) 取 1/3~1/2 的预定安全小时寿命作为初始使用寿命，经实际飞行后返回进行剩余寿命试验，确定第二次使用寿命。重复几次后逐渐逼近经使用验证过的预定安全小时寿命。

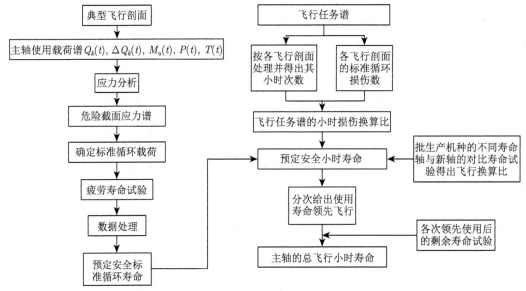

图 4.2   主轴疲劳试验框图

4.2.1   主轴使用载荷谱

与主轴有关的飞行参数主要有飞行高度 H，发动机转速 n，飞行表速 v_b，大气温度 T_H^*，涡轮后总温 T_4^*，飞行滚转角速度 ω_y、ω_z，过载系数 n_y、n_z 等，这些参数随时间变化的历程称为主轴飞行剖面。在主轴的整个寿命中各次飞行载荷谱的总和称为主轴使用载荷谱。主轴的使用载荷谱一般为拉、弯、扭三种载荷及温度随时间变化的曲线，所有曲线都具有很大的随机性，因此需要利用数据处理手段整理归纳后才可成为试验载荷谱。

标准应力循环是指在发动机寿命期内有规则出现的，应力幅度最大、出现次数最多的一些飞行剖面的主循环。

预定安全循环寿命是指最短寿命的轴也能安全经受的标准应力循环数。

飞行换算比是指与一次典型飞行的疲劳损伤度相同的标准循环数。例如，一次起飞-俯冲形成的载荷循环和三次停车-加力-停车形成的标准循环产生的损伤相同。

主轴使用载荷谱与飞行任务相关，一般包括下列载荷。

(1) 扭矩 Q_k：随发动机使用状态 (飞行高度、飞行速度) 和工作转速的不同而变化，即随发动机启动-工作-停车循环变化。扭矩循环次数一般小于 10^5 次循环，属于低周循环。

(2) 振动扭矩 Q_k'：是由发动机中不连续因素，如导向叶片、不稳定燃烧等激发产生的，且叠加在工作扭矩载荷之上，其幅值一般不大于最大工作扭矩的 $\pm5\%$。在发动机总寿命期内，振动扭矩大于 10^7 次循环，属于高周循环。

(3) 轴向力 F：主要是由主轴上连接盘的前后压差引起的，属于低循环载荷。对单级涡轮轴，轴向力为：

$$F = P_3^* A_1 - P_4^* A_2 \tag{4.7}$$

式中，P_3^*、P_4^* 分别为涡轮盘前、后总压；A_1、A_2 分别为涡轮盘前、后承压面面积。

(4) 高频弯曲载荷：是由于飞机机动飞行 (盘旋、俯仰、翻滚、螺旋等) 以及严重的阵风引起的垂直于轴的陀螺力矩：

$$M_g = J\Omega\omega\sin\theta \tag{4.8}$$

式中，J 为盘的转动惯量；ω 为轴的转动角速度；Ω 为飞机机动飞行进动角速度；θ 为 ω 和 Ω 的夹角。

各种飞行状态的进动角速度 Ω 不同，如俯冲拉起 (直升机在垂直平面内以某一速度急剧下降高度 (俯冲) 然后急剧后拉驾驶杆，直升机转入急跃升和快速减速的飞行过程) 最大角速度 $\Omega = 0.4\text{rad/s}$；平飞进入正螺旋 $\Omega = 1.44\text{rad/s}$；严重阵风 $\Omega = 0.28\text{rad/s}$；俯冲最大角度 $\Omega = 2\text{rad/s}$。

发动机机匣变形引起的支承不同心、发动机短舱的摆动、转子的气动攻角力矩等都在轴上作用了弯矩，引起主轴的高频振动疲劳。

(5) 轴对称的径向载荷：主要包括轴内外表面的气压差；盘连接处，由盘的径向变化和温度效应引起的沿圆周均布的径向力和弯矩以及作用于花键套齿上的径向分力。轴对称载荷也属于低循环变化载荷。

(6) 温度的影响：发动机飞行任务谱与飞机的用途和执行的任务有关。表 4.1 列出了典型机种的低循环疲劳要求。据统计，国产某发动机用在歼击机上时，每 100 飞行小时的平均起落次数为 224 次；用在教练机上时，每 100 飞行小时为 335 次。

表 4.1　不同机种的低循环疲劳要求

飞机机种		工作寿命/h	低循环疲劳要求				
			海平面起飞	接地与滑行	反推力	亚声速格斗	超声速格斗
歼击机		冷件 4000	3500	2000	—	2000	400
		热件 2000	17550	1000	—	1000	200
轰炸机	地面警戒	冷件 10000	2000	3000	—	—	1000
		热件 5000	1000	1500	—	—	500
	空中警戒	冷件 10000	4000	—	2000	—	—
		热件 10000	1000	—	5000	—	—

4.2.2　使用载荷谱转化成试验载荷谱

应根据最严重的试验载荷谱量级将使用载荷谱简化为试验载荷谱量级，保持原有综合载荷对零件所产生的损伤影响不变，以及保持相应的实际使用载荷谱的损伤度不变、保持使用载荷高循环与低循环间的频率比不变。试验载荷谱应尽可能模拟实际工况。

(1) 标准循环载荷谱是根据危险截面的各种飞行任务的应力剖面分析确定的。一般应根据主轴应力分析和寿命估算确定一个或几个可能的危险截面，对其应力谱进行分析，确定标准应力循环载荷。对于使用中的发动机，如果已经出现过疲劳破坏，破坏截面应作为危险截面之一。标准循环的确定很大程度上是经验性的。对于扭矩、轴向力和振动扭矩循环，Q_k 和 F 取发动机最大扭矩状态下的扭矩和轴向力值，且按 0—最大—0 的等幅循环变化，其保载时间决定于每个低循环内振动扭矩的循环次数。一般取循环次数 N 为

$$N = 6000\text{次} \tag{4.9}$$

$$Q'_k = \pm 0.005 Q_k \tag{4.10}$$

对于主轴，振动扭矩循环的总次数不少于 10^7 次，即满足无限寿命要求。高循环载荷的循环次数 $m \geqslant 10^7/N$ 次循环。这种标准循环适用于危险截面应力中弯矩应力所占比例很小的情况，目前大多数发动机主轴都是应用这种循环进行疲劳试验，如图 4.3 所示。

若需考虑弯矩 M_u，则加载循环如图 4.4 所示。M_u 是在发动机最大稳定状态工作转速下，垂直于轴的角速度为 1.4rad/s 的弯矩，与垂直于轴的过载为 $\sqrt{104g}$ 的弯矩按其绝对值相加后的值。在每个低循环的保载时间内，弯矩的循环次数与振动扭矩相同，均有 $m \geqslant 10^7/N$ 次循环。

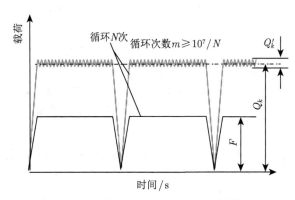

图 4.3　扭矩、振动扭矩和轴向力循环

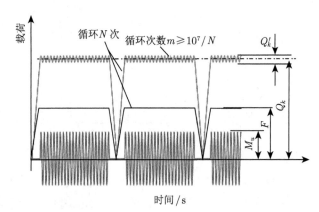

图 4.4　扭矩、振动扭矩、弯矩和轴向力循环

(2) 试验载荷谱的确定。对低循环载荷，试验载荷谱的主扭矩和轴向力可写成

$$Q_{kt} = K_1 K_2 K_3 Q_k, \quad F_k = K_1 K_2 K_3 F \tag{4.11}$$

式中，K_1 为载荷散度系数，表示最好疲劳强度轴和最差疲劳强度轴在相同寿命的应力之比，当低循环数小于 10^4 次时，$K_1 = 1.1$；当循环次数大于 10^7 次时，$K_1 = 1.4$。因此低循环载荷可表示为

$$Q_{kt} = 1.1K_2K_3Q_k, \quad F_k = 1.1K_2K_3F \tag{4.12}$$

K_2 为极限拉伸强度修正系数，即

$$K_2 = \frac{\sigma_{bs}}{\sigma_b} = \frac{\text{被试轴材料的极限拉伸强度}}{\text{材料手册给出的最小极限拉伸强度}} \tag{4.13}$$

K_3 为温度修正系数，当轴在低于实际工作温度下进行试验时，考虑温度引起的材料性能变化，需要用 K_3 放大试验载荷，即

$$K_3 = \frac{\sigma_{bt}}{\sigma_{b0}} = \frac{\text{试验温度下材料的极限拉伸强度}}{\text{工作温度下材料的极限拉伸强度}} \tag{4.14}$$

当温度沿轴长度变化时，σ_{b0} 应取最高温度。在轴的工作温度下试验时，$K_3 = 1$。

对高循环振动载荷，试验载荷值为

$$Q'_{kt} = \pm K_1K_2K_3Q_k, \quad M_{ut} = K_1K_2K_3M_u \tag{4.15}$$

因高循环载荷有 $Q'_k = \pm 0.005Q_k$，取 $K_1 = 1.4$，可推导出

$$Q'_{kt} = 0.07K_2K_3Q_k, \quad M_{ut} = 1.4K_2K_3M_u \tag{4.16}$$

按这种试验载荷进行疲劳试验，达到预定的循环数而轴上没有出现裂纹，该循环数就定为这种轴的寿命。

4.2.3　主轴疲劳寿命试验器

主轴疲劳试验器可模拟主要影响因素、边界条件和工作温度。如图 4.5 所示，该综合

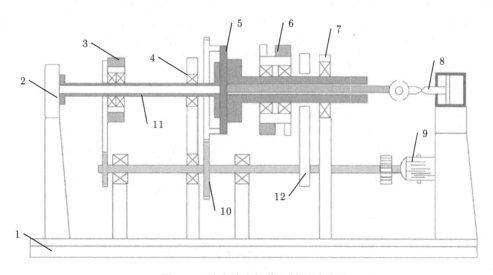

图 4.5　卧式综合加载双转子试验器

1-基座；2-前支承；3-中介轴承支反力配重盘；4-中间轴承；5-加扭机构；6-旋转弯矩配重盘；7-后支承；8-轴向力加载机构；

9-驱动电机；10-传动件；11-低压涡轮轴试件；12-限位器

双转子主轴试验器可模拟主轴的扭矩、振矩、弯矩及轴向拉伸，试验器用同步带传动配重来实现旋转弯矩和旋转支承反力的施加。

我国主轴疲劳试验器可模拟扭矩最高达 $132.4 \times 10^3 \mathrm{N \cdot m}$，振矩 $0 \sim 3434 \mathrm{N \cdot m}$，横向力 14715N，轴向拉力 71181N，扭臂振动最大值为 $\pm 10°$。

4.3　涡轮叶片热疲劳寿命测试

航空发动机涡轮叶片在起动、停车过程中，由于急速地加热或冷却，叶片会在瞬时产生巨大的热应力。当这种状态变化反复出现时，会形成周期性的热负荷，从而引起叶片的热疲劳，使之产生裂纹，进而使裂纹扩展。涡轮叶片总寿命的 75% 是在起动和停车过程中受瞬态热应力影响而损失的。除了上述热应力外，涡轮转子叶片承受离心力、气动力等载荷，涡轮转子叶片是典型的低循环热机械疲劳部件。

在对涡轮叶片的热机械疲劳寿命测试时，需要确定叶片的热载荷和机械载荷。

4.3.1　热机械载荷

叶片应在满足叶片换热条件的情况下，实现对叶片表面的温度分布的控制，以模拟叶片实际工作条件下热应力载荷循环状态。由于热冲击所产生的热应力比定常情况的热应力要大得多，且急速起动、停止时的热应力远比离心力大，而且对于同种金属和结构的叶片来说，升温和降温的速率对热冲击产生的热应力的大小有明显的影响，因此，出于安全考虑，一般试验时选择的循环载荷谱中的升温和降温速率均比实际工作状态时的大。

涡轮叶片的寿命通常取决于损伤最大的部位。确定涡轮叶片最易失效的部位，也就是叶片的考核截面，目前常用的做法是采用发动机外场试验结果结合有限元分析技术。通过合理设计试验装置，模拟考核截面在实际工作状态下所承受的交变应力和交变温度。如图 4.6 所示，考核截面为涡轮叶片的叶身中截面，在考核截面上选取 7 个点作为试验测试点，用于试验过程中温度和应力的测量。涡轮叶片测点-峰值温度-峰值应力曲线如图 4.7 所示。

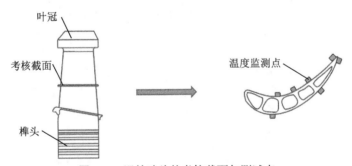

图 4.6　涡轮叶片的考核截面与测试点

根据测点-峰值温度-峰值应力曲线，确定试验载荷谱，一般为梯形波，应力与温度同相位变化，如图 4.8 所示。

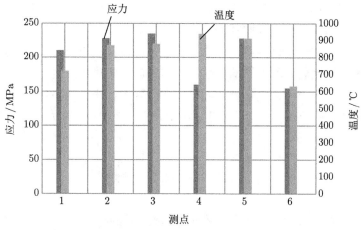

图 4.7   测点循环峰值应力与温度

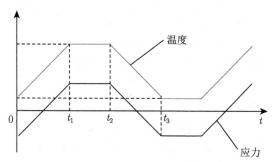

图 4.8   热机械疲劳试验单个循环载荷谱

4.3.2   试验系统

试验系统包括加载、加热、气冷以及控制等子系统，如图 4.9 所示。其中，加载、加热

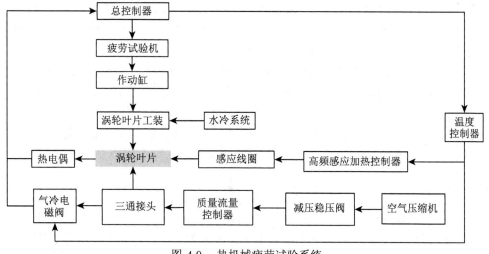

图 4.9   热机械疲劳试验系统

和气冷子系统用于提供试验所需的机械载荷、高温环境和冷却气流；控制子系统用于对加载、加热和气冷子系统进行同步控制。

先进行预试验，在叶栅燃气进口处安装梳状热电偶和单点测温电偶，通过梳状电偶控制燃气平均温度，直至达到所需的试验温度，然后拆卸梳状热电偶。

正式试验中，用单点电偶测量燃气温度，在升降温过程中给主试验件通入冷却空气以控制叶片温度。试验每进行一定次数 (如 100~200 次) 循环后，拆下主试验件和陪衬件，检查表面裂纹。

4.4　机匣包容性测试

航空燃气涡轮发动机转子以非常高的转速运转。当转子零件 (叶片、轮盘、封严环等) 在工作中意外脱落或破坏时，就会在巨大的离心力作用下，以巨大的能量甩出来。此时，若机匣不能包容，则飞出的碎片可能会击中飞机的油管、油箱、飞机结构件或飞行员，造成灾难性的后果。因此，研究适用的预防性措施以包容能量碎片对保证飞行安全是非常重要的。

包容性是指发动机在最大瞬态转速下，风扇、压气机或涡轮叶片在缘板以上圆角处单个叶身部位被破坏后，机匣能够完全将其包容，而且必须阻止单个叶片损坏而飞出的物体造成飞机损坏的能力。

航空发动机机匣包容性的测试研究问题从机理上其实就是研究飞机发动机叶片飞断后与机匣撞击侵彻的过程。飞断的叶片破片由于初始状态存在很大的离心力且拥有相当可观的动能，在其运动的过程中与包裹在其周围的发动机机匣产生接触，并有一个固体撞击固体类型的高速碰撞过程。

机匣的包容性试验通常分四步进行。

(1) 打靶试验。利用气炮等装置发射高速弹体撞击靶板。此法相对简单、成本低，可以用于检测机匣材料的抗击穿能力，但与真实机匣包容性试验的要求有一定偏离。

(2) 在专门的高速旋转试验台上进行部件试验。取某一级风扇、压气机或涡轮叶盘和机匣安装于高速旋转试验腔内，使叶片在预定的转速范围内从根部飞断后撞击机匣，以验证机匣的包容能力。试验具有相对成本低、周期短、试验结果可以直接应用等优点，根据不同的研究目的，可进行单叶片或多叶片飞断试验。

(3) 台架试验。试验装置中包含发动机旋转部件及安装附件等，利用电机驱动增速齿轮箱后带动试验转子。此项试验在验证机匣包容性的同时，可验证发动机安装结构件承受冲击载荷的能力。

(4) 在室外试车台上进行真实发动机风扇叶片的包容试验，以获取航管部门颁发的适航许可证。由于试验后发动机很难修复再使用，此破坏性试验通常被安排为最后一项试验。

4.4.1　包容系数法

在包容试验前，需编写试验大纲，给出包容及非包容判断依据，目前常用于机匣包容性计算的理论公式或经验公式有两种：俄罗斯的破坏势能法、英国罗罗公司的包容系数法。本节介绍后一种方法。

英国罗罗公司在地坑式轮盘超转试验器上完成的机匣包容性试验，绘制确定断裂叶片撞击机匣时包容区和非包容区的曲线，如图 4.10 和图 4.11 所示。这些曲线可用于斯贝 MK202 发动机叶片的包容性分析。

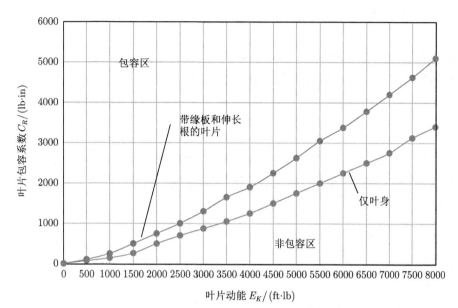

图 4.10　单个压气机叶片包容曲线

1lb = 0.454kg；1in = 2.54cm；1ft = 30.45cm

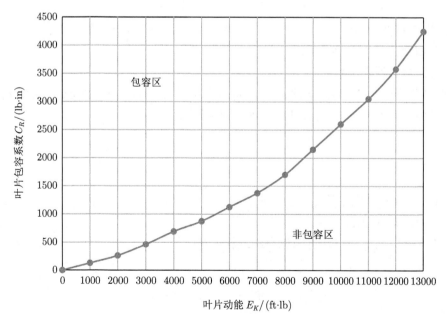

图 4.11　单个涡轮叶片包容曲线

包容系数法的思想是，叶片包容性由叶片的动能与机匣的包容系数的关系来确定，结合图 4.10 及图 4.11 可判断叶片是否被包容。叶片动能值和机匣包容系数值的交点落于曲线以上，叶片被包容；落于曲线下部，叶片不被包容。

下面介绍叶片动能和包容系数的计算方法。

(1) 叶片动能：

$$E_K = \frac{1}{2}mv^2 \tag{4.17}$$

式中，m 为叶片断掉部分的质量，kg；v 为叶片断掉部分质心线速度，m/s。

当已知叶片离心力时，叶片动能变换成如下公式计算：

$$E_K = \frac{1}{2}PR_c \tag{4.18}$$

式中，P 为叶片断掉部分的离心力，N；R_c 为叶片断掉部分的质心半径，m。

一般情况，叶片的线速度要通过发动机的转速求出。因此叶片动能表达式还可以写成如下形式：

$$E_K = \frac{1}{2}m\left(\frac{\pi n}{30}\right)^2 R_c^2 \tag{4.19}$$

式中，n 为转子的转速，r/min。

(2) 机匣的包容系数。

包容系数通过以下公式计算：

$$C_A = B\sum(\sigma_b \delta t^2) \tag{4.20}$$

式中，B 为断掉部分的叶片长度，m；σ_b 为机匣材料的强度极限，Pa；δ 为机匣材料的延伸率；t 为机匣的平均厚度，m。

(3) 机匣包容性安全系数。

计算出叶片动能 E_K 后，根据断叶的特点在图 4.10 或图 4.11 查出包容断叶动能所需的包容系数 C_R 值，按以下公式计算包容性安全系数：

$$n_c = \frac{C_A}{C_R} \tag{4.21}$$

当 $n_c \geqslant 1.0$ 时即认为机匣满足包容性要求。

(4) 机匣的最佳厚度。

当 $C_A = C_R$ 时，可以计算出机匣的最佳壁厚：

$$t_0 = \sqrt{C_R / \left(D\sum\sigma_b\delta\right)} \tag{4.22}$$

包容系数法认为机匣的包容能力跟机匣材料的强度极限和延伸率的乘积成正比，与叶片飞断部分长度成正比，与机匣厚度的平方成正比。采用这种方法可以有效估计机匣包容性与机匣材料及机匣几何形状的关系。

4.4.2　机匣包容试验器

机匣包容试验器如图 4.12 所示。试验腔内抽真空 5~10mmHg (1mmHg = 0.133kPa)。直流电机通过增速器驱动带叶片的转子高速旋转 (可达 60000r/min)。整个测试系统由测速系统、超动态应变响应测量系统和高速摄影系统组成。

测速系统：试验转速通过电磁式传感器从主轴的测速齿上采样，通过在模型机匣内壁粘贴与转速传感器相连的触发线圈，叶片断开甩出撞击机匣的同时切断触发线圈，即切断了传感器的信号输出，转速显示仪在突然无信号输入的情况下具有显示最后一个转速值并保持 5s 不变的功能，即准确地记录了叶片断开甩出时的转速。

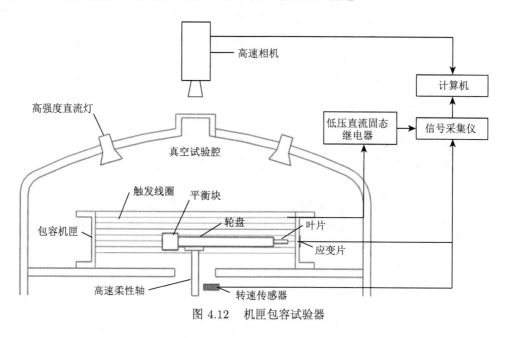

图 4.12　机匣包容试验器

超动态应变响应测量系统：试验中采用 502 快干胶将应变片均匀粘贴在模型机匣外表面，贴片方式如图 4.13 所示。前端采用动态应变仪将应变片的信号放大，将该信号传递到

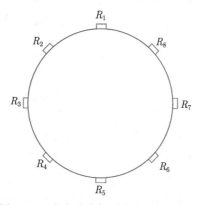

图 4.13　应变片在机匣上的贴片示意图

动态采集系统内完成数据采集，采样系统可以使用双速率采样：触发信号前，以较低的采样率采集；触发信号后，以设定的高采样率采集。

高速摄影系统：高速摄影系统由高速相机、高强度直流灯、触发线圈和计算机等组成。

4.4.3 机匣包容测试方法

机匣包容试验步骤如下。

(1) 线切割叶片预制裂纹，机匣内壁粘贴触发信号线，在叶片上及机匣外壁做标记。

(2) 安装叶片和机匣，利用百分表调整机匣安装位置，使叶片外缘与机匣内壁的间隔最大偏差在 ±0.1mm 以内。

(3) 连接触发信号线路，并检查信号线路是否正常。

(4) 试验台真空腔合盖，拧紧真空盖与试验腔连接法兰上的螺钉，启动真空泵对试验腔内抽真空，启动试验台油站供油。

(5) 主机启动，试验台开始稳定升速，直至叶片发生断裂，计算机控制系统自动停机降速并记录下叶片的瞬时断裂转速。

(6) 拆下破损的试验件，进行分析和拍照记录。

(7) 修复调整超速旋转试验台至正常工作状态，为下次试验做准备。

机匣的包容性测试需要对试验叶片预制裂纹，做法一般有两种，一种是在叶片根部预制切割裂纹，用理论或有限元法计算确定轮盘的破裂转速，使叶片在预定的转速下破坏；另一种是在叶片内径处钻小孔，孔内填塞炸药，并安排微型爆炸装置，在预定转速时通过遥控装置或滑环引线起爆。经验表明，在叶片根部切割裂纹的方法是一种经济、有效且安全的验证技术。预制裂纹如图 4.14 所示。

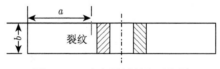

图 4.14　叶片预制裂纹示意图

测试时，加工多个模拟叶片进行多次试验 (如 10 次试验) 以增加机匣包容判定的准确度。最后，根据每次试验时断叶的动能和机匣的包容系数，在机匣包容曲线图上标出试验的试验点。根据试验点分析包容曲线的误差及验证包容曲线是否有效可靠。

4.5　风扇动不平衡测试

由于结构设计、材料不均匀以及制造安装误差等原因，实际转子的中心惯性主轴都或多或少地偏离其旋转轴线。当转子旋转时，转子各微元质量的离心惯性力所组成的力系不是一个平衡力系，这种情况称为转子具有不平衡或失衡。转子不平衡分为静不平衡和动不平衡，质量中心线和轴中心线互相平行称为静不平衡，不平行则称为动不平衡。转子动不平衡是造成发动机振动过大以及产生噪声的主要原因之一，严重时甚至可能产生碰摩，导致叶片断裂，所以对转子进行动平衡是十分必要的。本节以风扇动不平衡测试为例介绍转子的动平衡方法。

4.5.1　影响系数法

本节首先介绍影响系数法的概念及求解过程，然后介绍利用影响系数法获取转子不平衡幅值和相位的方法。

若在轴截面 x_j 处施加垂直力 f_j，x_i 处产生的挠度为 y_i，则截面 j 对截面 i 的影响系数：

$$a_{ij} = \frac{y_i}{f_j} \tag{4.23}$$

式中，a_{ij} 的物理意义是在截面 j 处施加单位力所引起的截面 i 处的挠度。

对转子振动，若在截面 x_j 处设计有平衡凸台 (平衡面)，假设转子存在不平衡量 u_j，则影响系数是向量，表示为

$$a_{ij} = \frac{s_i}{u_j} \tag{4.24}$$

式中，s_i 为向量，转子在平衡转速旋转时 x_i 处的振动；a_{ij} 为向量，其幅值表示 x_j 处不平衡力在 x_i 处引起的振幅，相位表示 s_i 与 u_j 之间的相位差。

为求出 a_{ij}，可以用加试重的方法。具体求解过程如下。

(1) 将位移传感器放置在转子 x_i 截面处，在稳定转速 ω 下，测试转子 i 点的原始振动 s_{i0}。

(2) 在截面 j 处，在确定的相位处，加已知不平衡量 u_{j1}，在稳定转速 ω 下，测得转子 i 点的振动 s_i。s_i 是原始振动 s_{i0} 与不平衡量 u_{j1} 所引起的振动 s_{i1} 的向量和，$s_i = s_{i0} + s_{i1}$，如图 4.15 所示。

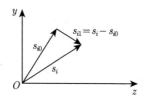

图 4.15　影响系数的求解方法

(3) 影响系数：

$$a_{ij} = \frac{s_i - s_{i0}}{u_j} = \frac{s_{i1}}{u_j} \tag{4.25}$$

下面介绍利用影响系数求解动平衡幅值和相位的方法。

如图 4.16 所示，刚体动不平衡的合力 F 和合力偶 M 可以向任意两个轴截面简化，形成不平衡向量 F_1 和 F_2：

$$m_1 |r_1| \omega^2 = |F_1|, \quad m_2 |r_2| \omega^2 = |F_2| \tag{4.26}$$

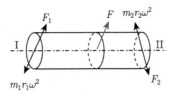

图 4.16   刚体不平衡力的分解

式中，r_1、r_2 为加配重 m_1、m_2 处的半径向量；ω 为转子角速度。

如图 4.17 所示，动平衡时，在转子 I、II 面各选择测点，分别为 A 和 B 测点。光电转速传感器所测位置粘贴反光条，该传感器的作用除了测量转速信号外，还提供信号的键相，通常以反光条所处位置为 $0°$，作为振动相位及校正质量相位的基准。

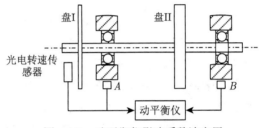

图 4.17   动平衡仪影响系数法应用

平衡过程如下。

(1) 无配重时取平衡前 A 和 B 测点 (传感器安装位置及方向的确定) 的原始振动向量 A_0 和 B_0。

(2) 以盘 I、盘 II (实际中为平衡凸台) 为动平衡校正面，在盘 I 上加试重 $m_1 r_1$，在工作转速 (或恒定转速) 下测出 A 和 B 测点的振动向量 A_1 和 B_1。利用以下公式求解出盘 I 对 A、B 两点的影响系数，即

$$a_1 = \frac{A_1 - A_0}{m_1 r_1}, \quad \beta_1 = \frac{B_1 - B_0}{m_1 r_1} \tag{4.27}$$

(3) 取下试重，在盘 II 上加试重 $m_2 r_2$，在工作转速 (或恒定转速) 下测出 A 和 B 测点的振动向量 A_2 和 B_2。利用以下公式求解出盘 II 对 A、B 两点的影响系数，即

$$a_2 = \frac{A_2 - A_0}{m_2 r_2}, \quad \beta_2 = \frac{B_2 - B_0}{m_2 r_2} \tag{4.28}$$

(4) 将上面的方程联立，可得方程组：

$$\begin{cases} a_1 P_1 + a_2 P_2 = -A_0 \\ \beta_1 P_1 + \beta_2 P_2 = -B_0 \end{cases} \tag{4.29}$$

求解 P_1、P_2，它们分别为盘 I、盘 II 上要加的配重，且它们均为校正质量与半径的乘积。

(5) 在转子盘 I 和盘 II 面上相应的相位施加校正质量。若振动减小到许用程度，则平衡结束；否则再一次进行动平衡。

(6) 若转子仅一个平衡凸台，只能在此平面上加配重，则仅需测试一个测点的振动位移信号，也仅需加一次试重，校正质量的计算公式为

$$mr = m_1 r_1 \frac{A_0}{A_1 - A_0} \tag{4.30}$$

分解为

$$m\,|r| = m_1\,|r|_1 \frac{|A_0|}{|A_1 - A_0|}, \quad \angle r = \angle A_0 + \varphi \tag{4.31}$$

式中，φ 为向量 mr 和 A_0 的夹角，如图 4.18 所示。

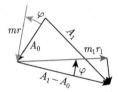

图 4.18　单面平衡影响系数法相位分析

4.5.2　三元平衡法

工业现场中最常用的动平衡方法为三元平衡法，它工作原理实质上是影响系数法，但它不需要精确地测量不平衡矢量的相位角，因此对测量仪表的配置要求低；不测相位角，只测最大振动幅值，适合很多缺乏精密仪器的场合应用。三元平衡法的应用也有限制，只适合用于刚性转子的单面动平衡，即单盘、中低速转子，尤其适用于风扇转子动平衡 (单平面、刚性转子特别是大型民用涡扇发动机，这类转子一般无法配置相应尺寸的通用动平衡机，只能通过本机平衡)。不过这类转子是工业现场应用最多的，几乎占有工业转子 90% 的份额。

三元平衡法步骤如下。

(1) 如图 4.19 所示风扇转子，在风扇连接轴上安装非接触位移传感器。

(2) 在平衡凸台 (或平衡面) 上将风扇转子圆周三等分，等分点用 A、B 和 C 表示，圆心用 O 表示，夹角都为 $120°$ (实际操作中，不必精确等分，但必须知道三个夹角各为多少度)。

(3) 在无试重情况下，转速达到 1000r/min (也可以根据实际工作转速调节，一般在刚性转子临界转速的 1/3 及以下) 时，测得由不平衡量引起的水平方向振幅 A_0。

(4) 加试重，取试重 p。试重可由经验公式得到，也可由经验预估。

取试重计算公式为

$$p = A_0 \frac{900 m_r g}{R \pi^2 n^2} \tag{4.32}$$

式中，m_r 为转子叶轮质量 (kg)；R 为配重圆半径 (mm)，可近似看成叶轮半径；n 为转子工作转速 (r/min)。

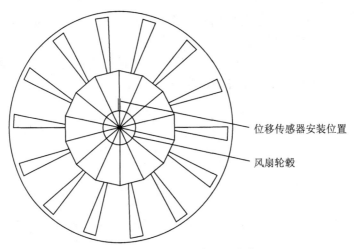

图 4.19　风扇转子及其位移传感器

(5) 将试重分别放在 A、B 和 C 三点上，三次开机运转测得振幅依次为：A 点的振幅 A_1、B 点的振幅 A_2、C 点的振幅 A_3。

(6) 用相同的比例，作振动向量图，如图 4.20 所示。以 A 为圆心，以 A_1 为半径画圆；以 B 为圆心，以 A_2 为半径画圆；以 C 为圆心，以 A_3 为半径画圆。

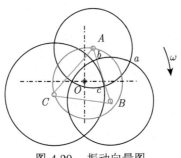

图 4.20　振动向量图

(7) 在图 4.21 中，圆 A 和圆 B 交于 a 点，圆 B 与圆 C 交于 b 点，圆 A 和圆 C 交于 c 点。连接 A，B，C 三点，并作 $\triangle ABC$ 的外接圆，圆心为 O；连接 a，b，c 三点，并作 $\triangle abc$ 的外接圆，圆心为 O_1。

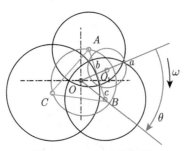

图 4.21　$\triangle abc$ 外接圆

(8) 连接圆心 O 和 O_1，测量 OB 和 OO_1 的夹角，用 θ 来表示。

平衡质量计算公式：

$$m = \frac{1}{2} p \frac{A_0}{OO_1} \tag{4.33}$$

平衡相位确定方法：在刚性转子上，从 B 点向 A 点移动角度 θ。

应用三元平衡法应注意以下 3 点。

(1) 因平衡过程中需在 A、B 和 C 三个位置加试重，总有一处或二处，其相位与转子不平衡相位接近甚至重合，这样就加重了转子的动不平衡，使转子振动加大，这种现象称为过不平衡。对于航空发动机，出现过不平衡是不允许的，因此一旦发现过不平衡，应马上停车。此外，试重应根据经验计算，过大的试重加剧过不平衡对转子的影响；过小的试重因灵敏度不足而导致平衡精度低。

(2) 当测试得到的试重较经验值过大时，可根据经验适当降低加载在风扇轮毂上的平衡质量。

(3) 一般情况下，试验配重应至少导致 30% 的幅值和相位变化。

4.6　主轴扭振测试

航空发动机/燃气轮机起动、急加减速、停机等具有明显的时变转速特点，快变的转速及控制时延使转子承受的扭矩产生波动，导致转子扭转振动。过大的扭转振动会引起航空发动机/燃气轮机转子轴件 (主轴、推力轴等) 产生裂纹甚至断裂，严重危害机体安全。为掌握时变转速下转子轴件的扭振特性，防止扭振应力过大，需开展主轴扭振试验，用试验数据表明发动机转子时变转速工况下不会出现过大应力。

在众多扭振测试方法中，光电编码器法具有安装简单、脉冲分辨率高、价格低廉、可高速高精度键相测试等特点，因而颇受欢迎，近年来常用于航空发动机/燃气轮机转子扭转振动的测试。

4.6.1　光电编码器法

光电编码器测扭装置如图 4.22 所示，在转子端部安装光电编码器，由键相采集仪高速采集编码器输出信号并整形为脉冲信号，键相采集仪内嵌的计数器记录短周期内通过的高频脉冲数，并将脉冲数解调为转子转速输出到计算机。

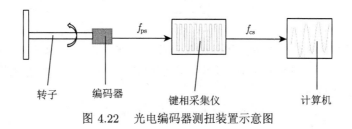

图 4.22　光电编码器测扭装置示意图

为提高脉冲数精度，键相采集仪内置的计数器采样频率很高，此处用 f_{ps} 表示，该频率通常取决于硬件元件, 由计数器型号确定。但是过高的脉冲采样频率导致数据传输速率及存储要求过高, 计算机直接存储这些脉冲信号困难, 为降低数据传输速率及存储要求, 计算机对高精度的脉冲数二次采集, 采样频率表示为 f_{cs}, 该频率即光电编码器观测转速的采样频率, f_{cs} 若能达到最大测试频率的 10 倍及以上, 即可保证采集到的信号幅值和频率失真度较小。二次采样方法既能满足高精度的脉冲数 (瞬时转速) 采集要求, 又在保证扭振信号可重构的同时, 降低对计算机硬件性能的要求。一般情况下, f_{cs} 和 f_{ps} 单位均为 Hz。

假设转子做时变转速运动, 测试所用的光电编码器脉冲分辨率为 m, 即编码器连接于转子上的转动轴旋转一圈所输出的脉冲个数, 单位为 PPR(脉冲数/转)。在硬件算法上, 光电编码器的转速一般采用定时测角法 (M 法) 获得, 该方法对固定周期 T_c 内产生的高频脉冲进行计数, 若计数的脉冲数为 n, 则光电编码器输出的观测转速为

$$\omega = \frac{2\pi n}{m T_c} \qquad (4.34)$$

式中, ω 的单位是 rad/s。脉冲数 n 的精度取决于 f_{ps}。目前多数采集仪计数器采样频率 f_{ps} 在 1MHz 以上, 而光电编码器观测信号通道的采样频率 f_{cs} 也在 100kHz 以上。

要获得转子的扭振信号, 需对光电编码器测试的转速信号解调分析, 获得测试转速信号与控制转速、振动扭角之间的关系。

当采样频率足够高时, ω 实际上是转子的瞬时角速度。因转子控制转速与扭振角速度方向相同或相反, ω 可以分解为缓变控制转速 $\bar{\omega}$ 与扭振引起的瞬时角速度 $\tilde{\omega}_t$ 的叠加, 表达为

$$\omega = \bar{\omega} + \tilde{\omega}_t \qquad (4.35)$$

采用微分原理计算转子的扭振瞬时角速度 $\tilde{\omega}_t$。对微元时段 $\mathrm{d}t$, 若因扭振产生的角速度变化量为 $\mathrm{d}\omega_t$, 则转子扭振产生的瞬时角速度为

$$\tilde{\omega}_t = \frac{\mathrm{d}\theta}{\mathrm{d}t} \qquad (4.36)$$

从而得到转子扭振、控制转速与编码器测试转速之间的关系式为

$$\dot{\theta} = \omega - \bar{\omega} \qquad (4.37)$$

分析式 (4.37) 可知, 光电编码器观测信号是时变控制转速及扭转角速度信号的叠加。

根据式 (4.37), 为获得扭振角速度 $\dot{\theta}$, 需从观测信号 ω 中提取并减去控制转速信号 $\bar{\omega}$, 下面构造 $\bar{\omega}$ 的提取算法。

实际中, 采样信号为离散信号, 将观测转速序列表示为

$$\{\omega_k = \omega(t_k) | k = 1, 2, \cdots, L\} \qquad (4.38)$$

式中，t_k 为光电编码器采集的第 k 个数据对应的时刻；L 为编码器采样数据长度。类似于式 (4.38)，用 $\{\bar{\omega}_k\}$ 表示转子控制转速，构造序列 $\{\bar{\omega}_k\}$ 提取算法。

相对于转子扭振信号，转速控制信号为缓变信号，因此，可通过提取光电编码器测试序列 $\{\omega_k\}$ 中的缓变信号获得转速控制信号 $\{\bar{\omega}_k\}$。缓变信号的获取方法采用多点滑动平均法，对于 q 点平滑法，$\{\bar{\omega}_k\}$ 的计算公式如下：

$$
\begin{cases}
\bar{\omega}_0 = \omega_1/2 \\
\bar{\omega}_1 = \omega_1 \\
\bar{\omega}_2 = (\omega_1 + \omega_2 + \omega_3)/3 \\
\bar{\omega}_3 = (\omega_1 + \omega_2 + \omega_3 + \omega_4 + \omega_5)/5 \\
\quad\vdots \\
\bar{\omega}_{\lfloor q/2 \rfloor} = (\omega_1 + \omega_2 + \cdots + \omega_{q-1} + \omega_q)/q \\
\bar{\omega}_{\lfloor q/2 \rfloor+1} = (\omega_2 + \omega_3 + \cdots + \omega_{q-1} + \omega_{q+1})/q \\
\bar{\omega}_{\lfloor q/2 \rfloor+2} = (\omega_3 + \omega_4 + \cdots + \omega_{q+1} + \omega_{q+2})/q \\
\quad\vdots \\
\bar{\omega}_{L-\lceil q/2 \rceil} = (\omega_{L-q+1} + \omega_{L-q+2} + \cdots + \omega_{L-1} + \omega_L)/q \\
\bar{\omega}_{L-\lceil q/2 \rceil+1} = \bar{\omega}_{L-\lceil q/2 \rceil} \\
\bar{\omega}_{L-\lceil q/2 \rceil+2} = \bar{\omega}_{L-\lceil q/2 \rceil} \\
\quad\vdots \\
\bar{\omega}_{L-1} = \bar{\omega}_{L-\lceil q/2 \rceil}
\end{cases}
\tag{4.39}
$$

式中，$\lfloor \cdot \rfloor$、$\lceil \cdot \rceil$ 分别为向下取整、向上取整算子。

在获得控制转速序列 $\{\bar{\omega}_k\}$ 后，根据式 (4.37)，用观测信号 $\{\omega_k\}$ 减去 $\{\bar{\omega}_k\}$，可得到扭振序列 $\{\dot{\theta}_k = \omega_k - \bar{\omega}_{k-1}\}$，实现从观测角速度信号到扭振角速度信号的提取。

4.6.2　主轴扭振测试

如图 4.23 所示，利用光电编码器法对某航空发动机进行主轴测扭。在转子右端安装增量式光电编码器测试其扭转振动，在齿轮盘处安装磁电转速传感器测试发动机的真实转速。磁电转速传感器除对转速控制器反馈转速信号外，还和光电编码器一起输出信号到键相采集仪，键相采集仪对信号进行调理后，再将两类传感器的转速信号发送给计算机。

光电编码器采集到的转速信号如图 4.24 所示。经过趋势平滑滤波后，对发动机时变转速下的扭转振动速度求解，结果如图 4.25 所示。

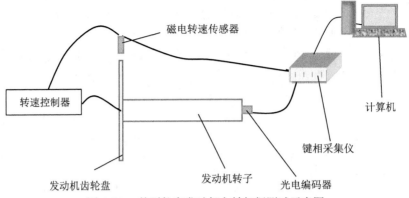

图 4.23　某型航空发动机主轴扭振测试示意图

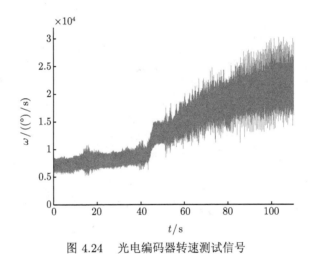

图 4.24　光电编码器转速测试信号

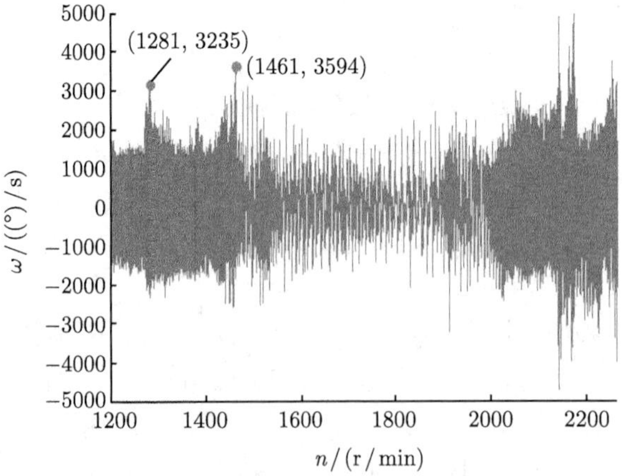

图 4.25　发动机时变转速-角速度图

4.7　螺旋桨轴扭振测试

螺旋桨在起动、加减速、停车服役环境下，因转子转速巨大波动而产生扭振，当螺旋桨瞬时转速达到扭转临界转速并保持一定时长时，过大的扭振对机体安全产生严重威胁。为揭示时变转速下螺旋桨的扭振变化规律，扭振测试是重要途径之一。

斑马带法因其测扭位置灵活可调，是转子扭振测试常用的方法之一，利用转子上已有的齿轮盘结构或在转子上安装齿轮盘附件，通过磁电式、电涡流式等具备高频响应能力的非接触传感器测试齿轮接近传感器探头的脉冲信号，先对脉冲相位进行解调，再对扭振信号进行提取，即可实现转子的扭振测试。本节介绍基于斑马带法的螺旋桨轴扭振测试技术。

4.7.1　斑马带法

斑马带法转子测扭装置如图 4.26 所示，在转子旋转轴段安装斑马带，非接触磁电或电涡流传感器等采集齿轮通过传感器的脉冲信号，采集仪将传感器信号放大调理后传输给计算机。

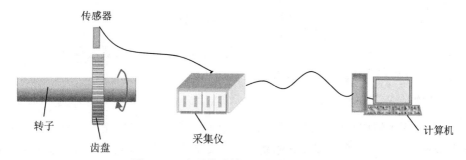

图 4.26　斑马带法转子测扭装置示意图

当转子发生扭振时，齿轮通过传感器的时刻提前或滞后，使得观测信号的相位被调制，相位调制引起的相位差 (提前或滞后时间) 为

$$\tau(t) = t_\tau(t) - t_0(t) \tag{4.40}$$

式中，$t_0(t)$ 是无扭振工况下斑马带通过传感器所产生的脉冲极大值所处时刻，称 $t_0(t)$ 为参考相位，它是关于时间 t 的函数；$t_\tau(t)$ 是扭振工况下齿轮通过传感器所产生的脉冲信号极大值所处时刻。

根据式 (4.40)，可得转子角位移 θ(单位：(°)) 响应的计算公式为

$$\theta(t) = 360 \times \frac{n(t)}{60}\tau(t) = 6n(t)\tau(t) \tag{4.41}$$

式中，n 表示转子转速，r/min。

若考虑转子运行过程中转速时变引起转子的静态角位移变化，式 (4.41) 还需要修正，下面说明修正方法。转子控制转速 $\bar{n}(t)$ 与其所承受的静态扭矩 $\bar{T}(t)$ 存在如下关系式：

$$\bar{n}(t) = 9549\frac{P(t)}{\bar{T}(t)} = 9549\frac{P(t)}{K\bar{\theta}(t)} \tag{4.42}$$

式中，P 为转子输入功率，kW；$\bar{T}$ 为转子承受的静态扭矩，N·m；K 为传感器观测轴段的扭转刚度，N·m/(°)。由式 (4.42) 可得转子时变静扭角为

$$\bar{\theta}(t) = 9549\frac{P(t)}{K\bar{n}(t)} \tag{4.43}$$

结合式 (4.41) 和式 (4.43)，由观测信号获得的转子时变转速角位移是动、静态角位移的叠加，式 (4.41) 修正为

$$\theta(t) = \tilde{\theta}(t) + \bar{\theta}(t) = 6n(t)\tau(t) \tag{4.44}$$

式中，$\tilde{\theta}(t)$ 是扭振角位移，且它相对于转速时变引起的静态角位移 $\bar{\theta}(t)$ 而言是高频信号。由式 (4.44) 可得，时变转速下转子的扭振角位移为

$$\tilde{\theta}(t) = 6n(t)\tau(t) - \bar{\theta}(t) \tag{4.45}$$

工程实践中，在获得转子转速 $n(t)$ 及相位差 $\tau(t)$ 后，并不需要计算 $\bar{\theta}(t)$，通过趋势项分解方法即可将其求解并去除，从而得到转子的扭振角位移 $\tilde{\theta}(t)$。

4.7.2 螺旋桨轴扭振测试

图 4.27 给出了螺旋桨扭振的测试装置示意图。转速控制器控制发动机输出功率，实现发动机转速控制，发动机通过减速器驱动螺旋桨旋转，在螺旋桨输入轴段上安装斑马带，使

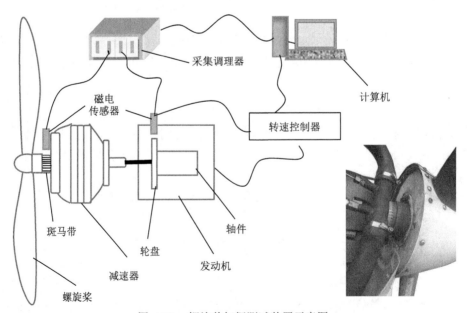

图 4.27 螺旋桨扭振测试装置示意图

斑马带随螺旋桨一起旋转。采用磁电传感器采集斑马带的通过脉冲以及发动机转速,将传感器信号输出给采集调理器,然后将调理后的信号发送给计算机。

测试时,斑马带为机械加工,周向若被等分为 60 个斑马条,则 FFT 分析后的频谱值将与转子转速 n 相等,从而使读数方便简单,无须考虑键相数的增加而换算转速等。发动机转速传感器安装在其自身的轮盘结构处,轮盘周向等分数也可为 60,以保持与螺旋桨一致,在轮盘的 0° 有一个缺齿 (如图 4.28 中的高脉冲) 用来测试发动机转速,轮盘与轴件的连接处安装了扭振弹簧,以削弱轴件扭转对转速测量的影响,提高发动机转速测试精度。

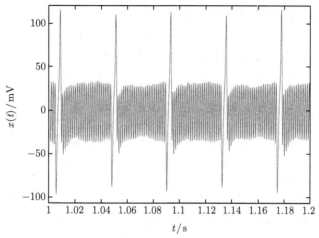

图 4.28　螺旋桨传感器观测信号放大图

以轮盘的观测信号作为无扭振信号,对其相位解调可以获得参考相位 $t_0(t)$。根据式 (4.40) 计算螺旋桨齿轮通过传感器的相位差,为解调得到扭振信号,绘制出螺旋桨转速-扭角之间的关系,如图 4.29 所示。

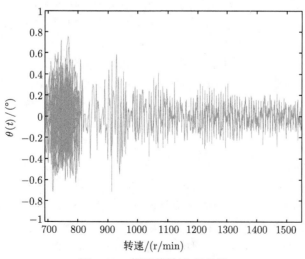

图 4.29　螺旋桨转速-扭角图

4.8　叶尖振动量测试

旋转状态下，工作叶片的振动应力测量，称为动态应力测量。动态振动应力测试的主要目的是确定叶片在工作转速范围内应力与转速的关系，绘制叶片在各种工作状态下的载荷谱，为判定叶片的寿命和可靠性提供依据。动态振动应力测试在发动机研制、生产、排故、定寿以及延寿等工作中具有重要意义。此外，严格控制振动应力水平是发动机台架检测中的一项重要内容，若超过规定值，应及时报警，以便采取措施，保证发动机安全工作。

叶片振动应力的动态测量主要有电测法、调频栅法、脉冲调制法、间断相位法、光测法等。应变片电测法简单可靠、便于分析，但因为必须敷设引线和安装导电滑环，带来很多不便和限制。调频栅法 (也称磁钢法)、脉冲相位调制法、间断相位法等均属于非接触测量，不需要导电滑环，但也受到一定的限制，不能用于如带冠叶片、高阶振型等的测试。光测法也属于非接触测量，这种方法测量精度高，对旋转叶片无附加影响，但激光不能通过障碍物，仅可对激光照射范围内的叶片进行振动测量。本节首先介绍叶尖振动应力量级的表征量——振动速度，而后对调频栅法和脉冲调制法两种振动应力测量方法进行阐述。

4.8.1　振动速度

国内主要利用振动应力作为振动量级的标志。国外除了利用振动应力外，也利用振动速度 af 值 (振动频率 f 与叶尖振幅 a 的乘积) 来表示振动量级，作为控制振动强度的一种手段。

由材料力学和振动理论可知，等截面悬臂梁做一阶弯曲振动时，固持端最大振动应力为

$$\sigma_{\max} = 2\pi\sqrt{3E\rho} \cdot af \tag{4.46}$$

式中，E 为材料弹性模量；ρ 为材料密度。由此可见，可以用 af 衡量振动量级。

大量疲劳试验表明，叶片的各阶振动，都可以用 af 值来表示叶片的最大应力，即 af 值标志着叶片的疲劳强度。而 af 值的大小取决于材料，例如：铝合金 $af \leqslant 1.68 \mathrm{m/s}$；钢 $af \leqslant 1.98 \mathrm{m/s}$；钛合金 $af \leqslant 3.55 \mathrm{m/s}$。

一般情况下，只要叶片的 af 值低于上述值，即可安全工作。

利用 af 值测量简便易行，因为在发动机工作状态下测量叶片频率和叶尖振幅比采用应变计测量应力要简单得多。

4.8.2　调频栅法

利用电磁感应原理测量转子叶片 af 值，可以得到叶尖的最大振动应力。

在被测叶片的叶尖处嵌入一个小磁钢，在机匣内壁安装方波形的等节距金属线栅。叶片未振动时，小磁钢随叶片匀速转动，调节金属线栅的节距，可以在线栅中产生连续均匀的脉冲电势 (一般为正弦波形)，其频率为发动机转速 n 和栅条个数 m 的乘积，载波频率 $f = mn/60$。当叶片产生振动时，磁钢越过栅条的时间有的提前，有的滞后，从而原来规则的脉冲信号被叶片的振动信号调制。将被调制信号解调、滤波，可以得到与叶尖振动速度 af 值成正比的电压信号，通过事先标定，可以得到叶片的振动应力。

目前金属线栅可以用锡纸胶带制成，用刻字机刻录即可得到较为均匀的金属线栅。这种方法测试原理与螺旋桨轴扭振测试原理相同，数据分析方法也一致。

4.8.3　脉冲调制法

其原理与调频栅法相同，不同之处在于这种方法以叶片作为栅条，而在机匣上安装磁电传感器，由电磁感应原理可知，传感器中会产生一个电脉冲信号，其载波频率与同级叶片数 m 和转速 n 之间的关系为 $f = mn/60$。叶片未振动时，各个叶片等间距地通过传感器，如此，传感器可以输出等间距的连续脉冲。如果叶片发生振动，则脉冲出现提前或滞后，经过若干转 (如几百转)，这些脉冲位置的变化将趋近于叶片振幅的峰-峰值。

这种测量方法除了使用磁电传感器外，还可以用光纤传感器测试，光学式传感器测量精度高、不受叶片材料的限制，使用温度可达 400℃。具体步骤为：在机匣上钻一个小孔，孔中插入一根光纤探头，而后对一半光纤束通入光线，当叶片旋转通过光纤探头时，光纤的光通过叶尖端面并反射入另一半光纤，推动含有光电二极管等组成的脉冲电路。测试时，可将其中某个叶片的端面进行抛光，形成标记，以辨识每个叶片的光栅，其光线长度代表叶片的振幅。

这种方法测试原理与螺旋桨轴扭振测试原理相同，数据分析方法也一致。

4.9　发动机整机噪声测试

噪声中也包含了航空发动机故障的重要信息，通过特征提取及数据分析，能为发动机排故提供支撑。航空发动机的功率很大，而且噪声源分布复杂，航空发动机噪声包括风扇噪声、压气机噪声、涡轮噪声、燃烧室噪声和喷气噪声等。在航空发动机噪声中，隐藏着故障的特征信息，通过测量分析航空发动机的噪声，可以为航空发动机故障分析和诊断提供数据支撑。对于民机，噪声直接影响飞机的舒适度，低噪声已成为民用航空发动机发展中考虑的重要因素。

噪声有多种加权评判方法，A 声级是声级计加权中的一种，也是当今噪声评判的主要标准。表 4.2 列出了日常生活中常见噪声的 A 声级加权值。

表 4.2　常见噪声的 A 声级加权值

加权值/dB	声源 (一般距离测点 1～1.5m)
10～20	静夜，消声室
20～30	轻声耳语，很安静的房间
40～60	普通室内声音
60～70	普通谈话声，较安静的街道
80	城市街道，收音机，公共汽车内
90	重型汽车，泵房，很吵的街道
100～110	织布机，电锯
110～120	柴油发动机，球磨机
120～130	高射机枪，螺旋桨飞机
130～140	喷气式飞机，风洞，大炮
160	火箭，导弹，飞船

4.9.1 噪声源

发动机噪声是发动机工作时产生的声强很大的声音，直接从发动机机体及其主要附件向空间传出。随着现代涡扇发动机涵道比的不断提高，喷流噪声所占比例减小，压气机噪声成为发动机主要噪声源。根据风扇/压气机声源辐射频率特性的不同，其噪声又可分为宽带噪声和离散噪声。

1. 宽带噪声

宽带噪声，也称涡流噪声，它是在叶轮旋转过程中，叶轮叶片与气体相互作用所辐射的宽频带噪声，包括来流紊流噪声、紊流附面层噪声、尾缘涡流脱落噪声和叶尖涡流噪声。

白噪声是指在较宽的频率范围内，各频带所含的噪声能量相等的噪声，而轴流压气机产生的主要就是白噪声、不连续噪声及复合音噪声。当气流通过叶栅时，叶片尾迹紊流产生各种尺寸的涡流，涡流改变气流经叶片的流程，成为不规则的流程，在叶片表面上产生压力变化。此外，机匣的附面层造成进口气流紊流，使叶片攻角产生变化，因而造成压力变化，这两者产生白噪声。

由于尾迹的影响，在气流流出叶片时尾迹处气流流动方向与叶栅通道间气流不一致，导致下一叶栅攻角有变化，这种变化以叶片通道频率 (转速 × 动叶数目) 有规则地重复，产生不连续音。当轴向间隙增大时，此效果削弱。此外，由于尾迹的影响，尾迹外气流速度值与叶栅通道流速也不同，产生的低速气流也使叶片表面有压力变化，由于尾迹间隔均匀，这种变化也是周期性的，也产生不连续音。

压气机在某种非正常工作状态下产生的高声强噪声中所包含的高强度声波，是激起转子叶片共振或颤振的"元凶"之一。有进口导流叶片的风扇噪声级比没有导流片的要大 10dB 左右，多级的噪声比单级的大。

当轴流压气机工作叶片叶尖处气流相对速度超声速时，产生激波，激波传播到上游，形成复合音噪声。噪声频谱的转子转速为基本频率，而大量谐波则引起许多不规则噪声。

压气机的设计参数会影响压气机发出的噪声。试验表明，为减少噪声，静叶数/动叶数的比值应该大，但受到结构限制，一般希望静叶数为动叶数的两倍。静叶对动叶的轴向间隙增大，使声功率下降；当轴向间隙增大一倍时，噪声级可减少 2~6dB。

2. 离散噪声

离散噪声，大多数情况下也称旋转噪声或干涉噪声，其频带较窄，频率范围主要由叶片通过频率及其高次谐波分量组成，包括单独转子噪声、黏性尾迹干涉噪声、势场干涉噪声、尾涡脱落干涉噪声。理论和实验都表明在亚声速状态，转子-静子的干涉噪声是离散噪声的最主要分量。在跨声速状态下，虽然激波噪声的存在不可忽略，但其非线性特性造成它很快衰减，转子-静子的干涉噪声仍起到很重要的作用。所以研究转子-静子干涉所引发的非定常响应与其辐射噪声之间的关系对如何获取可靠的降噪手段无疑具有重要的意义。

当喷气流排到大气中时，极高速的气流粒子和周围的低速气流粒子紊流掺混使大气的稳定状态受到破坏而产生巨大扰动，这就产生了强大的噪声。在发动机喷口出口有一个核心区，在核心区内流速相等，等于喷口出口流速，核心区长度粗略估计为 4.5 倍喷口直径。在核心区外则为紊流掺混区。紊流掺混区长度约等于 10 倍喷口直径。其后为充分发展的紊流区。核心区为噪声高频区，沿排气轴线频率逐级降低。排气的声功率与排气速度呈八次方关系，而且喷气噪声主要是由离喷口 6 倍直径的距离内的喷气段所产生的。

离散噪声频率与叶片数和叶片转速有关，造成叶片周期性离散噪声的根本原因是叶片轴向角均匀布置，降低叶轮离散噪声的有效手段就是破坏这种均匀布置，应采用不等节距的叶片周向布置。按照不等节距叶片设计，使叶片间夹角不相等，达到减小各个叶片所产生的噪声间的同相叠加目的。

4.9.2　噪声测试方法

航空发动机的噪声检测是在露天试验台上进行的。测力装置的结构与一般的试验台区别不大，主要是试验台应远离房屋、结构物和无关的噪声源。操纵台位于距离发动机 10~15m 的地下一定深度处或在离试验台 20~30m 的地面上。在试验台周围 300m 距离内，应装设人工或天然的表面覆盖层，用来消除发动机工作时出现的尘雾，而这种尘雾会使介质的音质失真。在与发动机轴线成不同角度的一定距离上安装传声器 (高度约为 1.2m) 并使其面对研究对象。

试验是在远声场 (离发动机的距离为 50~300m) 和近声场 (在直接靠近发动机或在进气道内部) 进行。在远声场，发动机的尺寸不影响方向特征和声压水平。

远声场的主要研究内容包括：

(1) 所感受的噪声水平和声压水平的方向特征；确定所感受的噪声水平的音量和方向；

(2) 在 1/3 第八音阶频率带 (50~1000Hz 范围内) 的噪声水平；

(3) 在最大发射方向上噪声衰减。

近声场的主要研究内容包括：

(1) 在 1/3 第八音阶频率带中的声压水平和噪声的方向特征；

(2) 最大的噪声水平。

为了获得各种结构措施对噪声水平影响的比较资料，发动机要在主要工作状态进行试验，例如，带或不带压气机进气导向器，压气机转动环和静止环之间各种不同的间隙，进气道表面涂有吸音涂料，喷管中装消音器，涡轮风扇喷气发动机不同的涵道比等。

用于降低发动机噪声的结构措施通常会引起发动机空气燃气流路上附加的压力损失和发动机单位特性的恶化。因此，试验时要测量噪声特性，又要测量发动机工作过程参数、空气燃气流路各主要截面上的温度、压力、推力、耗油率、转速和喷管排气速度等。

噪声测试信号为声压信号，其波形与常规振动波形无所区别，如图 4.30 所示。噪声的频谱除用 FFT、功率谱密度外，还常用 1/2 倍频程、1/3 倍频程直方图表示 (图 4.31)。对于 1/2 倍频程，若中心频率为 f_c，则有

$$f_c = f_1 f_2, \quad f_2 = 2f_1 \tag{4.47}$$

式中，f_1、f_2 分别为频段的下限和上限。表 4.3 列出了 1/2 倍频程和 1/3 倍频程在 3000Hz 以下的中心频率及其频率范围。

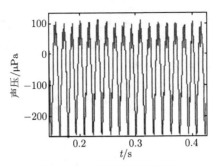

图 4.30   传声器测振信号

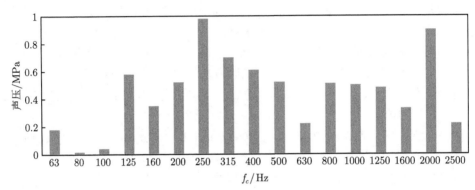

图 4.31   1/3 倍频程直方图

表 4.3   1/2 倍频程和 1/3 倍频程频率范围

1/2 倍频程/Hz			1/3 倍频程/Hz		
下限频率 f_1	中心频率 f_c	上限频率 f_2	下限频率 f_1	中心频率 f_c	上限频率 f_2
11	16	22	14.1	16	17.8
			17.8	20	22.4
22	31.5	44	22.4	25	28.2
			28.2	31.5	35.5
			35.5	40	44.7
44	63	88	44.7	50	56.2
			56.2	63	70.8
			70.8	80	89.1
88	125	177	89.1	100	112
			112	125	141
			141	160	178
177	250	355	178	200	224
			224	250	282
			282	315	355
355	500	710	355	400	447
			447	500	562
			562	630	708
710	1000	1420	708	800	891
			891	1000	1122
			1122	1250	1413
1420	2000	2840	1413	1600	1778
			1778	2000	2239
			2239	2500	2818

4.10　发动机整机振动测试

过大的发动机振动会损坏仪表或使其指示误差大,加重飞行员不适感 (手指抖动、疲劳等)。严重时会引起发动机滑油管道破裂、叶片疲劳掉块故障。在发动机健康监测系统中,对振动的监测为其重要的组成部分。通过振动分析可以监测发动机的转静碰摩、轴承损坏、不对中故障等。

发动机整机振动测量有静态和动态两种。静态测量是在研制过程中为获取发动机的静态特性和结构模型参数 (如刚度、阻尼),采用外激励进行测试。动态测量是在发动机运转情况下测试,其目的是了解发动机的振动特性,判断发动机振源和故障或者排故。

支承系统的刚度、质量和阻尼对发动机整机系统的振动特性影响很大。机载发动机和台架上安装的发动机振动特性差别很大,因飞机上的发动机支承和台架上的发动机支承安装方式差异很大,连接件及其紧固力等也对发动机的振动影响很大。图 4.32 是某型发动机传感器安装位置,在发动机支板上安装了传感器。实际测量表明,转子振动频率及其 1/2 分频是决定发动机振动大小的主分量。在振动监测中,常把轴承所在的承力机匣作为振动测点,通过这些测点将转子的不平衡、不对中、轴承故障等信号传递出来。

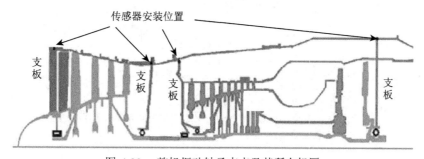

图 4.32　整机振动轴承支点及其所在机匣

引起发动机振动的因素很多,按激振源所属部件,可分为转子源、螺桨源、叶片源、齿轮源、轴承源等;按激振源的性质可分为机械激振、气动与流体动力激振、声学激振等。以激励源部件的划分方式有利于直接把振动性质、频率特点和振源联系起来。

在研究发动机振动时都是以发动机转速作为激振频率的参考依据,发动机振动的谐波往往与发动机转速成整数倍或分数倍,如 2X、0.5X 分别表示 2 倍转速、0.5 倍转速的振动分量,如图 4.33 所示。

4.10.1　转子源的振动

转子是航空涡轮发动机中最基本的和最重要的振源,转子的振动主要由转子的不平衡、不对中、碰摩、支承非线性、自激振动、弯扭耦合等产生。

转子源振动的振幅取决于不平衡量、工作转速与临界转速之比以及振动阻尼的程度。当阻尼很低时,临界转速下振幅放大许多倍。应用挤压油膜阻尼器 (图 4.34) 可以明显地抑制过临界转子振幅,使其减少到不加挤压油膜阻尼器时的 1/3~1/2。

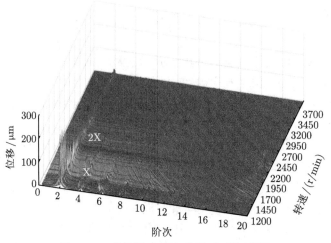

图 4.33　整机振动转速-阶次-位移幅值图

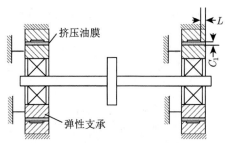

图 4.34　宽度为 L, 油膜厚度为 C_1 的普通挤压油膜阻尼器

转子不对中 (图 4.35) 包括平行不对中和角度不对中。平行不对中时, 转子各轴段部件中心线对齐但不能同心; 角度不对中时, 转子各轴段中心线存在夹角。转子不对中以 2X 频率分量为主要特征。

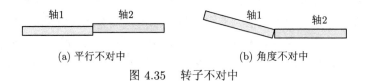

图 4.35　转子不对中

转子碰摩、支承非线性的频率成分较为复杂, 多为转子转速的分数倍频、整数倍频或多阶临界转速的加减组合等形式。当碰摩严重或支承非线性过大时, 转子发生失稳, 可能引起 0.5X 副临界振动, 转子易发生危险事故。

转子的自激振动为非协调正向进动, 是次同步进动, 频谱范围在 0.4X~1X。

转子弯扭耦合的振动频率是扭振频率与弯振频率的组合, 此时弯曲激励会导致扭振出现, 同样扭转激励也会加强弯曲振动。

4.10.2　螺桨源的振动

螺桨会发生机械源 (桨叶不平衡) 和空气动力源 (不平衡气动力和力矩) 振动, 并激起发动机以及螺桨转动频率 (螺桨一阶谐波) 的振动。螺桨旋转时, 障碍物 (如试车台的设备、支柱、机翼、机身等) 造成气流不均匀, 还会引起频率为螺桨桨叶倍数的谐波振动。螺桨气动力不平衡是引起频率为螺桨一阶谐波振动分量的主要原因。旋转桨叶角可以调整气动力不平衡。因为气动力及质量不平衡所引起发动机的振动具有许多共性, 可以叠加或抵消, 所以可以人为地用两种形式的不平衡来互相补偿。

4.10.3　高频振动

高频振动分量既是引起发动机结构损坏的重要因素, 也是对发动机进行监控, 发现发动机故障的重要信息来源。高频振动成分占有相当大一部分振动能量, 其加速度过载量显著超过通常试车规范中的规定。例如, 国产 WP-6 发动机在 0~200Hz 用 MB-22 型速度传感器测得的过载值 $k \leqslant 3g$, 而采用压电加速度传感器在全频段上测量的加速度值达 $(60 \sim 80)g$。

1. 叶片产生的高频振动

风扇、压气机、涡轮叶片在气动力作用下所产生的振动是高频振动的主要形式, 它不仅影响叶片本身的强度, 而且是薄壁机匣疲劳破坏的因素。叶片振动主要由气流通道内的气动阻力、旋转离心力和颤振三种主要原因引起。由通道阻力引起的高频振动的频率为 $f = iZ_m n_s (i = 1, 2, 3, \cdots)$, 其中, Z_m 为第 m 级叶片数, n_s 为轴转速 (Hz)。

2. 轴承和齿轮产生的高频振动

轴承内圈、外环和滚子上的缺陷及波纹, 在轴承旋转时产生冲击, 其频率称为 "通过频率", 可按下列公式计算。

外环损坏频率:

$$f_{\mathrm{o}} = \frac{Z_g}{2} n_s \left(1 - \frac{d}{D_{\mathrm{av}}} \cos \beta \right) \tag{4.48}$$

内圈损坏频率:

$$f_{\mathrm{i}} = \frac{Z_g}{2} n_s \left(1 + \frac{d}{D_{\mathrm{av}}} \cos \beta \right) \tag{4.49}$$

滚子损坏频率:

$$f = \frac{D_{\mathrm{av}}}{d} n_s \left(1 - \left(\frac{d}{D_{\mathrm{av}}} \cos \beta \right)^2 \right) \tag{4.50}$$

式中, Z_g 为滚子数; n_s 为轴转速; d 为滚子直径; D_{av} 为轴承平均直径; β 为接触角。

轴承的频谱很密集, 几乎覆盖整个频谱范围, 轴承所引起的频谱为连续的, 并带有若干共振区域。

齿轮在运转中由于安装不正确, 同轴度不好, 齿型偏差和轮齿磨损等而产生振动。齿轮啮合振动的频率 $f_z = Z n_s$, 其中 Z 为齿轮数。齿轮传动的振动强度随着传递载荷以及转速的增加而增加，其量值通常总是很小，它主要用作发动机监测的信号。只有在故障严重时，或激起结构共振的情况下才能引起发动机明显的振动。

对于高速的薄壁锥齿轮，由于啮合受三向力的作用，会激起齿轮体的弯曲振动。当具有某节径的行波振动频率与激振频率重叠引起共振时，会导致齿轮疲劳断裂。

4.10.4　测试系统

1. 振动指示参数

发动机试验中常用过载系数 K 表示整个发动机的振动量级，它是发动机工作时整机重心的最大振动加速度与重力加速度之比。发动机整机重心的加速度为 $a = A\omega^2$，则

$$K = \frac{a}{g} = \frac{A\omega^2}{g} \tag{4.51}$$

发动机通用规范中已规定振动测量时要进行振动速度和振动加速度分析。加速度直接反映振动物体所受的惯性力和外传力，可用于振动故障诊断。

研究表明，在低频范围内振幅 (位移) 作为指示参数比较敏感；在高频范围内加速度作为指示参数比较敏感；而振动速度在很宽的频段上保持不变。振动速度标志着振动物体所具有的能量 $E \sim v^2$，同时还标志着最大振动应力的量值。

2. 测点选择

传感器所测量的振动，实际上是测点处的振动。为了能够表征发动机振动，测点选择必须具有代表性。发动机通用规范中规定整机测振时在发动机压气机、涡轮机匣、附件齿轮机匣以及某些内部结构上安装加速度传感器，如图 4.36 所示。在发动机机匣与附件齿轮机匣适当之处应装有托架、安装节以确定三个互相垂直平面内的振动。必要时对特殊的发动机可规定外部或内部的附加装置 (如主轴承位置)。传感器安装点应在发动机结构与外廓图上标出。

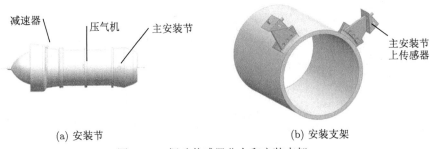

(a) 安装节　　　　　　　　　　　　　(b) 安装支架

图 4.36　振动传感器分布和安装支架

靠近发动机主安装节处，振幅较小并接近于发动机重心振幅值，能比较真实地反映整机的振动情况。压气机机匣部位测得的振动主要标志压气机转子的不平衡量，由于它的刚性较高，所以过载系数 K 值较涡轮机匣测得的要小。

由于机匣水平和垂直刚性不同，在机匣同一截面上通常垂直方向测得的振动过载系数与振幅要比水平方向的小一些。

装于不同试车台上的同一台发动机因台架刚性影响振动过载系数也不相同。在台架上测得的振动与飞机上测得的又不相同。

因此发动机测得的过载系数和振动频谱都只能作为同一类型发动机在相同条件与标准样机的比较指标。

发动机振动测量系统的搭建见第 3 章测试理论，此处不再赘述。

3. 数据分析方法

整机振动数据分析方法主要有时域图、频谱图、短时 Fourier 分析、阶次分析等。时域图是第一手测试数据，某些故障在时域图上的表现非常明显，如发动机碰摩。此外，为查找整机振动故障或滤除转速变化引起的缓变信号，趋势分析也经常用于故障数据的处理。

4.10.5　整机振动监控标准

如前所述，航空发动机振动监控以速度作为指标参数较为合理。这主要是因为：振动速度可反映振动能量；速度和振动环境引起的疲劳破坏及疲劳寿命有关，它反映了应力值，即反映了疲劳环境；速度量在发动机转速范围内比位移量和加速度量变化小，且航空发动机转子与静子、支承系统质量比较接近，可使它们的极限值相近。因此，速度作为航空发动机振动监控标准是国内外振动监控的发展趋势。

1. 故障判据

故障判据可能是振动位移、速度、加速度等的最大值。

最大相对位移可能发生在机件碰到静子而卡住导致折断、变形时，一些大的旋转件，如涡扇发动机的风扇部位监控振动的标准判据用位移。例如，CFM56 发动机规定了低压转子限制位移值，以保证风扇运转正常，其转频也较低。

最大加速度表征振动质量的惯性力。惯性力过大可能引起转子轴颈油膜被挤坏，导致轴承逐步损坏，电子产品连接处接头开裂等。这些情况用加速度作为标准来判断发动机的振动，如 WP-6 和 WP-7 发动机。

速度是应用最为广泛的故障判据。振动速度信号可以改进发动机的状况分析和简化搜索系统。把位移或加速度限制量分别换算为速度，它们是非常接近的，基本从 $40\times10^{-3}\sim60\times10^{-3}$m/s，这个结论是速度称为最佳限制值的依据。

2. 振动速度作为振动极限值的依据

1) 理论依据

振动速度可反映振动能量的大小。具体如下：

$$E \sim \frac{1}{T}\int_0^T v^2(t)\mathrm{d}t \tag{4.52}$$

对简谐振动，有

$$E \sim \frac{1}{T}\int_0^T v^2 \sin^2 \omega t \mathrm{d}t \tag{4.53}$$

从而

$$E \sim \frac{1}{2}v^2 = \frac{\omega^2 S^2}{2} = \frac{g^2 a^2}{2\omega^2} \tag{4.54}$$

式中，ω 为角频率；S 为位移；v 为速度；a 为加速度。

在振动能量不变时，速度不变，位移随 ω 减小，而加速度上升。

2) 速度与振动应力

速度可描述振动应力，即为振动疲劳强度的依据。

由材料力学和振动理论可知，等截面悬臂梁做一阶弯曲振动时，悬臂梁固支端最大振动应力为

$$\sigma_{\max} = 2\pi\sqrt{3E\rho} \cdot af \tag{4.55}$$

式中，a 为加速度；f 为振动频率 (Hz)；$v \sim af$，故 $\sigma_{\max}$ 与速度 v 呈比例关系。

3) 其他依据

各种航空发动机的转静子质量比很接近，具有近似的速度极限值。不同型号发动机振动系统的响应取决于静子与转子的质量比，该比值一般在 1~3 倍范围内。

在发动机工作转速范围内，随着转速的变化，位移和加速度幅值均跟转速密切相关，而速度变化小，有利于选择测量系统的测量范围，容易得到校准器的测量值。

各种发动机振动监控标准已向速度统一，机载监控速度极限值基本在 $(40\sim60)\times 10^{-3}$m/s 范围内。

4.10.6 整机振动典型故障表现

表 4.4 列出了整机振动的典型故障及其表现形式。

表 4.4 整机振动典型故障及其表现形式

故障类型	序号	故障表现形式
整机喘振	1	振动主分量在 10Hz 以下
	2	发动机振动加剧，声音由尖啸转变为低沉
	3	飞行员听到"放炮"声响
	4	转速不稳定，推力突然下降且大幅波动
	5	压气机出口总压和流量大幅波动
	6	发动机排气温度异常
	7	发动机气流中断而熄火停车
整机旋转失速	1	振动主分量在 0.4X~0.6X 转速范围内
	2	振动幅值对气流压力、流量非常敏感
	3	压气机振动增加，转子轴向振动对转速敏感
	4	排气压力波动大
管路振动	1	振动主分量在 10Hz 以下
	2	FFT 或功率谱分析结果出现 1X、2000Hz 等的声频
	3	火灾
	4	管路破裂

续表

故障类型	序号	故障表现形式
转子不对中	1	转速频率 2 倍 (2X) 时，振幅明显增大，出现共振现象
	2	转子承受的激励力幅，随转速的升高而加大
	3	联轴器同一侧相互垂直的两个方向上，2 倍频的相位差是基频的 2 倍
	4	联轴器两侧同一方向的相位在平行位移不对中时为 0°，在角位移不对中时为 180°，综合位移不对中时为 0°~180°
	5	位置低的轴承振幅比位置高的轴承负荷大
	6	平行不对中主要引起径向振动，角不对中主要引起轴向振动
转静碰摩	1	振动波形中带有冲击段，倍频和分频分量丰富，轴心轨迹混杂或带有不规则曲线部分，可能产生反进动
	2	轴心轨迹图形椭圆中心偏离零位
	3	轴心轨迹图形出现不规则椭圆
	4	FFT 或功率谱分析结果在转速频率等有密频、分频及倍频现象
弹性支承或连接件松动、超差	1	FFT 或功率谱分析结果在转速频率 (1X) 出现最大值
	2	FFT 或功率谱分析结果在转速频率等有密频、分频及倍频现象
	3	升速或降速过程中，0.5X~0.7X 附近激发高压转子工频分量
	4	整机振动异常
	5	多次试车振动重复性差
	6	径向或轴向振动过大
	7	部件出现磨损痕迹
滚动轴承损坏	1	整机振动异常
	2	FFT 或功率谱分析结果在转速频率等有密频、分频及倍频现象
	3	时域波形出现规则冲击振荡波
转子滚动轴承松动	1	转速不变时，多个传感器测得的振动幅值和相位波动较大
刚性轴油膜涡动	1	转速高于转子系统一阶临界转速的 2 倍以上时，振动主分量在 0.45X~0.6X 转速范围内
柔性轴油膜涡动	1	FFT 或功率谱分析出现 0.4X 以下的特定频率
	2	某一振动频率分量停止随转速升高，而是出现线性拐点，被锁定在特定频率
部件共振	1	某个特定转速下整机振动增大，其他转速则不会
	2	整机振动异常
油腔积液 (甩油孔) 自激振动	1	存在不随转速变化的固定频率分量
	2	固定频率分量在慢车时幅值剧增
	3	发动机慢车时发出很大的振动异响
	4	压气机转静碰摩严重
	5	锁紧螺母松动
	6	鼓筒积油，燃烧不完全
	7	振动破坏力较部件共振大得多
滑油中断	1	整机振动异常
	2	发动机有喘振特征
	3	挤压油膜阻尼器减振效果变弱
	4	导叶不跟随
	5	滑油压力下降到负值
减速器齿轮冲击磨损	1	整机振动异常
	2	齿轮可能产生的强烈冲击振动
	3	机匣振动异常
叶片掉块	1	整机振动异常
	2	飞行员反映有异常现象
	3	发动机排气温度异常
	4	发动机难以起动
叶片或叶盘失谐	1	FFT 或功率谱分析结果有一对或多对非常接近的频率极值
旋翼动不平衡	1	FFT 或功率谱分析结果在转速频率等有密频、分频及倍频现象

故障类型	序号	故障表现形式
旋翼动不平衡	2	旋翼仅含垂直振动，或以垂直振动为主，仅伴有轻微横向振动
旋翼静不平衡	1	FFT 或功率谱分析结果在转速频率等有密频、分频及倍频现象
	2	旋翼仅含横向振动，或以横向振动为主，仅伴有轻微垂直振动
桨叶共锥度不一致	1	对于 k 片桨叶的旋翼，FFT 或功率谱分析结果存在 k 和 $(k \pm 1)$ 倍桨叶的转速频率
转子亚谐振动	1	FFT 或功率谱分析结果以奇数倍频为主要频率成分
	2	李萨如图形出现 3 倍等奇数倍椭圆连环

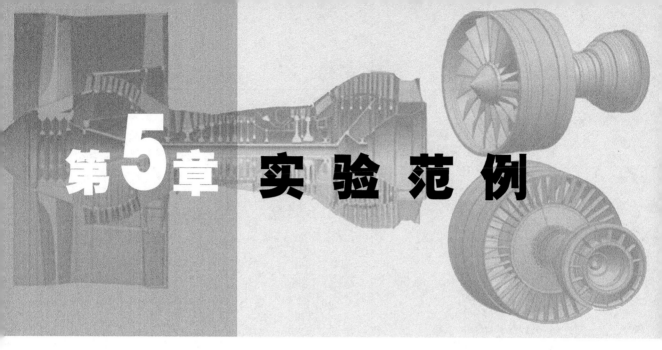

第5章 实验范例

为进一步加深理论学习，提高动手能力，本章提供一些高校可开展的、与航空发动机专用领域相关的实验，包括数字信号处理、传感器标定、动静强度测试以及梁、转子等简单结构的强度振动基础实验。

5.1 信号采样及分析实验

5.1.1 实验目的

(1) 设计简谐信号及复杂周期信号，熟悉信号的采样及重现过程。

(2) 了解采样频率与重现信号振幅及频率之间的关系。

(3) 掌握采样频率的确定方法，了解频域分析振幅的误差及其与采样频率之间的关系。

5.1.2 实验原理

信号采样与分析过程如图 5.1 所示。A/D 转换是实现信号采样、量化及编码的过程，采集到计算机中的信号为离散数字信号，计算机软件通过高分辨率的像素点将各采集点连起来，使采集的离散点序列看起来像连续信号。对采集的信号进行 FFT 分析，可了解其频率成分及幅值特征。

图 5.1 信号采样与分析

根据采样定理，连续信号采样为离散信号时，若采样频率 f_s 和被测最大频率 f_{max} 具有关系 $f_s \geqslant 2f_{max}$，则信号的频率无失真。

采样定理并不保证信号的幅值不失真，在强度振动测试中，一般设计采样频率 $f_s \geqslant 10f_{max}$。

5.1.3 实验内容

利用 MATLAB 实现对信号 $x(t) = \sin(2\pi \times 20t)$ 的采样，信号的频率为 20Hz，设置采样频率 $f_{s1} = 240\text{Hz}$、$f_{s2} = 50\text{Hz}$、$f_{s3} = 30\text{Hz}$。

MATLAB 程序如下：

```
fs1=240;
fs2=50;
fs3=30;
tN=0.25;
t1=0:1/fs1:tN;
t2=0:1/fs2:tN;
t3=0:1/fs3:tN;
pi=3.14;
x1=sin(2*pi*20*t1);
x2=sin(2*pi*20*t2);
x3=sin(2*pi*20*t3);
plot(t1,x1,'r-',t2,x2,'k-.',t3,x3,'o-')
legend('f_s=240','f_s=50','f_s=30');
```

程序运行结果如图 5.2 所示。采样频率 f_{s1} 满足采样定理且大于 10 倍被测频率时，采样频率未失真，0.25s 的时间有 5 个周期，信号的振幅也未失真；采样频率 $f_{s2} = 2.5f_{max}$ 满足采样定理，信号频率未发生失真，有 5 个周期，但信号幅值严重失真；采样频率 $f_{s3} = 1.5f_{max}$ 不满足采样定理，信号的幅值及频率均失真，仅有 2.5 个周期。

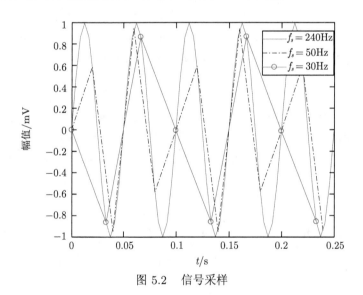

图 5.2 信号采样

对上述采样频率 f_{s1} 的信号进行 FFT 分析，图 5.3 为谱线数与信号长度一致、增加谱线数不加窗及加窗后的 FFT 结果。可见，谱线数大于信号长度时，频域分析才不会频偏 (混叠)；加汉明窗口时，频域分析才不会泄漏。

MATLAB 计算程序如下：

```
%谱线数与信号长度一致
n=length(x1);
Fx=fft(x1,n)/length(x1)*2;
AnalysisNum=floor(n/2);%分析点数
GiveUpDotNum=3; %防止零频率处的边缘效应影响最终结果
FFT_X=Fx(GiveUpDotNum:AnalysisNum);
Freq=fs1*(GiveUpDotNum:AnalysisNum)/n;
figure(2)
subplot(3,1,1)
plot(Freq,abs(FFT_X))
xlim([0,60]);
legend('频偏');
%未加窗，谱线数为信号长度的5倍
n=5*length(x1);
Fx=fft(x1,n)/length(x1)*2;
AnalysisNum=floor(n/2);%分析点数
GiveUpDotNum=3; %防止零频率处的边缘效应影响最终结果
FFT_X=Fx(GiveUpDotNum:AnalysisNum);
Freq=fs1*(GiveUpDotNum:AnalysisNum)/n;
subplot(3,1,2)
plot(Freq,abs(FFT_X))
legend('未加窗泄漏');
xlim([0,60]);
%加了Hamming窗
w=Hamming(length(x1));
y=x1.*w';
n=5*length(x1);
Fx=fft(y,n)/length(x1)*2;
AnalysisNum=floor(n/2);
GiveUpDotNum=3;
FFT_X=Fx(GiveUpDotNum:AnalysisNum);
Freq=fs1*(GiveUpDotNum:AnalysisNum)/n;
subplot(3,1,3)
plot(Freq,abs(FFT_X))
legend('加窗修复');
xlim([0,60]);
```

5.1.4 实验报告要求

(1) 编制本节信号采样及 FFT 分析程序，验证程序结果。

(2) 编制复杂周期信号 $x(t) = \sin(2\pi \times 20t) + \sin(2\pi \times 13t + \pi/6)$，设置合理的采样频率使其频率和幅值不失真；设计合理的谱线数和窗类型，使其频域分析信号无混叠和泄漏。

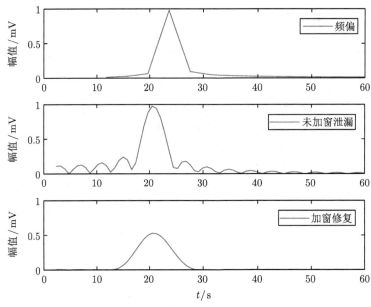

图 5.3　信号 FFT 分析及频率混叠、泄漏及加窗

5.2　信号调理实验

5.2.1　实验目的

(1) 了解信号调频及解调基本原理，掌握信号调制和解调的实现方法。

(2) 掌握信号调制及解调 MATLAB 实现方法。

5.2.2　实验原理

对信号 $x(t)$，用高频角载波 ω_c 调幅，时域上表达如下：

$$y(t) = x(t)\cos(\omega_c t) \tag{5.1}$$

对式 (5.1) 进行傅里叶变换，得到信号的频域表达式如下：

$$
\begin{aligned}
Y(\omega) &= \int_{-\infty}^{+\infty} x(t)\cos(\omega_c t)\mathrm{e}^{-\mathrm{j}\omega t}\mathrm{d}t \\
&= \int_{-\infty}^{+\infty} x(t)\left(\frac{1}{2}(\mathrm{e}^{-\mathrm{j}\omega_c t} + \mathrm{e}^{\mathrm{j}\omega t})\right)\mathrm{e}^{-\mathrm{j}\omega t}\mathrm{d}t \\
&= \frac{1}{2}\int_{-\infty}^{+\infty} x(t)((\mathrm{e}^{-\mathrm{j}(\omega-\omega_c)t} + \mathrm{e}^{\mathrm{j}(\omega+\omega_c)t}))\mathrm{d}t \\
&= \frac{1}{2}(X(\omega - \omega_c) + X(\omega + \omega_c))
\end{aligned}
\tag{5.2}
$$

即高频调频将信号 $x(t)$ 的频带移到了以 ω_c 为中心的频带 (图 5.4)，这样通过查找附近的频带，便可捕获信号 $y(t)$ 的调制信号。

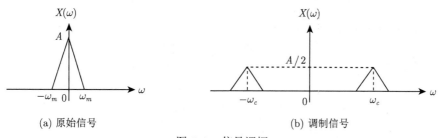

(a) 原始信号   (b) 调制信号

图 5.4 信号调幅

对调制信号解调，可以重构出 $x(t)$，具体的解调公式如下：

$$x_0(t) = y(t)\cos(\omega_c t) = \frac{1}{2}x(t)(1 + \cos(2\omega_c t)) = \frac{1}{2}x(t) + \frac{1}{2}x(t)\cos(2\omega_c t) \tag{5.3}$$

获得 $x_0(t)$ 后，对其进行低通滤波，将 $2\omega_c$ 为中心的高频分量滤除，即可恢复出原始信号 $x(t)$，如图 5.5 所示。

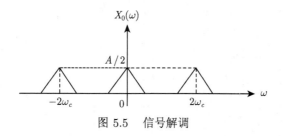

图 5.5 信号解调

5.2.3 实验内容

MATLAB 提供了函数 modulate 和 demod 以实现信号的调制与解调，它们的格式分别如下：

$$Y = \mathrm{modulate}(x, Fc, Fs, method, opt) \tag{5.4}$$

$$X = \mathrm{demod}(y, Fc, Fs, method, opt) \tag{5.5}$$

式中，x、Y 分别表示原始信号及其调制信号；y、X 分别表示调制后的信号及解调信号；Fc 表示高频载波频率；Fs 表示采样频率；method 为调制方法，具体如下：

```
method='am'，表示双边调幅，不适用opt；
method='fm'，表示调频，opt为频率调制参数kf，默认kf=（Fc/Fs）*2*pi/max(max(abs(x)))；
method='pm'，表示调相，opt为相位调制参数kp，默认kp=pi/max(max(abs(x)))；
```

下面举例说明。对 $x(t) = \sin(2\pi \times 20t)$ 的原始信号，信号的频率为 Fm = 20Hz，高频载波频率为 Fc = 200Hz，设置采样频率 Fs = 2400Hz 以满足调制信号的采样要求。结果如图 5.6 所示。

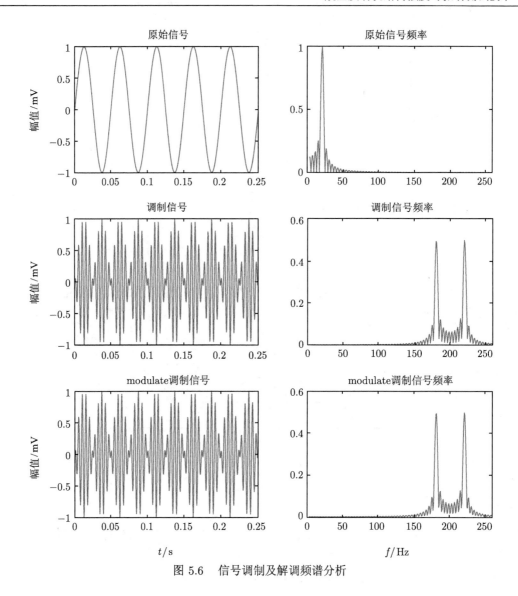

图 5.6　信号调制及解调频谱分析

MATLAB 计算程序如下:

```
fs=2400;
Fm=20;
Fc=200;
tN=0.25;
t=0:1/fs:tN;
pi=3.14;
x=sin(2*pi*Fm*t);
y=x.*cos(2*pi*Fc*t);%直接用乘法计算调制信号
n=5*length(x);
Fx=fft(x,n)/length(x)*2;
Fy=fft(y,n)/length(x)*2;
```

```
AnalysisNum=floor(n/2);%分析点数
GiveUpDotNum=3; %防止零频率处的边缘效应影响最终结果
FFT_X=Fx(GiveUpDotNum:AnalysisNum);
FFT_Y=Fy(GiveUpDotNum:AnalysisNum);
Freq=fs*(GiveUpDotNum:AnalysisNum)/n;
figure(2)
subplot(3,2,1)
plot(t,x)
title('原始信号');
xlim([0,0.25]);
subplot(3,2,2)
plot(Freq,abs(FFT_X))
title('原始信号频率');
xlim([0,260]);
subplot(3,2,3)
plot(t,y)
title('调制信号');
xlim([0,0.25]);
subplot(3,2,4)
plot(Freq,abs(FFT_Y))
title('调制信号频率');
xlim([0,260]);
%用modulate函数调制
y=modulate(x,Fc,fs,'am');
Fy=fft(y,n)/length(x)*2;
FFT_Y=Fy(GiveUpDotNum:AnalysisNum);
subplot(3,2,5)
plot(t,y)
title('modulate调制信号');
xlim([0,0.25]);
subplot(3,2,6)
plot(Freq,abs(FFT_Y))
title('modulate调制信号频率');
xlim([0,260]);
```

5.2.4 实验报告要求

(1) 编制本节信号调理分析程序，验证程序结果。

(2) 对原始信号 $x(t) = \sin(2\pi \times 20t)$，高频载波频率为 Fc = 200Hz，采样频率为 Fs = 2400Hz 的调制信号，设计解调程序，并根据原始信号验证 demod 函数的计算结果。

5.3 传感器标定实验

5.3.1 实验目的

(1) 标定压电加速度传感器的灵敏度。

(2) 掌握标定过程以及相关概念。

5.3.2　实验原理

使被标定加速度传感器与标准加速度传感器感受同一正弦振动，通过它们输出值的比较，计算被标定传感器的灵敏度。传感器标定实验装置如图 5.7 所示。

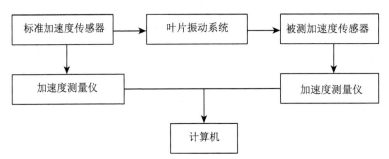

图 5.7　传感器标定实验装置框图

设置被测传感器灵敏度为标准传感器的灵敏度 $k_{标}$，则测试结果有

$$a_{测} = a_{标} \cdot \frac{k_{测}}{k_{标}} \tag{5.6}$$

从而有

$$k_{测} = k_{标} \frac{a_{测}}{a_{标}} \tag{5.7}$$

5.3.3　实验内容

传感器的作用是感受机械量，并将机械信号转换为电信号。

5.3.4　实验报告要求

(1) 写出加速度传感器标定实验目的、原理。

(2) 写出标定步骤并完成表 5.1。

表 5.1　加速度传感器标定数据记录

标准传感器	$k_{标}$	$a_{标1}$	$a_{标2}$	$a_{标3}$
被测传感器		$a_{测1}$	$a_{测2}$	$a_{测3}$
		$k_{测1}$	$k_{测2}$	$k_{测3}$
均值 $k_{测}$				

5.4　材料疲劳实验

5.4.1　实验目的

(1) 掌握金属材料疲劳试件设计过程。

(2) 了解疲劳试验机操作过程，掌握疲劳实验流程。

(3) 掌握疲劳实验数据处理方法。

5.4.2 实验原理

实验用到的理论公式如下。

应力幅方程：

$$\Delta\sigma/2 = (\sigma_{\max} - \sigma_{\min})/2 \tag{5.8}$$

式中，$\Delta\sigma$ 为总应力幅；$\sigma_{\max}$ 为最大名义应力；$\sigma_{\min}$ 为最小名义应力。

应力幅-应变幅方程：

$$\Delta\sigma/2 = \alpha(\Delta\varepsilon_p/2)^n \tag{5.9}$$

式中，$\Delta\sigma$ 为总应力幅；$\Delta\varepsilon_p$ 为总塑性应变幅；α 为硬化系数；n 为硬化指数。

应变幅-失效反向数方程：

$$\Delta\varepsilon/2 = \Delta\varepsilon_e/2 + \Delta\varepsilon_p/2 \tag{5.10}$$

式中，$\Delta\varepsilon$ 为总应变幅；$\Delta\varepsilon_e$ 为弹性应变范围；$\Delta\varepsilon_p$ 为塑性应变范围。

$$\Delta\varepsilon_e/2 = \sigma'_f(2N_f)^b/E \tag{5.11}$$

$$\Delta\varepsilon_p/2 = \varepsilon'_f(2N_f)^c \tag{5.12}$$

式中，σ'_f 为疲劳强度系数；b 为疲劳强度指数；ε'_f 为疲劳延性系数；c 为疲劳延性指数；E 为弹性模量；$2N_f$ 为失效反向数。

虚拟应力方程为

$$S_a = \frac{1}{2}E\Delta\varepsilon \tag{5.13}$$

5.4.3 实验内容

因疲劳实验费时较长，本节实验内容并不要求完成实验，而是了解整个疲劳实验流程，在实验室观摩疲劳实验，且对给定的疲劳实验数据进行分析处理，得到材料的本构关系。

采用电液伺服材料试验机，试验机载荷传感器和应变引伸计精度为 0.5 级。实验采用标准单轴试样，工作段名义直径为 10.0mm，试样夹持段设计为螺纹连接，配合疲劳夹具实现液压抱紧。

根据 ASME 金属材料疲劳试验标准，设计疲劳试件如图 5.8 所示，图中单位为 mm。

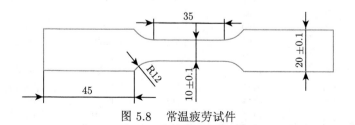

图 5.8　常温疲劳试件

若要获得材料的 *S-N* 曲线，至少需要完成 5 个应力水平、每个应力水平下 3 根试件的疲劳实验。本实验采用应变控制，应力比为 −1，设置应变幅值依次为 0.6%、0.5%、0.4%、0.3%、0.2%。实验从最大应变幅值开始做起，后依次降低应变幅值，直至做完。若某个应变水平下的实验结果分散度大或存在某个值较其他结果差异大，则补做该组实验。

疲劳实验主要步骤如下。

(1) 计算实验参数，根据试件静强度计算出疲劳实验的应力水平，将其列成表格，以便后期核对，防止数据太多搞错或遗忘。简单的记录表格如表 5.2 所示。

表 5.2　常温低周疲劳记录表格

试件编号	应变水平	平均应变	循环数	试验者	备注	日期

(2) 设置实验程序：设置疲劳实验加载频率为 20Hz，实验分三段进行：用线性加载方式，在 10s 的时间内将试件载荷从 0 加载到平均应变；以 20Hz 频率对试件进行设定应变水平的疲劳加载；以响应位移超过 5mm 作为试件断裂阈值，当软件检测到该阈值后，停止采集数据，然后在 0.1s 的时间内将加载控制方式从应变切换为位移，结束整个实验。

设置实验过程中的显示项，如循环数、位移峰谷值、迟滞回线，循环数-位移曲线等。

整个加载过程都需要记录数据，线性加载段以等时间间隔记录数据，采样频率为 0.1Hz；疲劳加载段以 200Hz 的采样频率记录数据，采样方式用对数法。

(3) 将试验机设置为手动位移控制模式，当调整好作动缸高度后，夹持试件上端，设置绝对力值零位 (清零当前力值)，而后将试验机设置为应变控制模式，迅速夹持试件下端。

(4) 打开疲劳程序，开始加载。

5.4.4　实验报告要求

对于表 5.3 所列数据，要求：

表 5.3　低周疲劳实验结果

最大控制应变/%	循环稳定 $N_f/2$				循环弹性模量 E/GPa	失效循环数 N_f
	最大应力/MPa	最小应力/MPa	弹性应变范围/%	塑性应变范围/%		
0.595	212	−214	0.262	0.936	179.459	3029
0.595	207	−209	0.277	0.923	167.282	3167
0.595	238	−235	0.303	0.897	173.389	3958
0.6	202	−205	0.266	0.934	178.111	4235
0.505	194	−197	0.253	0.746	172.030	6604
0.495	199	−201	0.253	0.747	175.784	4717
0.505	199	−198	0.251	0.749	175.896	3174
0.4	188	−191	0.239	0.560	175.758	9545
0.395	180	−183	0.244	0.556	165.17	9356
0.4	188	−190	0.234	0.568	179.44	8306
0.3	171	−171	0.224	0.376	169.896	18669
0.3	171	−174	0.219	0.380	175.44	20764
0.3	173	−175	0.214	0.385	180.600	22427
0.2	174	−176	0.218	0.183	178.624	45896
0.205	172	−178	0.217	0.182	179.005	70304
0.2	166	−169	0.209	0.191	178.742	65508

(1) 给出其应变幅-失效反向数曲线并用对数坐标表示;

(2) 拟合出应力幅-应变幅方程。

5.5　材料高温静强度实验

5.5.1　实验目的

(1) 掌握高温静强度试件设计方法。

(2) 掌握高温静强度实验过程。

(3) 掌握高温超塑性静强度实验数据处理方法, 测定材料真应力-应变曲线。

5.5.2　实验原理

流动应力:

$$\sigma_{\mathrm{m}} = (\sigma_{\mathrm{p0.2}} + \sigma_{\mathrm{t}})/2 \tag{5.14}$$

式中, $\sigma_{\mathrm{p0.2}}$ 为屈服强度; σ_{t} 为抗拉强度。

真应变与工程应变之间的关系:

$$\varepsilon_{\mathrm{T}} = Ln(1 + \varepsilon_e) \tag{5.15}$$

式中, ε_e 为工程应变; ε_{T} 为真应变。

真应力与真应变之间的关系用 R-O 方程拟合分析, R-O 方程为

$$\frac{\varepsilon_{\mathrm{T}}}{\varepsilon_0} = \frac{\sigma_{\mathrm{T}}}{\sigma_0} + \alpha \left(\frac{\sigma_{\mathrm{T}}}{\sigma_0}\right)^n \tag{5.16}$$

式中, σ_{T} 和 ε_{T} 分别为真应力 (MPa) 和真应变 (mm/mm); σ_0 为流变应力, 即材料在一定变形温度、应变和应变速率下的屈服极限; $\varepsilon_0 = \sigma_0/E$; E 为弹性模量 (MPa); α 和 n 分别为硬化系数和硬化指数。

当硬化系数 α 较大时, 界面端附近的弹塑性应力与将弹塑性本构关系简化为线性后得到的理论结果相接近, 而当硬化系数相对较小时, 理论分析的奇异应力场的主控区变得非常小, 在屈服域的绝大部分区间, 应力奇异性与理论解有较大区别。

n 值直接反映材料在发生颈缩前依靠硬化发生均匀变形的能力, n 值大材料不易进入分散失稳, 材料应变强化的能力 (即把变形从大应力处向小应力处转移的能力) 强, n 值隐含的物理意义是整个变形区域上应变分布的均匀性。

R-O 拟合仅针对屈服强度后到抗拉强度前的数据。

5.5.3　实验内容

根据 ASME 标准及试验机夹具规格, 高温静拉试件设计如图 5.9 所示。

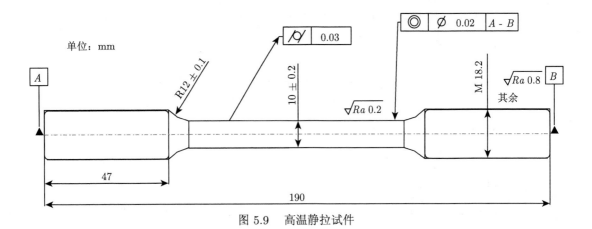

图 5.9　高温静拉试件

采用电液伺服材料试验机，试验机载荷传感器和应变引伸计精度为 0.5 级。高温控制系统包括温度控制器和高温炉，温度控制器设定控制温度，它为闭环系统，高温炉腔高度为 130mm，直径为 30mm，炉壁上嵌有上下两根热电偶，它们将炉内温度反馈给温度控制器，通过温度控制器调整高温炉加热片输出功率，达到炉腔内恒温的目的。

试件设计依据 *Standard Test Methods for Elevated Temperature Tension Tests of Metallic Material* (ASTM E21-09) 执行，测定材料在高温下的真应力-应变曲线。

高温静强度实验主要步骤如下。

(1) 设置实验程序。设置试件升温时间及最终温度，设置高温控制器的保载时间，在保载时间段内使试件热透，防止梯度热应力；控制方式设置为应变，当试件拉伸到 8% 的应变时，切换控制方式为位移；保载的情况下卸除引伸计；采用位移控制方式接着拉伸试件，直至试件被拉断；当检测到的力信号小于 0 时，停止实验，停止数据记录，实验结束。

(2) 夹持试件后，采用力控制方式，设置控制力值为 0kN；安装引伸计，不断调节引伸计刀口间距，使引伸计输出的应变值降低到 1‰以下，清零应变值 (即此处为应变测试的零位)；轻轻合上左右两侧高温炉，为防止该操作碰到引伸计，应在安装好炉子后，再次观察引伸计输出的应变值，若该值超出零位误差，则重新安装引伸计及炉子。

(3) 打开静拉程序，开始加载

5.5.4　实验报告要求

对于给定的高温静强度数据，填写或计算表 5.4 所述的数据。

表 5.4　高温静强度数据记录

试件号	横截面积/mm^2	长度/mm	最大载荷/kN	抗拉强度/MPa	断裂位移/mm	最大工程应力/MPa	最大工程应变/%

最大真应力/MPa	最大真应变/%	弹性模量/GPa	屈服强度 σ_0/MPa	ε_0	硬化系数 α	硬化指数 n	实验温度/℃

5.6 叶片振动应力实验

5.6.1 实验目的

(1) 通过对叶片施加一弯和二弯激励, 观察叶片振动时的应力。

(2) 了解振动应力测量的一般步骤和测量方法。

(3) 熟悉振动应力测量实验装置中各仪器的使用方法。

5.6.2 实验原理

实验装置如图 5.10 和图 5.11 所示。

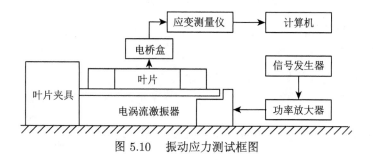

图 5.10 振动应力测试框图

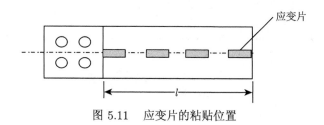

图 5.11 应变片的粘贴位置

测量应力计算公式如下:

$$\sigma = E\varepsilon \tag{5.17}$$

式中, σ 为应变片所在测点的应力值, MPa; E 为叶片材料 (铝材) 的弹性模量, 73000MPa; ε 为应变。

理论应力值计算公式如下:

$$\sigma_{xr} = a_r \frac{EhA_r}{l^2}\left(m_r\left(\cos\left(\frac{\rho_r x}{l}\right) + \cosh\left(\frac{\rho_r x}{l}\right)\right) - \sin\left(\frac{\rho_r x}{l}\right) + \sinh\left(\frac{\rho_r x}{l}\right)\right) \tag{5.18}$$

式中, σ_{xr} 为距离叶根 x 处第 r 阶弯曲振动的应力值, MPa; x 为测点距叶根的距离, mm; a_r 为系数, 当 $r=1$ 时, $a_1 = 0.645$; 当 $r=2$ 时, $a_2 = -5.611$; h、l 为分别为叶片厚度和长度, mm; A_r 为叶片端部 ($x=1$ 处) 在第 r 阶弯曲振动下的振幅, 可通过某一测点的测量应变值代入式 (5.18) 得到, mm; ρ_r 为叶片固有频率方程的根, 当 $r=1$ 时, $\rho_1 = 1.875$; 当 $r=2$ 时, $\rho_2 = 4.694$; m_r 为系数, 当 $r=1$ 时, $m_1 = 1.362$; 当 $r=2$ 时, $m_2 = 0.982$。

5.6.3　实验内容

测量叶片在一阶和二阶固有频率下振动应变随轴向位置变化的曲线。具体步骤如下：

(1) 测量叶片尺寸 (长度 l 和厚度 h) 和各测点到叶根的距离；

(2) 将应变片采用单臂方式接到电桥盒上；

(3) 按图 5.10 接好各仪器线路，检查无误后接通电源，对仪器进行稍许预热；

(4) 打开软件，将应变仪预平衡；

(5) 调节信号发生器至叶片一弯时的固有频率 (一阶：180Hz；二阶：1132Hz)，调节功率放大器到容易观察应变的某个值；

(6) 记录应变计输出数据；

(7) 同上述步骤 (4)∼ 步骤 (6)，对叶片进行二弯应变测量；

(8) 整理实验仪器。

5.6.4　实验报告要求

(1) 简述本实验的测量目的、方法和理论公式。

(2) 填写表 5.5，对实验测量值进行计算并与理论值进行比较，分析误差原因。

表 5.5　叶片振动应力实验数据记录

实验编号		1	2	3
一阶	ε 理论值			
	ε 实验值			
二阶	ε 理论值			
	ε 实验值			

5.7　动力吸振实验

5.7.1　实验目的

(1) 熟悉振动信号采集与处理软件的基本功能和设置方法，掌握基本振动测试流程。

(2) 通过对单自由度系统安装动力吸振器，减小其振动量，观察实验现象，掌握动力吸振实验方法。

5.7.2　实验原理

所谓吸振就是将原系统的振动能量转移到附加系统，从而使原系统的振动减小。动力吸振器利用连接在振动系统上的附加质量的动力来实现吸振，即将原振动系统的振动能量转移到附加的弹簧质量振动系统上。单式动力吸振器是一个单自由度振动系统，与单自由度振动主系统一起构成二自由度系统，力学模型如图 5.12 所示。主系统质量为 m_1，刚度为 k_1，位移为 y_1；吸振器质量为 m_2，刚度为 k_2，位移为 y_2；激励力为 $F\sin(\omega t)$。

系统的运动微分方程如下 (忽略阻尼)：

$$m_1 y_1 + (k_1 + k_2)y_1 - k_2 y_2 = F\sin(wt) \tag{5.19}$$

$$m_2 y_2 + k_2(y_2 - y_1) = 0 \tag{5.20}$$

设其稳态响应为

$$y_1 = A_1 \sin(\omega t) \tag{5.21}$$

$$y_2 = A_2 \sin(\omega t) \tag{5.22}$$

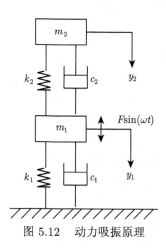

图 5.12 动力吸振原理

代入式 (5.19) 和式 (5.20) 得到

$$A_1 = \frac{F\left(k_2 - m_2\omega^2\right)}{\left(k_1 + k_2 - m_1\omega^2\right)\left(k_2 - m_2\omega^2\right) - k_2^2} \tag{5.23}$$

$$A_2 = \frac{Fk_2}{\left(k_1 + k_2 - m_1\omega^2\right)\left(k_2 - m_2\omega^2\right) - k_2^2} \tag{5.24}$$

令 $\omega_1 = \sqrt{k_1/m_1}$ 为主系统的固有角频率；$\omega_2 = \sqrt{k_2/m_2}$ 为动力吸振器的固有角频率；$\delta_{st} = F/k_1$ 为主系统的静位移；$\mu = m_2/m_1$ 为质量比值。

式 (5.23) 和式 (5.24) 可以改变为无量纲形式：

$$\frac{A_1}{\delta_{st}} = \frac{1 - (\omega/\omega_2)^2}{\left(1 + \mu\left(\omega_2/\omega_1\right)^2 - \left(\omega/\omega_2\right)^2\right)\left(1 - \left(\omega/\omega_2\right)^2\right) - \mu\left(\omega_2/\omega_1\right)^2} \tag{5.25}$$

$$\frac{A_2}{\delta_{st}} = \frac{1}{\left(1 + \mu\left(\omega_2/\omega_1\right)^2 - \left(\omega/\omega_2\right)^2\right)\left(1 - \left(\omega/\omega_2\right)^2\right) - \mu\left(\omega_2/\omega_1\right)^2} \tag{5.26}$$

当单式动力吸振器的固有角频率 ω_2 等于外力的角频率 ω 时，外力正好等于动力吸振器的弹性恢复力 $k_2 A_2$，此时 m_1 不振动，从而达到了减振的目的。因此，可以调节动力吸振器的质量 m_2 或刚度 k_2，使其起到减振的目的。单自由度系统安装了动力吸振器后，整个系统变成了两个自由度。共振峰对应的整个系统的固有频率 ω_a、ω_b，当 $\omega_1 = \omega_2$ 时，整个系统的固有频率满足以下方程：

$$\left(\frac{\omega_a}{\omega_2}\right)^2 = 1 + \frac{\mu}{2} + \sqrt{\mu + \frac{\mu^2}{4}} \tag{5.27}$$

$$\left(\frac{\omega_b}{\omega_2}\right)^2 = 1 + \frac{\mu}{2} - \sqrt{\mu + \frac{\mu^2}{4}} \tag{5.28}$$

动力吸振器主要用在外力角频率不变的场合，或者当外力角频率改变时，能控制动力吸振器的固有角频率 ω 随外力角频率成正比变化的场合。

5.7.3　实验内容

采用江苏联能力学教学装置、力锤、位移传感器、YE6251 数据采集仪、计算机、激振器等进行实验，实验步骤如下。

(1) 将系统安装成单自由度无阻尼系统，利用锤击法，得到系统的固有频率。

(2) 将激振器对准单自由度系统，将信号发生器设置为输出正弦信号。

(3) 在固有频率附近调节信号发生器输出频率，观察输出幅值，当幅值达到极值时，信号发生器输出频率为单自由度系统的共振频率，同时记下位移振幅。

(4) 将吸振块安装于单自由度系统质量块上，打开信号发生器让其对第一质量块激振，这时记录下位移振幅。

单自由度系统在固有频率下发生共振，产生较大的响应幅值。接入吸振器后，系统成为二自由度振动系统，在原固有频率正弦信号激励下，可以发现原系统的振动幅值几乎为零，达到吸振的目的。理论上，当吸振器的固有频率和单自由度系统的固有频率相等时，原系统振幅为零。

5.7.4　实验报告要求

开展动力吸振实验，填写或计算表 5.6 所示的数据。

表 5.6　动力吸振数据记录

主系统固有频率 ω_1/Hz	吸振器固有频率 ω_2/Hz	吸振前响应/μm	吸振后响应/μm	减振百分比/%

5.8　转子动平衡实验

5.8.1　实验目的

(1) 掌握转子动平衡机测试软件。

(2) 学会操作动平衡系统中的各种硬件装置，如传感器、支承架等。

(3) 掌握基本的转子动平衡流程。

5.8.2　实验原理

如图 5.13 所示，转子总质量为 M，旋转角速度为 ω，其径向方向存在质量为 m 的偏心质量，偏心距为 e，转子的振动微分方程为

$$M\ddot{u} + c\dot{u} + ku = me\omega^2 \sin(\omega t) \tag{5.29}$$

转子因偏心质量产生了动不平衡振动。

实验装置如图 5.14 所示，具体实物如图 5.15 和图 5.16 所示。

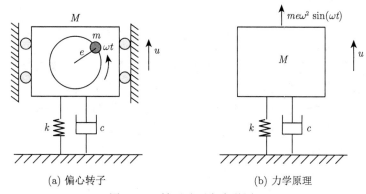

(a) 偏心转子   (b) 力学原理

图 5.13 转子动平衡力学原理

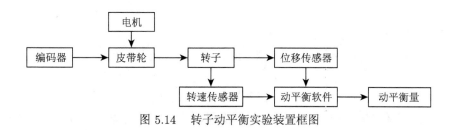

图 5.14 转子动平衡实验装置框图

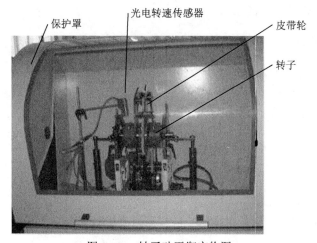

图 5.15 转子动平衡实物图

图 5.16 平衡质量

5.8.3　实验内容

对 16kg 的等截面转子进行动平衡实验。实验步骤如下。

(1) 打开动平衡机电源，则传感器、计算机控制系统、动平衡软件会自动打开。

(2) 将转子放置在支承架上，在转子左侧 30° 相位处径向方向安装 0.2g 的不平衡螺钉。

(3) 安装转子限位器，包括左右支承各一个纵向振动限位器，右侧一个横向限位器。

(4) 在软件中按下 "F6" 按钮，测量转子位置参数并输入到软件中。

(5) 安装转子皮带轮。

(6) 安装转速传感器。

(7) 按下软件中的 "F10" 按钮，则软件出现动平衡测试界面。

(8) 调节系统控制器上的电压信号，通常为 650mV，以近似匹配软件所默认的动平衡转速 1000r/min。

(9) 盖好转子外保护塑料盖。

(10) 按下控制系统运转按钮 "I"，则可以观察到转子开始转动，软件右下方提示框中显示当前转速。

(11) 调节控制器上的电压旋钮，使当前转速近似于默认的动平衡转速 1000r/min。

(12) 当转速稳定在 1000r/min 附近时，测试软件会显示出动不平衡的质量和相位。此时，按下软件的 "hold" 按钮。

(13) 记录实验结果，整理实验仪器。

5.8.4　实验报告要求

对于动平衡实验，填写或计算表 5.7 所示的数据。

表 5.7　动平衡数据记录

平衡转速/(r/min)	平衡质量/mg	相位/(°)

5.9　梁模态实验

5.9.1　实验目的

(1) 了解多点激励单点响应模态实验流程。

(2) 观察简支梁模态实验现象。

5.9.2　实验原理

采用多点激励单点响应方法测试简支梁的弯曲振动模态。对梁进行 10 节点 9 等分网格划分。根据 3.3.4 节分析，多点激励单点响应时，需要得到振动系统频响函数的一行，此实验中，传感器安装位置将固定在第 3 自由度，故需要得到

$$[H_{30}(\omega), H_{31}(\omega), \cdots, H_{38}(\omega), H_{39}(\omega)] \tag{5.30}$$

因是简支梁，两端的节点适用于边界条件，其在弯曲方向的加速度响应为 0，因此有 $H_{30}(\omega) = H_{39}(\omega) = 0$，故仅需获得以下频响函数元素：

$$[H_{31}(\omega), H_{32}(\omega), \cdots, H_{38}(\omega)]$$

梁的第 i 阶振型计算公式为

$$\varphi_i = [0, H_{31}(\omega_i), H_{32}(\omega_i), \cdots, H_{38}(\omega_i), 0] \tag{5.31}$$

式中，ω_i 为第 i 阶固有频率，其辨识方法请参考 3.3.4 节。与 ω_i 对应的第 i 阶阻尼比的识别采用半功率法。

5.9.3　实验内容

该实验主要的实验设备包括加速度传感器、力锤、简支梁、导线、模态实验采集系统及分析软件等。

实验步骤如下。

(1) 组装好简支梁结构。

(2) 打开 "YE6251 振动力学教学装置"，登录后设置软件如图 5.17 左面板所示。在左下方面板选择 "简支梁系统"→"用冲击激励法测量模态参数" 选项，设置采样频率为 5000Hz，采样方式为 "模态试验"，打开加速度、力的时间波形，打开加速度频响函数。

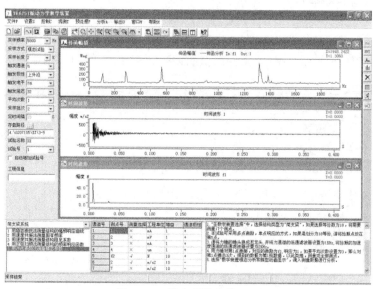

图 5.17　模态软件参数设置

(3) 选择菜单栏 "分析"→"教学装置结构选择" 选项，如图 5.18 所示。

(4) 按照图 5.19 所示网格设置简支梁的各个模态结点。

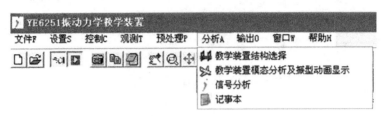

图 5.18　建模模块设置

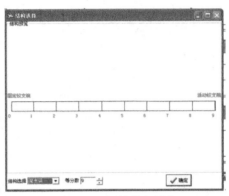

图 5.19　梁的结点划分

(5) 将加速度传感器安装于第 3 结点上，接好力锤和加速度传感器的导线，并开启联能振动系统。依次敲击第 1~8 个结点，软件会自动保存数据到登录路径中。

(6) 选择菜单栏 "分析"→"教学装置模态分析及振型动画显示" 选项，找到所采集到的数据路径并点击后缀为 ".mod" 的文件，依次调入结点 1~8 的数据，如图 5.20 所示。

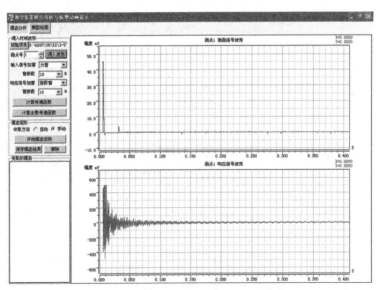

图 5.20　测试结果导入模态分析模块

(7) 点击"计算全部传递函数"按钮后，点击"开始模态定阶"按钮，选中前四个峰值部分，如图 5.21 所示。

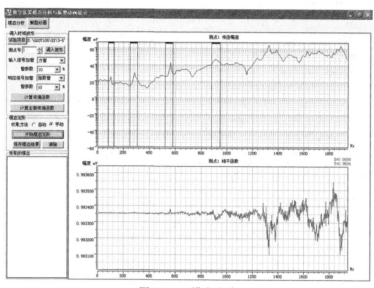

图 5.21　模态定阶

(8) 点击"保存模态结果"按钮，可以从左下栏看到简支梁的前四阶固有频率，如图 5.22 所示。

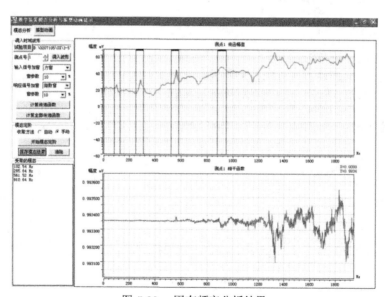

图 5.22　固有频率分析结果

(9) 选择"振型动画"→"动画"选项，可看到各个固有频率下的振型动画及其阻尼比计算结果，如图 5.23 所示。

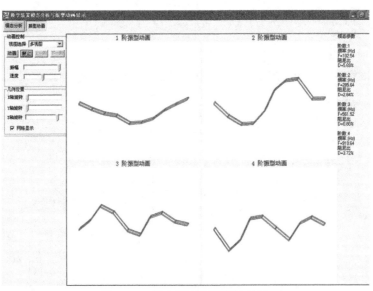

图 5.23   固有振型和阻尼比结果

5.9.4 实验报告要求

(1) 写出模态实验原理，简述本实验的步骤。

(2) 列出前四阶固有频率、振型及阻尼比。

5.10 转子临界转速声测实验

5.10.1 实验目的

(1) 了解振动声测方法。

(2) 掌握通过振动噪声及位移信号获取转子临界转速的方法。

(3) 了解转子振动噪声及位移信号的数据处理方法。

5.10.2 实验原理

无盘有重轴的临界转速 $\omega_{\text{cr轴}}$ 为

$$\omega_{\text{cr轴}} = \frac{\pi^2}{l^2}\sqrt{\frac{EJ}{A\rho}} \tag{5.32}$$

式中，J 为截面的惯性矩，$J = \dfrac{\pi}{64}d^4$，m^4；d 为转轴的直径，m；E 为弹性模量，210GPa；ρ 为转子材料密度，7800kg/m^3；A 为转轴的截面积，$A = \dfrac{\pi l^2}{4}$，m^2。

单盘无重轴的临界转速 $\omega_{\text{cr盘}}$ 为

$$\omega_{\text{cr盘}} = \sqrt{\frac{C}{m_{\text{盘}}}} \tag{5.33}$$

式中，C 为装盘处的刚性系数，$C = \dfrac{48EJ}{l^3}$，$\mathrm{N/m^2}$；$m_{\text{盘}}$ 为盘的质量，kg。

单盘均质轴转子的临界转速 ω_{cr} 为

$$\frac{1}{\omega_{\mathrm{cr}}^2} = \frac{1}{\omega_{\mathrm{cr轴}}^2} + \frac{1}{\omega_{\mathrm{cr盘}}^2} \tag{5.34}$$

$$n_{\mathrm{cr}} = \frac{30}{\pi}\omega_{\mathrm{cr}} \tag{5.35}$$

式中，n_{cr} 为理论计算临界转速，$\mathrm{r/min}$。

5.10.3　实验内容

实验装置框图与实物图如图 5.24 和图 5.25 所示。采集设备为 DH5920 转子动力学模块。

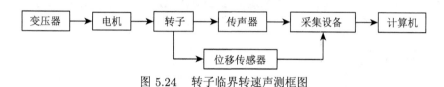

图 5.24　转子临界转速声测框图

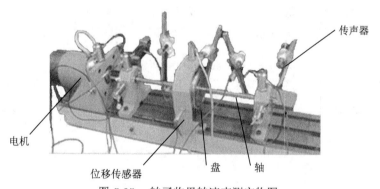

图 5.25　转子临界转速声测实物图

实验步骤如下。

(1) 搭建传声器，连接好测试设备。

(2) 打开软件，设置采样方式为"瞬态"。设置传声器及位移传感器所在通道号，建立各传感器的时间历程信号显示窗口。对于位移传感器信号，新建轴心轨迹窗口、Bode 图窗口，如图 5.26 所示。

(3) 开始采集数据后，观察传声器通道波形、Bode 图等。当转子通过临界转速并过了一段时间后，停止实验。

(4) 回放采样数据，比较传声器响应结果、频谱结果与位移传感器结果之间的相同与差异之处。

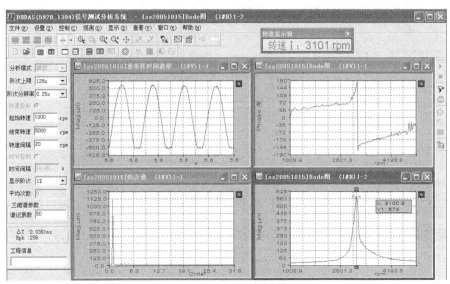

图 5.26   转子临界转速参数设置

5.10.4   实验报告要求

(1) 简述本实验的测量目的、方法和理论公式。

(2) 填写表 5.8，对实验测量值进行计算并与理论值进行比较，分析误差原因。

(3) 试根据传声器测试数据绘制转子临界转速前后的倍频程图。

(4) 试根据传声器测试数据绘制转子的转速-阶次-幅值三维瀑布图。

表 5.8   转子临界转速声测实验数据记录

内容	传声器结果	位移传感器结果
临界转速/(r/min)		

主要参考文献

艾延廷, 周海仑, 孙丹, 等. 2015. 航空发动机整机振动分析与控制 [J]. 沈阳航空航天大学学报, 32(5): 1-25.

艾贻人. 2000. 航空发动机振动监控标准研究 [C]. 航空发动机振动与寿命技术文集, 沈阳.

柴象海, 张晓云, 侯亮, 等. 2016. 航空发动机风扇机匣包容性等效试验与分析方法 [J]. 振动与冲击, 35(2): 162-167.

范志强. 2006. 航空发动机机匣包容性理论和试验研究 [D]. 南京: 南京航空航天大学.

范志强, 高德平, 覃志贤, 等. 2007. 航空发动机真实机匣的包容性试验 [J]. 航空动力学报, 22(1): 18-22.

高品贤. 2010. 振动、冲击及噪声测试技术 [M]. 2 版. 成都: 西南交通大学出版社.

高月雷, 徐秉伟. 2000. 航空发动机的振动分析 [C]. 航空发动机振动与寿命技术文集, 沈阳.

韩佳, 沙云东. 2012. 多级轴流压气机噪声源特性分析 [J]. 沈阳航空航天大学学报, 29(1): 31-33, 90.

何江南. 2007. 轴流压气机新型叶栅气动干涉噪声研究 [D]. 西安: 西北工业大学.

李德堂, 吕沁, 唐文涛, 等. 2017. 现代测试技术 [M]. 北京: 海洋出版社.

李杰, 张猛, 邢笑雪. 2009. 信号处理 MATLAB 实验教程 [M]. 北京: 北京大学出版社.

刘永泉, 王德友, 洪杰, 等. 2013. 航空发动机整机振动控制技术分析 [J]. 航空发动机, 39(5): 1-8.

牛丹丹. 2015. Kevlar 织物缠绕增强机匣包容性研究 [D]. 杭州: 浙江大学.

谭祥军. 2021. 从这里学 NVH-噪声、振动、模态分析的入门与进阶 [M]. 2 版. 北京: 机械工业出版社.

王斌, 吴锦武, 陈志军. 2004. 风扇系统噪声对发动机整机噪声的影响 [J]. 内燃机工程, 25(6): 52-54.

韦善杰. 2012. 三点作图法现场做风机叶轮的动平衡方法 [J]. 轻工科技, (7): 79-80.

徐芳麟, 晏砺堂, 宋兆泓. 1980. 介绍一种整机全速平衡法——三圆平衡法 [J]. 材料试验机, (2): 1-14.

徐张旗. 2018. 基于卡尔曼滤波的增量式光电编码器测速方法的研究 [D]. 合肥: 中国科学技术大学.

宣海军, 陆晓, 洪伟荣, 等. 2010. 航空发动机机匣包容性研究综述 [J]. 航空动力学报, 25(8): 1860-1870.

张宝诚. 2005. 航空发动机试验和测试技术 [M]. 北京: 北京航空航天大学出版社.

张改慧, 李慧敏, 谢石林. 2014. 振动测试、光测与电测技术实验指导书 [M]. 西安: 西安交通大学出版社.

张林. 2012. 航空发动机机匣包容性准则数值与实验初探 [D]. 南京：南京理工大学.

张迎新，雷道振，陈胜，等. 2002. 非电量测量技术基础 [M]. 北京：北京航空航天大学出版社.

中国国家标准化管理委员会. 2006. 机械振动 恒态 (刚性) 转子平衡品质要求 (GB/T 9239.1—2006) [S]. 北京: 中国标准出版社.

ASTM E21-09. 2009. Standard Test Methods for Elevated Temperature Tension Tests of Metallic Materials [S]. US-ASTM.